软件开发视频大讲堂

Vue.js 从入门到精通

明日科技　编著

清华大学出版社

北　京

内 容 简 介

《Vue.js 从入门到精通》从初学者角度出发，通过通俗易懂的语言、丰富多彩的实例，详细介绍了使用 Vue.js 进行程序开发需要掌握的各方面技术。全书分为 4 篇，共 19 章，内容包括初识 Vue.js、ECMAScript 6 语法介绍、Vue 实例与数据绑定、条件判断指令、v-for 指令、计算属性和监听属性、元素样式绑定、事件处理、表单元素绑定、自定义指令、组件、组合 API、过渡和动画效果、渲染函数、使用 Vue Router 实现路由、使用 axios 实现 Ajax 请求、Vue CLI、状态管理，以及 51 购商城项目实战。书中的大多数知识点都结合具体实例进行介绍，涉及的程序代码给出了详细的注释，使读者可轻松领会 Vue.js 程序开发的精髓，快速提高开发技能。

另外，本书除了纸质内容，还配备了 Web 前端在线开发资源库，主要内容如下：

☑ 同步教学微课：共 132 集，时长 14 小时　　　　☑ 技术资源库：439 个技术要点

☑ 实例资源库：393 个应用实例　　　　　　　　　　☑ 项目资源库：13 个实战项目

☑ 源码资源库：406 项源代码　　　　　　　　　　　☑ 视频资源库：677 集学习视频

☑ PPT 电子教案

本书既可作为软件开发入门者的自学用书，也可作为高等院校相关专业的教学参考用书，还可供开发人员查阅、参考。

图书在版编目（CIP）数据

Vue.js 从入门到精通 / 明日科技编著．—北京：清华大学出版社，2023.6（2025.1重印）
（软件开发视频大讲堂）
ISBN 978-7-302-63468-3

Ⅰ．①V…　Ⅱ．①明…　Ⅲ．①网页制作工具－程序设计　Ⅳ．①TP392.092.2

中国国家版本馆 CIP 数据核字（2023）第 084358 号

责任编辑：贾小红
封面设计：刘　超
版式设计：文森时代
责任校对：马军令
责任印制：丛怀宇

出版发行：清华大学出版社
　　　　网　　址：https://www.tup.com.cn，https://www.wqxuetang.com
　　　　地　　址：北京清华大学学研大厦 A 座　　　　邮　　编：100084
　　　　社 总 机：010-83470000　　　　　　　　　　邮　　购：010-62786544
　　　　投稿与读者服务：010-62776969，c-service@tup.tsinghua.edu.cn
　　　　质量反馈：010-62772015，zhiliang@tup.tsinghua.edu.cn
印 装 者：大厂回族自治县彩虹印刷有限公司
经　　销：全国新华书店
开　　本：203mm×260mm　　　　印　　张：23　　　　字　　数：621 千字
版　　次：2023 年 6 月第 1 版　　　　印　　次：2025 年 1 月第 3 次印刷
定　　价：89.80 元

产品编号：101098-01

如何使用本书开发资源库

本书赠送价值 999 元的"Web 前端在线开发资源库"一年的免费使用权限，结合图书和开发资源库，读者可快速提升编程水平和解决实际问题的能力。

1. VIP 会员注册

刮开并扫描图书封底的防盗码，按提示绑定手机微信，然后扫描右侧二维码，打开明日科技账号注册页面，填写注册信息后将自动获取一年（自注册之日起）的 Web 前端在线开发资源库的 VIP 使用权限。

Web 前端
开发资源库

读者在注册、使用开发资源库时有任何问题，均可咨询明日科技官网页面上的客服电话。

2. 纸质书和开发资源库的配合学习流程

Web 前端开发资源库中提供了技术资源库（439 个技术要点）、实例资源库（393 个应用实例）、项目资源库（13 个实战项目）、源码资源库（406 项源代码）、视频资源库（677 集学习视频），共计五大类、1928 项学习资源。学会、练熟、用好这些资源，读者可在最短的时间内快速提升自己，从一名新手晋升为一名软件开发工程师。

《Vue.js 从入门到精通》纸质书和"Web 前端在线开发资源库"的配合学习流程如下。

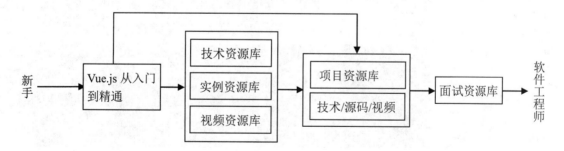

3. 开发资源库的使用方法

在学习到本书某一章节时，可利用实例资源库对应内容提供的大量热点实例和关键实例，巩固所学编程技能，提升编程兴趣和信心。需要查阅某个技术点时，可利用技术资源库锁定对应知识点，随时随地深入学习，也可以通过视频资源库，对某个技术点进行系统学习。

学习完本书后，读者可通过项目资源库中的 13 个经典前端项目，全面提升个人的综合编程技能和解决实际开发问题的能力，为成为 Web 前端开发工程师打下坚实的基础。

另外，利用页面上方的搜索栏，还可以对技术、实例、项目、源码、视频等资源进行快速查阅。

万事俱备后，读者该到软件开发的主战场上接受洗礼了。本书资源包中提供了 Web 前端各方向的面试真题，是求职面试的绝佳指南。读者可扫描图书封底的"文泉云盘"二维码获取。

Web前端面试资源库
⊞ 📄 第1部分 Web前端 企业面试真题汇编
⊞ 📄 第2部分 Vue.js 企业面试真题汇编
⊞ 📄 第3部分 Node.js 企业面试真题汇编

前　言

Preface

丛书说明："软件开发视频大讲堂"丛书第 1 版于 2008 年 8 月出版，因其编写细腻、易学实用、配备海量学习资源和全程视频等，在软件开发类图书市场上产生了很大反响，绝大部分品种在全国软件开发零售图书排行榜中名列前茅，2009 年多个品种被评为"全国优秀畅销书"。

"软件开发视频大讲堂"丛书第 2 版于 2010 年 8 月出版，第 3 版于 2012 年 8 月出版，第 4 版于 2016 年 10 月出版，第 5 版于 2019 年 3 月出版，第 6 版于 2021 年 7 月出版。十五年间反复锤炼，打造经典。丛书迄今累计重印 680 多次，销售 400 多万册，不仅深受广大程序员的喜爱，还被百余所高校选为计算机、软件等相关专业的教学参考用书。

"软件开发视频大讲堂"丛书第 7 版在继承前 6 版所有优点的基础上，进行了大幅度的修订。第一，根据当前的技术趋势与热点需求调整品种，拓宽了程序员岗位就业技能用书；第二，对图书内容进行了深度更新、优化，如优化了内容布置，弥补了讲解疏漏，将开发环境和工具更新为新版本，增加了对新技术点的剖析，将项目替换为更能体现当今 IT 开发现状的热门项目等，使其更与时俱进，更适合读者学习；第三，改进了教学微课视频，为读者提供更好的学习体验；第四，升级了开发资源库，提供了程序员"入门学习→技巧掌握→实例训练→项目开发→求职面试"等各阶段的海量学习资源；第五，为了方便教学，制作了全新的教学课件 PPT。

Vue.js 是一套用于构建用户界面的渐进式框架。与其他重量级框架不同的是，它只关注视图层，采用自底向上增量开发的设计。Vue.js 的目标是通过尽可能简单的 API 来实现响应的数据绑定和组合的视图组件。它不仅容易上手，还非常容易与其他库或已有项目进行整合。

本书内容

本书提供了 Vue.js 开发从入门到精通所必需的各类知识，全书共分为 4 篇，具体内容如下。

第 1 篇：基础知识。该篇介绍初识 Vue.js、ECMAScript 6 语法介绍、Vue 实例与数据绑定、条件判断指令、v-for 指令、计算属性和监听属性等内容，并结合大量的图示、实例、视频等使读者快速掌握 Vue.js，为后续的学习奠定坚实的基础。

第 2 篇：核心技术。该篇介绍元素样式绑定、事件处理、表单元素绑定、自定义指令、组件、组合 API、过渡和动画效果、渲染函数等内容。学习完本篇，读者能够深入了解和熟悉 Vue.js。

第 3 篇：高级应用。该篇介绍使用 Vue Router 实现路由、使用 axios 实现 Ajax 请求、Vue CLI、状态管理等内容。学习完本篇，读者可以熟练使用 Vue.js 编写前端 Web 应用程序。

第 4 篇：项目开发。该篇使用 Vue.js 开发一个购物类网站——51 购商城，它应用 Vue.js、Vue Router 和 Vuex 等技术，打造了一个具有时代气息的网站。

本书的知识结构和学习要点如下图所示。

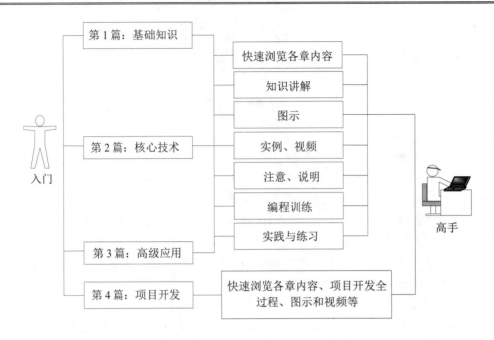

本书特点

☑ **由浅入深，循序渐进。**本书以初、中级程序员为对象，带领读者先从 Vue.js 基础学起，再学习 Vue.js 的核心技术，然后学习 Vue.js 的高级应用，最后学习开发一个完整项目。在讲解过程中，步骤详尽，版式新颖。

☑ **微课视频，讲解详尽。**为便于读者直观感受程序开发的全过程，书中重要章节配备了教学微课视频（共 132 集，时长 14 小时），使用手机扫描章节标题一侧的二维码，即可观看学习。便于初学者快速入门，感受编程的快乐和成就感，进一步增强学习的信心。

☑ **基础示例+编程训练+综合练习+项目案例，实战为王。**通过例子学习是最好的学习方式，本书核心知识讲解通过"一个知识点、一个示例、一个结果、一段评析、一个综合应用"的模式，详尽透彻地讲述了实际开发中所需的各类知识。全书共计有 56 个应用实例，54 个编程训练，36 个综合练习，1 个项目案例，为初学者打造"学习+训练"的强化实战学习环境。

☑ **精彩栏目，贴心提醒。**本书根据学习需要在正文中设计了很多"注意""说明"等小栏目，让读者在学习的过程中更轻松地理解相关知识点及概念，更快地掌握相关技术的应用技巧。

读者对象

☑ 有一定 Web 前端基础的编程自学者

☑ 大中专院校的 Web 前端教师和学生

☑ 进行 Web 前端毕业设计的学生

☑ Web 前端程序测试及维护人员

☑ Web 前端编程爱好者

☑ 相关培训机构的 Web 前端教师和学员

☑ 初、中级 Web 前端程序开发人员

☑ 参加实习的 Web 前端"菜鸟"程序员

本书学习资源

本书提供了大量的辅助学习资源，读者需刮开图书封底的防盗码，扫描并绑定微信后，获取学习权限。

☑　**同步教学微课**

学习书中知识时，扫描章节名称处的二维码，可在线观看教学视频。

☑　**在线开发资源库**

Web 前端
开发资源库

本书配备了强大的 Web 前端开发资源库，包括技术资源库、实例资源库、项目资源库、源码资源库、视频资源库。扫描右侧二维码，可登录明日科技网站，获取 Web 前端开发资源库一年的免费使用权限。

☑　**学习答疑**

清大文森学堂

关注清大文森学堂公众号，可获取本书的源代码、PPT 课件、视频等资源，加入本书的学习交流群，参加图书直播答疑。

读者扫描图书封底的"文泉云盘"二维码，或登录清华大学出版社网站（www.tup.com.cn），可在对应图书页面下查阅各类学习资源的获取方式。

致读者

本书由明日科技前端开发团队组织编写。明日科技是一家专业从事软件开发、教育培训以及软件开发教育资源整合的高科技公司，其编写的教材既注重选取软件开发中的必需、常用内容，又注重内容的易学、方便以及相关知识的拓展，深受读者喜爱。其编写的教材多次荣获"全行业优秀畅销品种""中国大学出版社优秀畅销书"等奖项，多个品种长期位居同类图书销售排行榜的前列。

在编写本书的过程中，我们始终本着科学、严谨的态度，力求精益求精，但疏漏之处在所难免，敬请广大读者批评指正。

感谢您购买本书，希望本书能成为您编程路上的领航者。

"零门槛"编程，一切皆有可能。

祝读书快乐！

编　者

2023 年 5 月

目 录

Contents

第1篇　基 础 知 识

第 2 篇　核 心 技 术

第 3 篇　高级应用

第 4 篇　项 目 开 发

第 1 篇
基础知识

本篇涵盖初识 Vue.js、ECMAScript 6 语法介绍、Vue 实例与数据绑定、条件判断指令、v-for 指令、计算属性和监听属性等内容。学习完本篇，读者可以快速掌握 Vue.js 的基础知识，为后续的学习奠定坚实的基础。

基础知识

- 初识Vue.js — 熟悉Vue.js、搭建开发环境，入门第一步
- ECMAScript 6语法介绍 — 学习ES 6的语法规则
- Vue实例与数据绑定 — 学习创建Vue实例并使用数据绑定将数据和视图相关联
- 条件判断指令 — 学习使用条件判断指令来控制DOM的显示状态
- v-for指令 — 学习使用v-for指令将数组或对象中的数据循环渲染到DOM中
- 计算属性和监听属性 — 学习使用计算属性来处理比较复杂的逻辑，使用监听属性来监测和响应数据的变化

第 1 章

初识 Vue.js

近些年，互联网行业发展迅猛。前端开发不仅在计算机端得到广泛应用，移动端的需求也与日俱增。为了改变传统的前端开发方式、进一步提高用户体验，越来越多的前端开发者开始使用框架来构建前端页面。目前，比较受欢迎的前端框架有 Google 的 AngularJS、Facebook 的 ReactJS，以及本书中将要讲解的 Vue.js。随着这些框架的出现，组件化的开发方式得到了普及，同时改变了原有的开发思维和方式。本章将对 Vue.js 进行一个简单的介绍。

本章知识架构及重难点如下。

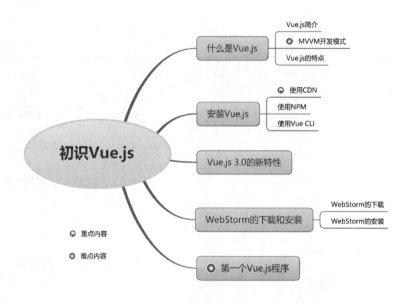

1.1 什么是 Vue.js

1.1.1 Vue.js 简介

Vue.js 是一套用于构建用户界面的渐进式框架。与其他重量级框架不同的是，它只关注视图层，采用自底向上增量开发的设计。Vue.js 的目标是通过尽可能简单的 API 来实现响应的数据绑定和组合的视图组件。它不仅容易上手，还非常容易与其他库或已有项目进行整合。

Vue.js 实际上是一个用于开发 Web 前端界面的库，其本身具有响应式编程和组件化的特点。所谓响应式编程，即保持状态和视图的同步。响应式编程允许将相关模型的变化自动反映到视图上，反之亦然。

　　和其他前端框架一样，Vue.js 同样拥有"一切都是组件"的理念，它将一个网页分割成多个可复用的组件，效果如图 1.1 所示。

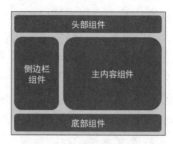

图 1.1　组件化示意图

　　应用组件化的特点，可以将任意封装好的代码注册成标签，这样就在很大程度上减少了重复开发，提高了开发效率和代码复用性。如果配合 Vue.js 的周边工具 vue-loader，就可以将一个组件的 HTML、CSS 和 JavaScript 代码都写在一个文件当中，这样可以实现模块化的开发。

1.1.2　MVVM 开发模式

　　Vue.js 采用的是 MVVM（Model-View-ViewModel）的开发模式，它本质上是 MVC 模式的改进版。在 MVVM 模式中，Model 代表数据模型，可以在 Model 中定义操作数据的业务逻辑。View 代表 UI 组件，它负责将数据模型转化成 UI 并展现出来。ViewModel 用于监听数据的改变并处理用户交互。在 MVVM 架构下，View 和 Model 之间并没有直接的联系，而是通过 ViewModel 进行交互。ViewModel 通过双向数据绑定把 View 层和 Model 层连接起来，而 View 和 Model 之间可以自动实现同步，因此开发者只需关注业务逻辑，不需要手动操作 DOM，也不需要关注数据状态的同步问题，数据状态的维护完全由 MVVM 来统一管理。

　　与传统的 MVC 开发模式不同，MVVM 将 MVC 中的 Controller 改成了 ViewModel。在这种模式下，View 的变化会自动更新到 ViewModel 中，而 ViewModel 的变化也会自动同步到 View 上并进行显示。ViewModel 模式的示意图如图 1.2 所示。

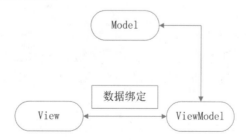

图 1.2　ViewModel 模式的示意图

1.1.3　Vue.js 的特点

　　Vue.js 的主要特点如下：

- ☑ 轻量级。相比较 AngularJS 和 ReactJS 而言，Vue.js 是一个更轻量级的前端库，不但容量非常小，而且没有其他的依赖。
- ☑ 数据绑定。Vue.js 最主要的特点就是双向的数据绑定。在传统的 Web 项目中，将数据在视图中展示出来后，如果要修改视图，需要通过获取 DOM 的方法进行修改，这样才能维持数据和视图的一致。而 Vue.js 是一个响应式的数据绑定系统，在建立绑定后，DOM 将和 Vue 对象中的数据保持同步，这样就无须手动获取 DOM 的值再同步到 js 中。
- ☑ 应用指令。同 AngularJS 一样，Vue.js 也提供了指令这一概念。指令用于在表达式的值发生改变时，将某些行为应用到绑定的 DOM 上，通过对应表达式值的变化就可以修改对应的 DOM。
- ☑ 插件化开发。与 AngularJS 类似，Vue.js 也可以用来开发一个完整的单页应用。在 Vue.js 的核心库中并不包含路由、Ajax 和状态管理等功能，但是可以非常方便地加载对应的插件来实现这样的功能。例如，vue-router 插件提供了路由管理的功能，Vuex 插件提供了状态管理的功能。

1.2　安装 Vue.js

1.2.1　使用 CDN

CDN 的全称是 content delivery network，即内容分发网络。它是构建在现有的互联网基础之上的一层智能虚拟网络，依靠部署在各地的边缘服务器，通过中心平台的负载均衡、内容分发和调度等功能模块，使用户可就近获取所需内容，解决 Internet 网络拥挤的状况，提高用户访问网站的响应速度。

在项目中使用 Vue.js 时可以使用 CDN 的方式。这种方式很简单，只需要选择一个提供稳定 Vue.js 链接的 CDN 服务商即可。Vue 3.0 的官网中提供了一个 CDN 链接 "https://unpkg.com/vue@next"，在项目中直接通过<script>标签引入即可，代码如下：

```
<script src="https://unpkg.com/vue@next"></script>
```

1.2.2　使用 NPM

NPM 是一个 Node.js 包管理和分发工具，它支持很多第三方模块。在安装 Node.js 环境时，由于安装包中包含了 NPM，因此不需要再额外安装 NPM。在使用 Vue.js 构建大型应用时推荐使用 NPM 方法进行安装。使用 NPM 安装 Vue.js 3.0 的命令如下：

```
npm install vue@next
```

NPM 的官方镜像可从国外的服务器下载。为了节省安装时间，推荐使用淘宝 NPM 镜像 CNPM。将 NPM 镜像切换为 CNPM 镜像的命令如下：

```
npm install -g cnpm --registry=https://registry.npm.taobao.org
```

之后就可以直接使用 cnpm 命令安装模块。命令格式如下：

```
cnpm install 模块名称
```

说明

在开发 Vue 3.0 的前端项目时，一般会使用 Vue CLI 工具搭建应用，此时会自动安装 Vue.js 的各个模块，不需要使用 NPM 再单独安装 Vue.js。

1.2.3　使用 Vue CLI

Vue CLI 是 Vue 官方提供的一个脚手架工具，使用该工具可以快速搭建一个应用。Vue CLI 工具需要用户对 Node.js 和相关构建工具有一定的了解。如果是初学者，建议在熟悉 Vue 的基础知识之后再使用 Vue CLI 工具。关于 Vue CLI 工具的安装以及如何快速搭建一个应用，将在后面的章节进行详细介绍。

1.3　Vue.js 3.0 的新特性

Vue.js 3.0 并没有延用 Vue.js 2.x 版本的代码，而是采用 TypeScript 进行重新编写，新版的 API 全部采用普通函数。Vue.js 3.0 新特性如下：

- ☑ 更好的性能。Vue.js 3.0 重写了虚拟 DOM 的实现，并对模板的编译进行了优化，提升了组件初始化的速度。和 Vue 2.x 相比，更新速度和内存占用方面的性能都提升了不少。
- ☑ Tree-Shaking 支持。和 Vue 2.x 相比，Vue.js 3.0 对无用的代码模块进行了删除，仅打包真正需要的模块。
- ☑ 组合 API。Vue 3.0 新增的 Composition API 可以完美地替代 Vue 2.x 中的 mixin，使用户可以更灵活地复用代码，并且 Compoxition API 可以很好地进行类型推断，解决了多组件之间的逻辑重用问题。
- ☑ 碎片（flagmen）。在 Vue 2.x 中，组件需要有一个唯一的根节点，而 Vue 3.0 组件模板不再限于单个根节点，可以有多个根节点。
- ☑ 传送（teleport）。使用 teleport 内置组件可以将模板代码移动到 Vue 程序之外的其他位置。
- ☑ 悬念（suspense）。suspense 内置组件可以在嵌套层级中等待嵌套的异步依赖项，支持异步组件。
- ☑ 更好的 TypeScript 支持。Vue 3.0 代码具有更好的类型支持。开发人员可以采用 TypeScript 开发 Vue 应用，无须担心兼容性问题，结合 TypeScript 插件使开发更高效，还可以拥有类型检查、自动补全等功能。
- ☑ 自定义渲染器 API。用户可以使用自定义渲染器 API 来尝试与第三方库集成，如编写 WebGL 自定义渲染器。

1.4　WebStorm 的下载和安装

WebStorm 是 JetBrains 公司旗下一款 JavaScript 开发工具，被广大中国 JavaScript 开发者誉为 Web 前端开发神器、最强大的 HTML5 编辑器、最智能的 JavaScript IDE 等。WebStorm 添加了对 Vue.js 的语法支持，通过安装插件的方式识别以.vue 为后缀的文件，在 WebStorm 中用于支持 Vue.js 的插件的名称就叫 Vue.js。

由于 WebStorm 的版本会不断更新，因此这里以 WebStorm 2022.2.3 版本（以下简称 WebStorm）为例，介绍 WebStorm 的下载和安装。

1.4.1　WebStorm 的下载

WebStorm 的不同版本可以通过官方网站进行下载。下载 WebStorm 的步骤如下。

（1）在浏览器的地址栏中输入 https://www.jetbrains.com/webstorm，按 Enter 键进入 WebStorm 的主页面，如图 1.3 所示。

图 1.3　WebStorm 的主页面

（2）单击图 1.3 中右上角的 Download 按钮，进入 WebStorm 的下载页面，如图 1.4 所示。

图 1.4　WebStorm 的下载页面

（3）单击图 1.4 中的 Download 按钮开始下载 WebStorm，下载完成以后，页面中会弹出对话框，询问是否保留所下载的 WebStorm，如图 1.5 所示，单击"保留"按钮即可将 WebStorm 安装包保留至本地计算机。

图 1.5　弹出是否保留文件对话框

1.4.2　WebStorm 的安装

WebStorm 的安装步骤如下。

（1）下载 WebStorm 后，双击 WebStorm-2022.2.3.exe 安装文件，打开 WebStorm 的安装欢迎界面，如图 1.6 所示。

图 1.6　WebStorm 安装欢迎界面

（2）单击图 1.6 中的 Next 按钮，打开 WebStorm 的选择安装路径界面，如图 1.7 所示。在该界面中可以设置 WebStorm 的安装路径，这里将安装路径设置为 D:\WebStorm 2022.2.3。

图 1.7　WebStorm 的选择安装路径界面

（3）单击图 1.7 中的 Next 按钮，打开 WebStorm 的安装选项界面，如图 1.8 所示。在该界面中可以设置是否创建 WebStorm 的桌面快捷方式，以及选择创建关联文件等。

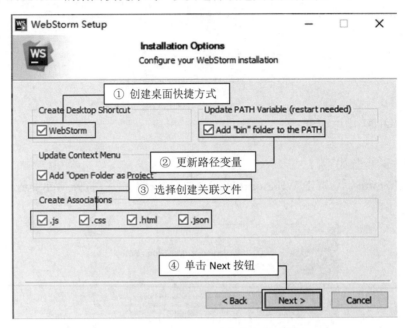

图 1.8　WebStorm 的安装选项界面

（4）单击图 1.8 中的 Next 按钮，打开 WebStorm 的选择开始菜单文件夹界面，如图 1.9 所示。

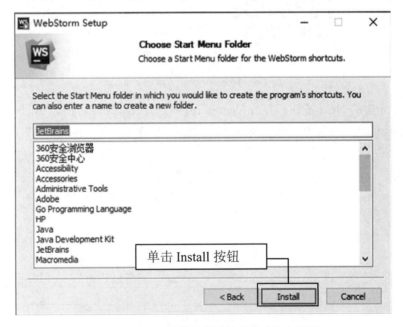

图 1.9　WebStorm 的选择开始菜单文件夹界面

（5）单击图 1.9 中的 Install 按钮开始安装 WebStorm，正在安装界面如图 1.10 所示。

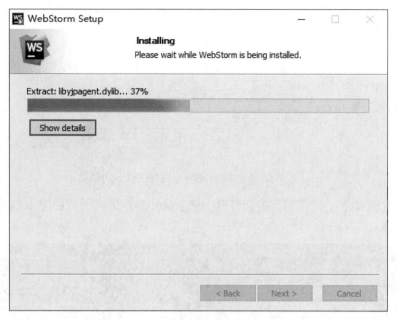

图 1.10　WebStorm 的正在安装界面

（6）安装结束后会打开如图 1.11 所示的完成安装界面，在该界面中选中 I want to manually reboot later 单选按钮，然后单击 Finish 按钮完成安装。

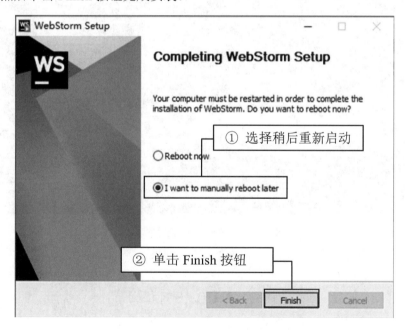

图 1.11　WebStorm 的完成安装界面

（7）双击桌面上的 WebStorm 2022.2.3 快捷方式运行 WebStorm。在首次运行 WebStorm 时会弹出如图 1.12 所示的对话框，提示用户是否需要导入 WebStorm 之前的设置，这里选中 Do not import settings 单选按钮。

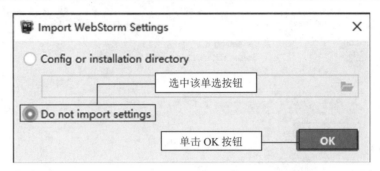

图 1.12 是否导入 WebStorm 设置的提示对话框

（8）单击图 1.12 中的 OK 按钮，将会打开 WebStorm 的欢迎界面，如图 1.13 所示。这时就表示 WebStorm 启动成功。

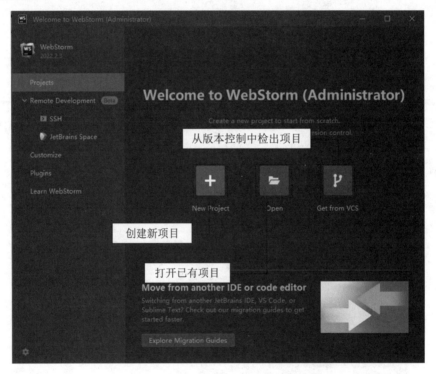

图 1.13 WebStorm 的欢迎界面

1.5 第一个 Vue.js 程序

【例 1.1】第一个 Vue.js 程序。（**实例位置：资源包\TM\sl\1\01**）

创建第一个 Vue.js 程序，在 WebStorm 工具中编写代码，在页面中输出"I like Vue.js"。具体步骤如下。

（1）启动 WebStorm，如果还未创建过任何项目，会弹出如图 1.14 所示的欢迎界面。

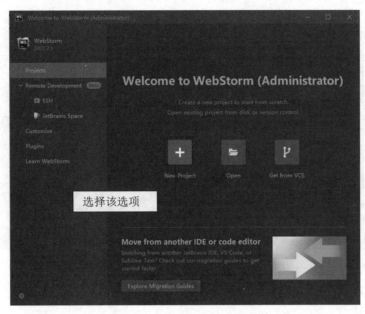

图 1.14　WebStorm 欢迎界面

（2）选择图 1.14 中的 New Project 选项，弹出创建新项目对话框，如图 1.15 所示。在该对话框中选择项目存储路径，并输入项目名称 sl，将项目文件夹存储在计算机的 E 盘中，然后单击 Create 按钮创建项目。

图 1.15　创建新项目对话框

（3）在项目名称 sl 上右击，然后依次选择 New→Directory 选项，如图 1.16 所示。

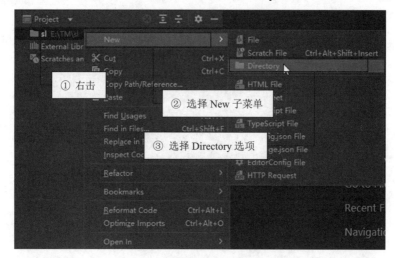

图 1.16　在项目中创建目录

（4）选择 Directory 选项，弹出新建目录对话框，如图 1.17 所示，在文本框中输入新建目录的名称 1 作为本章实例文件夹，然后按 Enter 键，完成文件夹的创建。

图 1.17　输入新建目录名称

（5）按照同样的方法，在文件夹 1 下创建第一个实例文件夹 01。

（6）在第一个实例文件夹 01 上右击，然后依次选择 New→HTML File 选项，如图 1.18 所示。

图 1.18　在文件夹下创建 HTML 文件

（7）选择 HTML File 选项，弹出新建 HTML 文件对话框，如图 1.19 所示，在文本框中输入新建文件的名称 index，然后按 Enter 键，完成 index.html 文件的创建。此时，开发工具会自动打开刚刚创建的文件，结果如图 1.20 所示。

图 1.19　新建 HTML 文件对话框

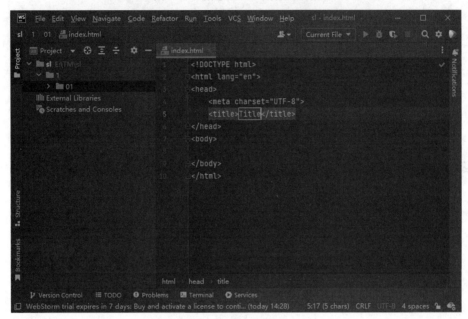

图 1.20　打开新创建的文件

（8）接下来，就可以构建一个简单的 Vue.js 程序。Vue 的起步非常简单，安装 Vue.js 之后，使用 Vue.createApp 创建一个应用程序实例。在创建实例时会调用 data()函数，该函数会返回一个数据对象，最后通过 mount()方法指定一个 DOM 元素作为装载应用程序实例的根组件，实现数据的双向绑定，具体代码如下：

```
<!DOCTYPE html>
<html lang="en">
<head>
    <meta charset="UTF-8">
    <title>第一个 Vue.js 程序</title>
</head>
<body>
<div id="app">
    <h1>{{message}}</h1>
</div>
<script src="https://unpkg.com/vue@next"></script>
<script type="text/javascript">
    //创建应用程序实例
```

```
const vm = Vue.createApp({
    //返回数据对象
    data(){
        return {
            message: 'I like Vue.js'
        }
    }
    //装载应用程序实例的根组件
}).mount('#app');
</script>
</body>
</html>
```

使用浏览器运行"E:\TM\sl\1\01"目录下的 index.html 文件，在浏览器中将会看到运行结果，如图 1.21 所示。

图 1.21　程序运行结果

1.6　实践与练习

（答案位置：资源包\TM\sl\1\实践与练习）

综合练习 1：输出孔子的名言　在 WebStorm 工具中编写代码，在页面中输出孔子的名言："学而不思则罔，思而不学则殆。"运行结果如图 1.22 所示。

综合练习 2：输出明日学院的官网地址　在 WebStorm 工具中编写代码，在页面中输出明日学院的官网地址"http://www.mingrisoft.com"。运行结果如图 1.23 所示。

图 1.22　输出孔子的名言

图 1.23　输出明日学院的官网地址

第 2 章

ECMAScript 6 语法介绍

ECMAScript 6（简称 ES6）是于 2015 年 6 月正式发布的 JavaScript 语言的标准，正式名称为 ECMAScript 2015（ES2015）。目前，各大主流浏览器已经支持 ES6 中的绝大多数特性，符合标准的 JavaScript 代码已经可以正常运行，实现复杂操作的同时提高了开发人员的工作效率。本章将对 ES6 中的常用语法进行简单的介绍。

本章知识架构及重难点如下。

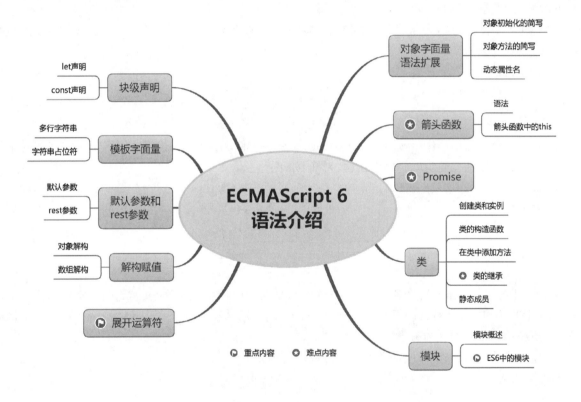

2.1 块级声明

块级声明用于声明在指定块的作用域之外无法访问的变量。块级作用域存在于函数内部或者字符"{"和"}"之间的区域。

2.1.1　let 声明

在 ES6 中新增了使用 let 关键字声明变量的方式。let 的用法和 var 类似，所不同的是，使用 let 声明的变量只在 let 所在的代码块内有效。例如，在代码块中分别使用 var 和 let 声明两个变量，然后在代码块之外调用这两个变量，代码如下：

```
{
    var a = 10;
    let b = 20;
}
console.log(a);                          //10
console.log(b);                          //报错：b 没有定义
```

由运行结果可以看出，var 声明的变量返回了正确的值，而 let 声明的变量会抛出错误，这就表明使用 let 声明的变量只在 let 所在的代码块内有效。

使用 let 声明变量特别适合于 for 循环中，循环变量 i 只在 for 循环体内有效，在循环体外引用就会抛出错误。示例代码如下：

```
for (let i = 0; i < 10; i++) {
    document.write(i);                   //输出 0123456789
}
document.write(i);                       //报错：i 没有定义
```

使用 let 不允许在相同作用域内重复声明同一个变量。例如，在同一作用域内已经存在某个变量，此时再使用 let 对它进行声明就会抛出错误，代码如下：

```
var num = 10;
let num = 20;                            //报错：标识符 num 已声明
```

2.1.2　const 声明

在 ES6 中提供了 const 关键字用于声明一个只读的常量。使用 const 定义常量后，常量的值就不能改变，而且在声明时必须对其进行初始化赋值。const 的作用域和 let 的相同，使用 const 声明的常量只在 const 所在的块级作用域内有效。

例如，将圆周率 π 的近似值定义为一个常量，代码如下：

```
const PI = 3.14
```

上述代码中，如果将常量 PI 修改为其他值就会抛出错误。

如果将一个对象定义成一个常量，那么对象的引用不能修改，而对象的属性可以修改。示例代码如下：

```
const user = {
    name:"Tom"
};
user.name="Jerry";
document.write(user.name);               //输出 Jerry
```

如果不允许修改对象的属性，可以使用 Object.freeze()方法冻结对象，示例代码如下：

```
const user = Object.freeze({
      name:"Tom"
});
user.name="Jerry";
document.write(user.name);                    //输出 Tom
```

2.2　模板字面量

ES6 中引入了模板字面量，主要通过多行字符串和字符串占位符对字符串进行增强操作。

2.2.1　多行字符串

在 ES5 中，如果一个字符串要分为多行书写，可以采用两种方式。一种是在一行结尾添加反斜线"\"来承接下一行。示例代码如下：

```
let str = "月落乌啼霜满天，\
江枫渔火对愁眠。\
姑苏城外寒山寺，\
夜半钟声到客船。"
```

另一种是使用"+"运算符拼接字符串。示例代码如下：

```
let str = "月落乌啼霜满天，"
+"江枫渔火对愁眠。"
+"姑苏城外寒山寺，"
+"夜半钟声到客船。"
```

而在 ES6 中，使用模板字面量的语法就可以表示多行字符串。模板字面量的基础语法是使用反引号"`"替换字符串的单引号或双引号。示例代码如下：

```
let str = `月落乌啼霜满天，
江枫渔火对愁眠。
姑苏城外寒山寺，
夜半钟声到客船。`
```

2.2.2　字符串占位符

在一个模板字面量中，允许将变量或任何合法的表达式嵌入占位符并将其作为字符串的一部分。占位符由一个"$"和一对大括号"{}"组成，大括号之间可以包含变量或表达式。

例如，将定义的变量嵌入占位符并将其放在字符串中进行输出，代码如下：

```
let name = "Tony";
```

```
let sex = "男";
let age = 25;
let str = `姓名: ${name} 性别: ${sex} 年龄: ${age}`;
document.write(str);
```

运行结果如下:

姓名: Tony 性别: 男 年龄: 25

例如, 将表达式嵌入占位符并将其放在字符串中进行输出, 代码如下:

```
let unitPrice = 566;                              //商品单价
let number = 6;                                   //商品数量
let str = `商品总价: ${unitPrice * number}元`;
document.write(str);
```

运行结果如下:

商品总价: 3396 元

2.3 默认参数和 rest 参数

2.3.1 默认参数

默认参数即在定义函数的参数列表中指定了默认值的参数。在 ES5 中, 并没有提供在参数列表中指定参数默认值的语法, 要想为函数的参数指定默认值, 只能在函数体中实现, 示例代码如下:

```
function table(width, height, rows, cols){
    width = width || 300;
    height = height || 200;
    rows = rows || 6;
    cols = cols || 3;
}
```

在 ES6 中, 简化了为参数设置默认值的方法, 可以直接在参数列表中设置参数的默认值。例如, 将上述代码修改为在参数列表中直接设置默认值的形式, 代码如下:

```
function table(width=300, height=200, rows=6, cols=3){
    ...                                           //函数体
}
```

在调用 table()函数时, 如果没有传递实参, 则使用 4 个参数的默认值; 如果传递了一个实参, 则使用后 3 个参数的默认值; 如果传递了 4 个实参, 则不使用默认值。

2.3.2 rest 参数

在 JavaScript 中, 无论在定义函数时设置了多少个形参, 在调用函数时都可以传入任意数量的实参，在函数内部可以使用 arguments 对象获取传入的实参。例如，定义一个获取参数最大值的函数，代码如下：

```
function compare(){
    let maxValue = 0;                            //初始化最大值
    for(let i = 0; i < arguments.length; i++){
        if(arguments[i] > maxValue){
            maxValue = arguments[i];
        }
    }
    return maxValue;                             //返回最大值
}
document.write(compare(3,7,6,9,2,5));            //输出 9
```

在 ES6 中引入了 rest 参数，在函数的形参前添加 3 个点，就表示这是一个 rest 参数。例如，将上述代码修改为使用 rest 参数的形式，代码如下：

```
function compare(...args){
    let maxValue = 0;                            //初始化最大值
    for(let i = 0; i < args.length; i++){
        if(arguments[i] > maxValue){
            maxValue = arguments[i];
        }
    }
    return maxValue;                             //返回最大值
}
document.write(compare(3,7,6,9,2,5));
```

在定义函数时设置的参数列表中，普通参数和 rest 参数可以同时存在。如果既有普通参数也有 rest 参数，那么 rest 参数必须放到参数列表的最后面的位置。

【例 2.1】获取个人信息。(实例位置：资源包\TM\sl\2\01)

定义一个获取个人信息的函数，在参数列表中既有普通参数也有 rest 参数，通过调用函数来获取个人信息。代码如下：

```
function person(name, sex, ...interest){
    let info = "";
    info += "姓名：" + name;
    info += "<br>性别：" + sex;
    info += "<br>兴趣爱好：";
    //遍历 rest 参数
    for(let i = 0; i < interest.length; i++){
        info += interest[i] + " ";
    }
    return info;                                 //返回个人信息
}
document.write(person("Tony","男","看书","运动","听音乐"));
```

运行结果如图 2.1 所示。

图 2.1　输出个人信息

编程训练（答案位置：资源包\TM\sl\2\编程训练）

【训练 1】输出图书名称和图书作者　定义一个获取图书名称和图书作者的函数，在设置参数时使用 rest 参数的形式，在调用函数时将图书名称和图书作者作为参数进行传递。

【训练 2】输出完整的收货地址　在某购物网站的收货地址栏中，地址由省、市、区和详细地址组成。定义一个获取完整收货地址的函数，在参数列表中既有普通参数也有 rest 参数，通过调用函数获取完整的收货地址。

2.4　解 构 赋 值

在 JavaScript 中经常需要从某个对象或数组中提取某个数据，而在 ES6 中，为了方便操作，为对象和数组提供了解构功能，通过该功能可以按照一定模式从对象或数组中提取值并赋给变量。

2.4.1　对象解构

对象解构的语法格式是将对象中的属性名组成一个对象字面量，并放在赋值操作符的左边。示例代码如下：

```
let person = {
    name: "Tom",
    sex: "男",
    age: 16
}
let {name, sex, age} = person;
console.log(name);                      //Tom
console.log(sex);                       //男
console.log(age);                       //16
```

上述代码中，person.name 的值保存在 name 变量中，person.sex 的值保存在 sex 变量中，person.age 的值保存在 age 变量中。

为对象进行解构赋值，还可以先声明变量，之后使用解构语法为变量赋值，这时需要将整个解构赋值语句使用小括号包含起来。例如，将上述代码修改为先声明变量后赋值的形式，代码如下：

```
let person = {
    name: "Tom",
    sex: "男",
    age: 16
```

```
}
let name, sex, age;
({name, sex, age} = person)
console.log(name);                        //Tom
console.log(sex);                         //男
console.log(age);                         //16
```

说明

> JavaScript 会将一对开放的大括号作为一个代码块，而代码块不能出现在赋值语句的左侧，将解构赋值语句使用小括号包含起来后，整个语句会转化为一个表达式，从而实现解构赋值的操作。

2.4.2　数组解构

数组解构的语法格式是将变量名组成一个数组，并放在赋值操作符的左边。因为数组的数据结构中没有属性名，所以在语法上更加简单。示例代码如下：

```
let person = ["Tony", "Kelly", "Jerry"];
let [a, b, c] = person;
console.log(a);                           //Tony
console.log(b);                           //Kelly
console.log(c);                           //Jerry
```

在对数组进行解构赋值时，变量的值和数组中的元素是一一对应的。如果要获取数组中指定位置的元素值，可以只为该位置的元素提供变量名。例如，获取上述代码中数组的第 3 个位置的元素，实现的代码如下：

```
let person = ["Tony", "Kelly", "Jerry"];
let [ , , c] = person;
console.log(c);                           //Jerry
```

为数组进行解构赋值，也可以先声明变量，之后使用解构语法为变量赋值。与对象解构不同，这里不需要使用小括号包含解构赋值语句。示例代码如下：

```
let person = ["Tony", "Kelly", "Jerry"];
let a, b, c;
[a, b, c] = person;
console.log(a);                           //Tony
console.log(b);                           //Kelly
console.log(c);                           //Jerry
```

2.5　展开运算符

展开运算符可以将一个数组展开，也可用于展开对象中的所有可遍历属性。展开运算符在语法上也是使用 3 个点。示例代码如下：

```
function product(a, b, c){
    return a * b * c;
}
let arr = [3, 5, 6];
console.log(product(...arr));                            //90
```

上述代码中，使用展开运算符展开数组 arr，将数组中的每个元素作为参数进行传递。

展开运算符还可以用来合并数组，示例代码如下：

```
let arr1 = ["Tony", "Kelly"];
let arr2 = ["Tom", "Jerry"];
console.log([...arr1, ...arr2]);                         //['Tony', 'Kelly', 'Tom', 'Jerry']
```

展开运算符也可以用于某些为数组进行解构赋值的情况，示例代码如下：

```
let arr = ["Tony", "Kelly", "Tom", "Jerry"];
let [name1, name2, ...name3] = arr;
console.log(name1);                                      //Tony
console.log(name2);                                      //Kelly
console.log(name3);                                      //['Tom', 'Jerry']
```

注意

在解构赋值中使用展开运算符时，展开运算符只能放在数组的最后。

展开运算符还可用于展开对象中的所有可遍历属性。示例代码如下：

```
let goods = {
    name: "OPPO Reno9",
    price: "3699",
    number: 2
};
let goodsDetail = {...goods, desc: "16GB+512GB 7.19mm 轻薄机身 双芯人像摄影系统"}
for (key in goodsDetail){
    document.write(key + ": " + goodsDetail[key] + "<br>");
}
```

运行结果如图 2.2 所示。

```
name: OPPO Reno9
price: 3699
number: 2
desc: 16GB+512GB 7.19mm轻薄机身 双芯人像摄影系统
```

图 2.2　遍历对象

2.6　对象字面量语法扩展

在 JavaScript 中，对象字面量是创建对象的一种常用方法。在 ES6 中扩展了对象字面量的语法，使处理对象变得更加轻松。

2.6.1　对象初始化的简写

在 ES5 中，对象的属性值通常是一个和属性名相同的变量。示例代码如下：

```
let name = "Tony";
let sex = "男";
let age = 25;
var person = {
    name: name,
    sex: sex,
    age: age
}
console.log(person.name);                    //Tony
console.log(person.sex);                     //男
console.log(person.age);                     //25
```

在 ES6 中，通过使用对象初始化的简写语法可以避免这种相同变量的重复书写，只需要简写为一个属性名即可。示例代码如下：

```
let name = "Tony";
let sex = "男";
let age = 25;
var person = {
    name,
    sex,
    age
}
console.log(person.name);                    //Tony
console.log(person.sex);                     //男
console.log(person.age);                     //25
```

2.6.2　对象方法的简写

在 ES5 中，定义对象的方法需要使用 function 关键字。示例代码如下：

```
var cal = {
    product: function(a, b, c){
        return a * b * c;
    }
}
console.log(cal.product(3, 6, 5));           //90
```

在 ES6 中，定义对象的方法可以省略冒号和 function 关键字。示例代码如下：

```
var cal = {
    product(a, b, c){
```

```
        return a * b * c;
    }
}
console.log(cal.product(3, 6, 5));                    //90
```

2.6.3　动态属性名

在 ES5 中，访问对象的属性可以使用"."符号和"[]"。如果属性名是一个变量，则只能使用"[]"访问对象的属性。示例代码如下：

```
let key = "name";
var person = {
    sex: "男",
    age: 25
}
person[key] = "Tony";                    //只能使用[],而不能使用 person.key
console.log(person.name);                //Tony
console.log(person.sex);                 //男
console.log(person.age);                 //25
```

在 ES6 中，通过在"[]"中使用变量或表达式可以在对象字面量中使用动态的属性名。示例代码如下：

```
let key = "name";
var person = {
    [key]: "Tony",
    sex: "男",
    age: 25
}
console.log(person.name);                //Tony
console.log(person.sex);                 //男
console.log(person.age);                 //25
```

2.7　箭　头　函　数

在 ES6 中，可以使用箭头"=>"定义函数。根据不同的使用场景，箭头函数有多种不同的语法。箭头函数的基本组成包括函数参数、箭头和函数体。

2.7.1　语法

第一种情况：箭头函数中只有一个参数，函数体中只有一条语句，示例代码如下：

```
let count = price => price;
```

```
/*
相当于
function count(price){
    return price;
}
*/
console.log(count(6.6));                        //6.6
```

第二种情况：箭头函数中的参数多于一个，需要使用小括号将参数包含起来，示例代码如下：

```
let count = (price,number) => `${price},${number}`;
/*
相当于
function count(price,number){
    return price + "," + number;
}
*/
console.log(count(6.6, 10));                     //6.6,10
```

第三种情况：箭头函数中没有参数，需要使用一对空的小括号，示例代码如下：

```
let count = () => "商品名称：品牌相机";
console.log(count());                            //商品名称：品牌相机
```

第四种情况：箭头函数的函数体中有多条语句，需要使用大括号将函数体包含起来，示例代码如下：

```
let count = (price,number) => {
    let total = price * number;
    return total;
};
console.log(count(6.6, 10));                     //66
```

第五种情况：箭头函数的返回值是一个对象字面量，需要使用小括号将对象字面量包含起来，示例代码如下：

```
let count = (price,number) => ({price:price,number:number});
console.log(count(6.6, 10));                     //{price: 6.6, number: 10}
```

2.7.2　箭头函数中的 this

在 JavaScript 中，this 关键字的指向是可以改变的，它会根据当前上下文的变化而变化。为了解决 this 关键字指向的问题，可以使用 bind()方法将 this 绑定到某个对象上。而在箭头函数中并没有 this 绑定，如果箭头函数包含在非箭头函数中，那么箭头函数中的 this 指向的是最近的非箭头函数中的 this，否则，this 会被设置为全局对象。示例代码如下：

```
var type = "手机";
var obj = {
    type: "电脑",
    show: function(){
        setTimeout(() => console.log(this.type), 3000);
```

```
    }
}
obj.show();                                    //电脑
```

上述代码中，在调用 setTimeout()方法时使用了箭头函数，箭头函数中的 this 和 show()方法中的 this 一致，而这个 this 指向的是 obj 对象，所以在调用 obj 对象的 show()方法时显示的结果是"电脑"。

2.8　Promise

在 ES6 之前，要实现异步调用，通常需要使用事件和回调函数。随着 Web 程序越来越复杂，使用事件和回调函数实现异步的方式并不能完全满足开发者的需求。而在 ES6 中提供的 Promise 可以更好地解决异步编程问题。

通过 Promise 构造函数可以创建一个 Promise。Promise 构造函数只接收一个参数，该参数是一个执行器函数，在函数内包含需要异步执行的代码。执行器函数可以接收两个函数形式的参数，分别是 resolve()函数和 reject()函数。resolve()函数用于在异步操作执行成功时调用，reject()函数用于在异步操作执行失败时调用。示例代码如下：

```
var promise = new Promise(function(resolve, reject){
    setTimeout(function(){
        try{
            let a = 5 + 7;
            resolve(a);                        //执行成功则调用 resolve()函数
        }catch(ex){
            reject(ex);                        //执行失败则调用 reject()函数
        }
    },1000);
});
```

上述代码中，在执行器函数中执行了异步操作，在 1 秒后计算两个数的和。如果执行成功则调用 resolve()函数，并将计算的和作为参数，如果执行失败则调用 reject()函数。

在 Promise 对象中有一个 then()方法，该方法可以接收两个函数形式的参数，第一个是 Promise 异步操作成功完成时调用的函数，第二个是 Promise 异步操作执行失败时调用的函数。示例代码如下：

```
var promise = new Promise(function(resolve, reject){
    setTimeout(function(){
        try{
            let a = 5 + 7;
            resolve(a);                        //执行成功则调用 resolve()函数
        }catch(ex){
            reject(ex);                        //执行失败则调用 reject()函数
        }
    },1000);
});
promise.then(function(value){
    console.log(value);//12
```

```
},function(err){
    console.error(err.message);
});
```

在 Promise 对象中还有一个 catch()方法，该方法用于在执行异步操作失败后进行处理，相当于在 then()方法中给出的异步操作执行失败时的代码。在通常情况下，then()方法和 catch()方法可以一起使用以处理异步操作的结果。示例代码如下：

```
var promise = new Promise(function(resolve, reject){
    setTimeout(function(){
        try{
            let a = 5 + 7;
            resolve(a);                    //执行成功则调用 resolve()函数
        }catch(ex){
            reject(ex);                    //执行失败则调用 reject()函数
        }
    },1000);
});
promise.then(function(value){
    console.log(value);//12
}).catch(function(err){
    console.error(err.message);
});
```

说明

> 如果在调用 resolve()函数时带有参数，那么该参数会传递给 then()方法的回调函数，如果在调用 reject()函数时带有参数，那么该参数会传递给 catch()方法的回调函数。

2.9　类

在 ES6 中新增了类的概念，多个具有相同属性和方法的对象就可以抽象为类。类和对象的关系如下：

- ☑　类抽象了对象的公共部分，它泛指某一大类（class）。
- ☑　对象特指通过类实例化的一个具体的对象。

2.9.1　创建类和实例

JavaScript 在它的早期版本就支持类，直到 ES6 引入 class 关键字后才有了自己的语法。创建类可以使用 class 关键字，类体在一对大括号{}中，在大括号{}中可以定义类成员（如方法或构造函数）。之后使用该类实例化对象。创建类的语法格式如下：

```
class 类名 {                              //类名后不要加括号
    ...                                  // 类体
}
```

创建类后需要实例化对象。创建一个类的实例需要使用 new 关键字。语法格式如下：

```
var 对象名 = new 类名();                        // 类必须使用 new 关键字来实例化对象
```

2.9.2　类的构造函数

每个类中包含了一个特殊的方法 constructor()，它是类的构造函数，其作用是对类进行初始化。通过 new 关键字生成对象实例后会自动调用该构造函数。如果没有显式定义，在类的内部会自动创建一个 constructor() 构造函数。

例如，创建一个名为 Person 的类，在类中使用 constructor() 构造函数，实例化对象后输出各个属性的值。代码如下：

```
// 创建类
class Person {
    //定义构造函数
    constructor(name, sex, age) {
        this.name = name;
        this.sex = sex;
        this.age = age;
    }
}
//创建实例对象
var p = new Person("Tony", "男", 20);
document.write("姓名： " + p.name);
document.write("<br>性别： " + p.sex);
document.write("<br>年龄： " + p.age);
```

运行结果如图 2.3 所示。

图 2.3　输出属性

【例 2.2】输出歌曲信息。（**实例位置：资源包\TM\sl\2\02**）

创建一个歌曲类 Song，在类中使用 constructor() 构造函数对类进行初始化，实例化对象后输出歌曲信息。代码如下：

```
// 创建类
class Song {
    //定义构造函数
    constructor(name, original, time, style) {
        this.name = name;
```

```
            this.original = original;
            this.time = time;
            this.style = style;
        }
}
//创建实例对象
var song = new Song("我心永恒", "席琳·迪翁", "1997 年 12 月", "流行音乐");
document.write("歌曲名称：" + song.name);
document.write("<br>歌曲原唱：" + song.original);
document.write("<br>发行时间：" + song.time);
document.write("<br>音乐风格：" + song.style);
```

运行结果如图 2.4 所示。

图 2.4　输出歌曲信息

2.9.3　在类中添加方法

在定义类的同时可以在类中添加方法。类中的所有方法不需要写 function 关键字，而且多个方法之间不需要添加分隔符号。

例如，创建一个名为 Person 的类，在类中使用 constructor()构造函数，并添加 show()方法，在方法中输出人物信息。代码如下：

```
// 创建类
class Person {
    //定义构造函数
    constructor(name, sex, age) {
        this.name = name;
        this.sex = sex;
        this.age = age;
    }
    //添加 show()方法
    show(){
        alert("姓名：" + this.name + "\n 性别：" + this.sex + "\n 年龄：" + this.age);
    }
}
//创建实例对象
var p = new Person("Tony", "男", 20);
p.show();                               //调用 show()方法
```

运行结果如图 2.5 所示。

图 2.5　输出人物信息

【例 2.3】统计考试分数。（**实例位置：资源包\TM\sl\2\03**）

创建一个名为 Exam 的类，在类中使用 constructor()构造函数对类进行初始化，并添加 total()方法，在方法中统计考试分数。代码如下：

```
// 创建类
class Exam {
    //定义构造函数
    constructor(math,Chinese,English,physics,chemistry) {
        this.math = math;
        this.Chinese = Chinese;
        this.English = English;
        this.physics = physics;
        this.chemistry = chemistry;
    }
    //添加 total()方法
    total(){
        document.write("数学：  "+this.math);
        document.write("<br>语文：  "+this.Chinese);
        document.write("<br>英语：  "+this.English);
        document.write("<br>物理：  "+this.physics);
        document.write("<br>化学：  "+this.chemistry);
        document.write("<br>------------");
        document.write("<br>总分：  "+(this.math+this.Chinese+this.English+this.physics+this.chemistry));
    }
}
//创建实例对象
var e = new Exam(65,69,76,90,96);
e.total();                                    //调用 total()方法
```

运行结果如图 2.6 所示。

图 2.6　统计考试分数

2.9.4　类的继承

类的继承是指子类可以继承父类的一些属性和方法。要实现类的继承，就需要在创建类时使用 extends 关键字。继承可以提高代码的可重用性，在创建新类时可以重用现有类的属性和方法。

在定义的子类中需要使用 super()方法，该方法用于引用父类的构造函数。在子类的构造函数中通过 super()方法调用父类的构造函数，这样就可以访问父类的属性和方法。

例如，创建父类 Type 和子类 Brand，在子类的构造函数中使用 super()方法，通过调用子类的 show()方法输出商品信息。代码如下：

```javascript
// 创建父类
class Type {
    //定义构造函数
    constructor(name) {
        this.name = name;
    }
    showType() {
        return "商品类型：" + this.name;
    }
}
//创建子类
class Brand extends Type {
    //定义构造函数
    constructor(name, bname) {
        super(name);
        this.bname = bname;
    }
    show() {
        return this.showType() + "<br>商品品牌：" + this.bname;
    }
}
var b = new Brand("手机", "OPPO");        //创建实例对象
document.write(b.show());                 //调用 show()方法
```

运行结果如图 2.7 所示。

图 2.7　输出商品信息

2.9.5　静态成员

在创建类的类体中，在成员前面添加 static 关键字就可以定义静态成员。静态成员只能通过类名进

行调用。

例如，创建一个球类 Ball，在类中定义静态成员，通过类名调用静态成员输出球的类型、颜色和价格。代码如下：

```
class Ball{
    //静态成员
    static type = "篮球";
    static col = "黄色";
    static show() {
        return "球的价格：60";
    }
}
//通过类名调用成员
document.write("球的类型：" + Ball.type);
document.write("<br>球的颜色：" + Ball.col);
document.write("<br>" + Ball.show());
```

运行结果如图 2.8 所示。

图 2.8　输出球的类型、颜色和价格

编程训练（答案位置：资源包\TM\sl\2\编程训练）

【**训练 3**】输出演员个人简介　创建一个演员类 Actor，在类中使用 constructor()构造函数对类进行初始化，实例化对象后输出演员的中文名、职业、代表作品以及主要成就。

【**训练 4**】输出图书信息　创建一个图书类 Book，在类中使用 constructor()构造函数对类进行初始化，通过对象实例调用类中的方法，输出图书的书名、类型及价格。

2.10　模　　块

2.10.1　模块概述

早期的 JavaScript 程序很小，通常被用来执行独立的脚本任务，在 Web 页面中需要的地方提供一定的交互。随着 Web 应用程序变得越来越复杂，有必要考虑提供一种将 JavaScript 程序拆分为可按需导入的单独模块的机制，这就是模块化的编程。模块化编程就是将一个复杂的程序根据一定的规范封装成一个或多个文件，并组合在一起。使用这种方式，可以将代码分解到多个文件中，每个文件都称为一个模块。一个模块通常是一个类或者多个函数组成的方法库。

在 JavaScript 没有模块功能的时候，只能通过第三方规范（如 CommonJS 规范、AMD 规范）实现模块化。而在 ES6 中加入了模块规范，该规范成为浏览器和服务器通用的模块解决方案，比使用第三方规范更有效率。ES6 模块化的设计目标如下：

- ☑　像 CommonJS 一样简单的语法。
- ☑　模块必须是静态的结构。
- ☑　支持模块的异步加载和同步加载，能同时应用在服务器端和客户端。
- ☑　更好地支持模块之间的循环引用。
- ☑　拥有语言层面的支持。

ECMAScript 在 2015 年开始支持模块标准，此后逐渐发展，现已得到了所有主流浏览器的支持。

2.10.2　ES6 中的模块

每个文件本身就是一个模块，在文件中定义的变量、函数和类对于该文件都是私有的，需要将它们显式导出。另外，一个模块导出的内容只有在显式导入它们的模块中才可以使用。ES6 为 JavaScript 提供了 export 和 import 关键字，用于导出和导入模块。

1．导出模块

为了获得模块的功能，首先需要把它们导出来。要从 ES6 模块中导出变量、函数或类，需要使用 export 语句。最简单的方法是将 export 语句放在想要导出的项前面。例如，创建一个测试文件夹 demo，在 demo 文件夹下创建一个模块 module.js，模块中定义了一个变量、一个函数和一个类，并使用 export 语句进行导出，代码如下：

```
export var name = "张三";

export function sum(m, n){
    return m + n;
}

export class Person{
    //定义构造函数
    constructor(name, position, year) {
        this.name = name;
        this.position = position;
        this.year = year;
    }
    //添加 show()方法
    show(){
        return "姓名: " + this.name + "\n 职位: " + this.position + "\n 工作年限: " + this.year;
    }
}
```

如果不想使用多个 export 关键字进行导出，可以先正常定义变量、函数和类，然后在模块末尾使用一个 export 语句声明想要导出的内容。这种语法要求在一对大括号中给出一个使用逗号分隔的标识符列表。例如，将上述代码进行修改，在模块末尾使用一个 export 语句进行导出，代码如下：

```javascript
var name = "张三";

function sum(m, n){
    return m + n;
}

class Person{
    //定义构造函数
    constructor(name, position, year) {
        this.name = name;
        this.position = position;
        this.year = year;
    }
    //添加 show()方法
    show(){
        return "姓名：" + this.name + "\n 职位：" + this.position + "\n 工作年限：" + this.year;
    }
}
export {name, sum, Person};
```

在使用 export 语句进行导出时，可以使用 as 关键字对导出的标识符进行重命名。例如，对上述代码中导出的标识符进行重命名，代码如下：

```javascript
export {name as n, sum as s, Person as p};
```

在有些情况下，如果只想导出模块中的一个函数或类，可以使用默认导出的形式，即 export default 语句。例如，只导出模块中的 sum()函数，使用 export default 语句进行导出，代码如下：

```javascript
var name = "张三";

function sum(m, n){
    return m + n;
}

class Person{
    //定义构造函数
    constructor(name, position, year) {
        this.name = name;
        this.position = position;
        this.year = year;
    }
    //添加 show()方法
    show(){
        return "姓名：" + this.name + "\n 职位：" + this.position + "\n 工作年限：" + this.year;
    }
}
export default sum;
```

使用 export 语句只能导出已经命名的变量、函数或类。而使用 export default 语句的默认导出则可以导出任意表达式，包括匿名函数。例如，将上述代码中的 sum()函数修改为导出匿名函数的形式，代码如下：

```
export default function(m, n){
    return m + n;
}
```

说明

一个模块只能有一个默认导出，因此 export default 在一个模块中只能使用一次。

2．导入模块

如果想在模块外面使用模块中的一些功能，就需要进行导入。导入其他模块导出的内容需要使用 import 语句来实现。例如，导入 module.js 模块导出的内容，代码如下：

```
import {name, sum, Person} from './module.js';
```

首先是 import 关键字，然后用一对大括号包含需要导入的标识符列表，标识符之间使用逗号分隔。然后是 from 关键字，后面是模块文件的路径。

在使用 import 语句进行导入时，也可以使用 as 关键字对导入的标识符进行重命名。例如，对上述代码中导入的标识符进行重命名，代码如下：

```
import {name as n, sum as s, Person as p} from './module.js';
```

如果需要导入的模块功能过多，使用上面的方法会使代码变得冗长。这时，可以使用通配符"*"将每一个模块功能导入一个模块功能对象中。例如，使用"*"导入 module.js 模块导出的内容，代码如下：

```
import * as obj from './module.js';
```

使用这种方式可以创建一个对象 obj，被导入模块的每个非默认导出都会变成这个对象的一个属性。非默认导出的标识符将作为这个对象的属性名。

如果导入默认导出的内容，可以使用 default 关键字并提供别名进行导入，也可以直接使用自定义的标识符作为默认导出的别名进行导入。例如，导入 module.js 模块中默认导出的内容，可以使用如下两种方式中的任意一种：

```
import {default as exam} from './module.js';
```

或

```
import exam from './module.js';
```

3．在网页中使用模块

如果想在 HTML 文件中使用 ES6 模块，需要将<script>标签的 type 属性值设置为 module，用于声明该<script>标签所包含的代码作为模块在浏览器中执行。

例如，在 HTML 文件中使用 module.js 模块。首先在 demo 文件夹下创建 index.html 文件，在文件中导入模块，然后调用模块中定义的变量、函数和类，将结果显示在页面中。代码如下：

```
<script type="module">
    import {name, sum, Person} from './module.js';
    var info = "";
    info += name + "<br>";
    info += sum(2,3) + "<br>";
    var p = new Person("张三","前端工程师",10);
    info += p.show();
    document.getElementById("test").innerHTML = info;
</script>
<div id="test"></div>
```

运行结果如下：

```
张三
5
姓名：张三  职位：前端工程师  工作年限：10
```

如果使用通配符"*"的方式将每一个模块功能导入一个对象，可以使用下面的代码：

```
<script type="module">
    import * as exam from './module.js';
    var info = "";
    info += exam.name + "<br>";
    info += exam.sum(2,3) + "<br>";
    var p = new exam.Person("张三","前端工程师",10);
    info += p.show();
    document.getElementById("test").innerHTML = info;
</script>
<div id="test"></div>
```

说明

在使用 ES6 模块时，只能从包含模块的 HTML 文档所在的域加载模块，不能在开发模式下使用"file:URL"来测试包含模块的 Web 页面。因此，要想正常运行程序，需要使用本地 Web 服务器来进行测试。要搭建 Web 服务器，可以使用 Apache 服务器。安装服务器后，将程序文件夹 demo 存储在网站根目录（通常为安装目录下的 htdocs 文件夹）下，在地址栏中输入"http://localhost/demo/index.html"，然后按 Enter 键运行。

2.11 实践与练习

（答案位置：资源包\TM\sl\2\实践与练习）

综合练习 1：输出电影信息 定义一个获取电影信息的函数，在参数列表中既有普通参数也有 rest 参数，通过调用函数获取电影信息，包括电影的中文名、类型、导演和主演。运行结果如图 2.9 所示。

图 2.9　输出电影信息

综合练习 2：生成指定行数、列数的表格　创建一个表格类 Table，在类中添加生成表格的方法，通过对象实例调用该方法，生成指定行数、列数的表格。运行结果如图 2.10 所示。

图 2.10　输出指定行数、列数的表格

第 3 章

Vue 实例与数据绑定

Vue.js 使用了基于 HTML 的模板语法。应用 Vue.js 开发程序时，首先要了解如何将数据在视图中展示出来。Vue.js 采用了一种不同的语法来构建视图。本章主要介绍 Vue.js 中数据绑定的语法，以及如何通过数据绑定将数据和视图进行关联。

本章知识架构及重难点如下。

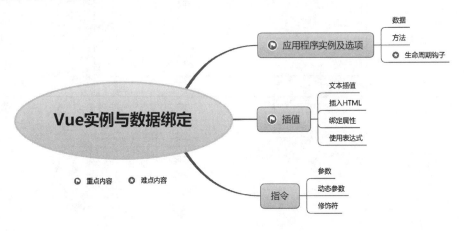

3.1 应用程序实例及选项

每个 Vue.js 的应用都需要创建一个应用程序的实例对象并挂载到指定 DOM 上。在 Vue 3.0 中，创建一个应用程序实例的语法格式如下：

```
Vue.createApp(App)
```

createApp()是一个全局 API，它接收一个根组件选项对象作为参数。选项对象中包括数据、方法、生命周期钩子函数等选项。创建应用程序实例后，可以调用实例的 mount()方法，将应用程序实例的根组件挂载到指定的 DOM 元素上。这样，该 DOM 元素中的所有数据变化都会被 Vue 监控，从而实现数据的双向绑定。例如，要绑定的 DOM 元素的 id 属性值为 app，创建一个应用程序实例并绑定到该 DOM 元素的代码如下：

```
Vue.createApp(App).mount('#app')
```

下面分别对组件选项对象中的几个选项进行介绍。

3.1.1　数据

在组件选项对象中有一个 data 选项，该选项是一个函数，Vue 在创建组件实例时会调用该函数。data()函数可以返回一个数据对象，应用程序实例本身会代理数据对象中的所有数据。例如，创建一个根组件实例 vm，在实例的 data 选项中定义一个数据。代码如下：

```html
<div id="app">
    <h2>{{text}}</h2>
</div>
<script src="https://unpkg.com/vue@next"></script>
<script type="text/javascript">
    //创建应用程序实例
    const vm = Vue.createApp({
        //返回数据对象
        data(){
            return {
                text: '千里之行，始于足下。'        //定义数据
            }
        }
    //装载应用程序实例的根组件
    }).mount('#app');
</script>
```

运行结果如图 3.1 所示。

图 3.1　输出定义的数据

上述代码中，创建的根组件实例被赋值给变量 vm，在实际开发中并不要求一定要将根组件实例赋值给某个变量。

3.1.2　方法

在创建的应用程序实例中，通过 methods 选项可以定义方法。应用程序实例本身也会代理 methods 选项中的所有方法，因此也可以像访问 data 数据那样来调用方法。例如，在根组件实例的 methods 选项中定义一个 showInfo()方法，代码如下：

```html
<div id="app">
    <p>{{showInfo()}}</p>
</div>
<script src="https://unpkg.com/vue@next"></script>
<script type="text/javascript">
```

```
//创建应用程序实例
const vm = Vue.createApp({
    //返回数据对象
    data(){
        return {
            text : '静以修身，俭以养德。',
            author : ' —— 诸葛亮'
        }
    },
    methods : {
        showInfo : function(){
            return this.text + this.author;        //连接字符串
        }
    }
//装载应用程序实例的根组件
}).mount('#app');
</script>
```

运行结果如图 3.2 所示。

图 3.2　输出方法的返回值

3.1.3　生命周期钩子

每个应用程序实例在创建时都有一系列的初始化步骤。例如，创建数据绑定、编译模板、将实例挂载到 DOM 并在数据变化时触发 DOM 更新、销毁实例等。在这个过程中会运行一些叫作生命周期钩子的函数，通过这些钩子函数可以定义业务逻辑。应用程序实例中几个主要的生命周期钩子函数的说明如下。

- ☑ beforeCreate：在实例初始化之后且数据观测和事件/监听器配置之前调用。
- ☑ created：在实例创建之后进行调用，此时尚未开始 DOM 编译。在需要初始化处理一些数据时会比较有用。
- ☑ beforeMount：在挂载开始之前进行调用，此时 DOM 还无法操作。
- ☑ mounted：在 DOM 文档渲染完毕之后进行调用。相当于 JavaScript 中的 window.onload()方法。
- ☑ beforeUpdate：在数据更新时进行调用，适合在更新之前访问现有的 DOM，如手动移除已添加的事件监听器。
- ☑ updated：在数据更改导致的虚拟 DOM 被重新渲染时进行调用。
- ☑ beforeDestroy：在销毁实例之前进行调用，此时实例仍然有效。此时可以解绑一些使用 addEventListener 监听的事件等。
- ☑ destroyed：在实例被销毁之后进行调用。

下面通过一个示例来了解 Vue.js 内部的运行机制。代码如下：

```
<div id="app">
    <p>{{text}}</p>
</div>
<script src="https://unpkg.com/vue@next"></script>
<script type="text/javascript">
    //创建应用程序实例
    const vm = Vue.createApp({
        //返回数据对象
        data(){
            return {
                text : '山不在高，有仙则名。'
            }
        },
        beforeCreate : function(){
            console.log('beforeCreate');
        },
        created : function(){
            console.log('created');
        },
        beforeMount : function(){
            console.log('beforeMount');
        },
        mounted : function(){
            console.log('mounted');
        },
        beforeUpdate : function(){
            console.log('beforeUpdate');
        },
        updated : function(){
            console.log('updated');
        }
    //装载应用程序实例的根组件
    }).mount('#app');
    setTimeout(function(){
        vm.text = "水不在深，有龙则灵。";
    },2000);
</script>
```

在浏览器控制台中运行上述代码，页面渲染完成后，结果如图 3.3 所示。

在 2 秒后调用 setTimeout()方法，修改 text 的内容，触发 beforeUpdate 和 updated 钩子函数，结果如图 3.4 所示。

图 3.3　页面渲染后的效果　　　　图 3.4　页面最终效果

3.2 插 值

创建应用程序实例后，需要通过插值进行数据绑定。数据绑定是 Vue.js 最核心的一个特性。建立数据绑定后，数据和视图会相互关联，当数据发生变化时，视图会自动进行更新。这样就无须手动获取 DOM 的值，使代码更加简洁，提高了开发效率。

3.2.1 文本插值

文本插值是数据绑定最基本的形式，使用的是双大括号标签{{}}。它会自动将绑定的数据实时显示出来。

【例 3.1】插入文本。（实例位置：资源包\TM\sl\3\01）

使用双大括号标签将文本插入 HTML 中，代码如下：

```
<div id="app">
    <h3>{{text}}</h3>
</div>
<script src="https://unpkg.com/vue@next"></script>
<script type="text/javascript">
    const vm = Vue.createApp({
        data(){
            return {
                text : '读书破万卷，下笔如有神。'              //定义数据
            }
        }
    }).mount('#app');
</script>
```

运行结果如图 3.5 所示。

图 3.5　输出插入的文本

上述代码中，{{text}}标签将会被相应的数据对象中 text 属性的值所替代，而且将 DOM 中的 text 与 data 中的 text 属性进行了绑定。当数据对象中的 text 属性值发生改变时，文本中的值也会相应地发生变化。

如果只需渲染一次数据，则可以使用单次插值。单次插值即只执行一次插值，在第一次插入文本后，当数据对象中的属性值发生改变时，插入的文本将不会更新。单次插值可以使用 v-once 指令。示

例代码如下：

```
<div id="app">
    <h3 v-once>{{text}}</h3>
</div>
```

上述代码中，在<h3>标签中应用了 v-once 指令，这样，当修改数据对象中的 text 属性值时并不会引起 DOM 的变化。

说明

关于指令的概念将在 3.3 节中进行介绍。

如果想要显示{{}}标签，而不进行替换，可以使用 v-pre 指令，通过该指令可以跳过该元素和其子元素的编译过程。示例代码如下：

```
<div id="app">
    <p v-pre>{{text}}</p>
</div>
<script src="https://unpkg.com/vue@next"></script>
<script type="text/javascript">
    const vm = Vue.createApp({
        data(){
            return {
                text : '敏而好学，不耻下问。'                    //定义数据
            }
        }
    }).mount('#app');
</script>
```

运行结果如图 3.6 所示。

图 3.6　输出{{}}标签

3.2.2　插入 HTML

双大括号标签会将里面的值当作普通文本来处理。如果要输出真正的 HTML 内容，需要使用 v-html 指令。

【例 3.2】插入 HTML 内容。（实例位置：资源包\TM\sl\3\02）

使用 v-html 指令将 HTML 内容插入标签中，代码如下：

```
<div id="app">
    <p v-html="message"></p>
```

```
</div>
<script src="https://unpkg.com/vue@next"></script>
<script type="text/javascript">
    const vm = Vue.createApp({
        data(){
            return {
                message : '<h3>人生是没有毕业的学校</h3>'          //定义数据
            }
        }
    }).mount('#app');
</script>
```

运行结果如图 3.7 所示。

图 3.7　输出插入的 HTML 内容

上述代码中，为<p>标签应用 v-html 指令后，数据对象中 message 属性的值将作为 HTML 元素插入<p>标签中。

3.2.3　绑定属性

双大括号标签不能应用在 HTML 属性中。如果要为 HTML 元素绑定属性，则不能直接使用文本插值的方式，而需要使用 v-bind 指令对属性进行绑定。

【例 3.3】设置元素的样式。（实例位置：资源包\TM\sl\3\03）

使用 v-bind 指令为 HTML 元素绑定 class 属性，代码如下：

```
<style type="text/css">
    .title{
        color:#0066FF;
        border:1px solid #FF0000;
        display:inline-block;
        padding:10px;
    }
</style>
<div id="app">
    <span v-bind:class="value">书是人类进步的阶梯</span>
</div>
<script src="https://unpkg.com/vue@next"></script>
<script type="text/javascript">
    const vm = Vue.createApp({
        data(){
            return {
                value : 'title'                    //定义绑定的属性值
```

```
            }
        }
    }).mount('#app');
</script>
```

运行结果如图 3.8 所示。

上述代码中，为<span>标签应用 v-bind 指令，将该标签的 class
属性与数据对象中的 value 属性进行绑定，这样，数据对象中 value
属性的值将作为<span>标签的 class 属性值。

图 3.8　通过绑定属性设置元素样式

在应用 v-bind 指令绑定元素属性时，还可以将属性值设置为对
象的形式。例如，将例 3.3 中的代码修改如下：

```
<div id="app">
    <span v-bind:class="{title:value}">书是人类进步的阶梯</span>
</div>
<script src="https://unpkg.com/vue@next"></script>
<script type="text/javascript">
    const vm = Vue.createApp({
        data(){
            return {
                value : true
            }
        }
    }).mount('#app');
</script>
```

上述代码中，应用 v-bind 指令将<span>标签的 class 属性与数据对象中的 value 属性进行绑定，并
判断 title 的值，如果 title 的值为 true 则使用 title 类的样式，否则不使用该类。

为 HTML 元素绑定属性的操作比较频繁。为了防止经常使用 v-bind 指令带来的烦琐，Vue.js 为该
指令提供了一种简写形式 "："。例如，为 "明日学院" 超链接设置 URL 的完整格式如下：

```
<a v-bind:href="url">明日学院</a>
```

简写形式如下：

```
<a :href="url">明日学院</a>
```

3.2.4　使用表达式

在双大括号标签中进行数据绑定时，标签中可以是一个 JavaScript 表达式。这个表达式可以是常量
或者变量，也可以是常量、变量、运算符组合而成的式子。表达式的值是其运算后的结果。示例代码
如下：

```
<div id="app">
    {{m * n}}<br>
    {{str.toUpperCase()}}
</div>
```

```
<script src="https://unpkg.com/vue@next"></script>
<script type="text/javascript">
    const vm = Vue.createApp({
        data(){
            return {
                m : 10,
                n : 20,
                str : 'Vue.js'
            }
        }
    }).mount('#app');
</script>
```

运行结果如图 3.9 所示。

图 3.9　输出绑定的表达式的值

注意

　　每个数据绑定中只能包含单个表达式，而不能使用 JavaScript 语句。

【例 3.4】获取 QQ 邮箱地址中的 QQ 号。（**实例位置：资源包\TM\sl\3\04**）

明日科技的企业 QQ 邮箱地址为 "4006751066@qq.com"，在双大括号标签中应用表达式获取该 QQ 邮箱地址中的 QQ 号，代码如下：

```
<div id="app">
    邮箱地址：{{email}}<br>
    QQ 号码：{{email.substr(0,email.indexOf('@'))}}
</div>
<script src="https://unpkg.com/vue@next"></script>
<script type="text/javascript">
    const vm = Vue.createApp({
        data(){
            return {
                email : '4006751066@qq.com'        //定义邮箱地址
            }
        }
    }).mount('#app');
</script>
```

运行结果如图 3.10 所示。

图 3.10　输出 QQ 邮箱地址中的 QQ 号

46

3.3　指　　令

指令是 Vue.js 中的重要特性之一，它是带有 v-前缀的特殊属性。从写法上来说，指令的值限定为绑定表达式。指令用于在绑定表达式的值发生改变时，将这种数据的变化应用到 DOM 上。当数据变化时，指令会根据指定的操作对 DOM 进行修改，这样就不需要手动管理 DOM 的变化和状态，提高了程序的可维护性。示例代码如下：

```
<p v-if="show">欢迎访问明日学院</p>
```

上述代码中，v-if 指令将根据表达式 show 的值来确定是否插入 p 元素。如果 show 的值为 true，则插入 p 元素，如果 show 的值为 false，则移除 p 元素。还有一些指令的语法略有不同，它们能够接收参数和修饰符。下面分别进行介绍。

3.3.1　参数

一些指令能够接收一个参数，例如 v-bind 指令、v-on 指令。该参数位于指令和表达式之间，并用冒号分隔。v-bind 指令的示例代码如下：

```
<img v-bind:src="imageSrc">
```

上述代码中，src 即为参数，通过 v-bind 指令将 img 元素的 src 属性与表达式 imageSrc 的值进行绑定。v-on 指令的示例代码如下：

```
<button v-on:click="search">搜索</button>
```

上述代码中，click 即为参数，该参数为监听的事件名称。当触发"搜索"按钮的 click 事件时会调用 search()方法。

说明

关于 v-on 指令的具体介绍请参考本书第 8 章。

3.3.2　动态参数

从 Vue 2.6.0 版本开始，指令的参数可以是动态参数，即将中括号括起来的表达式作为指令的参数。语法如下：

```
指令:[表达式]
```

使用动态参数的示例代码如下：

```
<img v-bind:[attr]="imageSrc">
```

上述代码中，attr 会作为一个表达式进行动态求值，将计算结果作为最终的参数使用。例如，在组件实例的数据对象中有一个 attr 属性，其值为 src，那么上述代码中的绑定等价于 v-bind:src。

3.3.3　修饰符

修饰符是在参数后面，以半角句点符号指明的特殊后缀。例如，.prevent 修饰符用于调用 event.preventDefault()方法。示例代码如下：

```
<form v-on:submit.prevent="onSubmit"></form>
```

上述代码中，当提交表单时会调用 event.preventDefault()方法用于阻止浏览器的默认行为。

说明

关于更多修饰符的介绍请参考本书第 8 章。

编程训练（答案位置：资源包\TM\sl\3\编程训练）

【训练 1】为图片绑定属性　使用 v-bind 指令为图片绑定属性，通过绑定属性为图片设置 URL 路径、样式和图片提示文字。

【训练 2】截取新闻标题　对商城头条的标题进行截取并输出。

3.4　实践与练习

（答案位置：资源包\TM\sl\3\实践与练习）

综合练习 1：获取当前的日期和星期　在应用程序实例中定义一个方法，通过调用该方法获取当前的日期和星期并输出。运行结果如图 3.11 所示。

图 3.11　输出当前的日期和星期

综合练习 2：获取指定字符的出现次数　有这样一段绕口令：扁担长，板凳宽，板凳没有扁担长，扁担没有板凳宽。编写程序，获取字符"扁担"在绕口令中的出现次数。运行结果如图 3.12 所示。

图 3.12　输出字符"扁担"在绕口令中的出现次数

第4章

条件判断指令

在程序设计中，条件判断是必不可少的技术。在视图中，经常需要通过条件判断来控制 DOM 的显示状态。Vue.js 提供了相应的指令用于实现条件判断，包括 v-if、v-else、v-else-if、v-show 指令。本章主要讲解这些指令的使用方法。

本章知识架构及重难点如下。

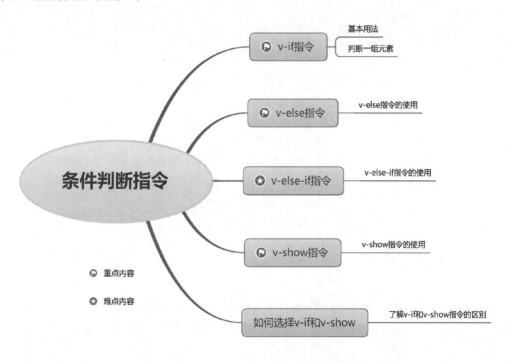

4.1　v-if 指令

4.1.1　基本用法

v-if 指令可以根据表达式的值来判断是否输出 DOM 元素及其包含的子元素。如果表达式的值为 true，就输出 DOM 元素及其包含的子元素；否则，就将 DOM 元素及其包含的子元素移除。

例如，输出用户的年龄，并判断该年龄是否小于 18，如果是则输出用户未成年。代码如下：

```
<div id="app">
    <p>Tom 的年龄是{{age}}</p>
    <p v-if="age<18">Tom 未成年</p>
</div>
<script src="https://unpkg.com/vue@next"></script>
<script type="text/javascript">
    //创建应用程序实例
    const vm = Vue.createApp({
        //返回数据对象
        data(){
            return {
                age: 16
            }
        }
        //装载应用程序实例的根组件
    }).mount('#app');
</script>
```

运行结果如图 4.1 所示。

图 4.1　输出用户年龄并判断是否未成年

4.1.2　判断一组元素

v-if 是一个指令，必须将它添加到一个元素上，根据表达式的结果判断是否输出该元素。如果要对一组元素进行判断，则需要使用\<template\>元素作为包装元素，并在该元素上使用 v-if，最后的渲染结果里不会包含\<template\>元素。

例如，根据表达式的结果判断是否输出一组单选按钮。代码如下：

```
<div id="app">
    <template v-if="show">
        <input type="radio" value="手机">手机
        <input type="radio" value="电脑">电脑
        <input type="radio" value="家电">家电
        <input type="radio" value="家具">家具
    </template>
</div>
<script src="https://unpkg.com/vue@next"></script>
<script type="text/javascript">
    //创建应用程序实例
```

```
const vm = Vue.createApp({
        //返回数据对象
        data(){
                return {
                        show : true
                }
        }
        //装载应用程序实例的根组件
        }).mount('#app');
</script>
```

运行结果如图 4.2 所示。

图 4.2　输出一组单选按钮

4.2　v-else 指令

v-else 指令的作用相当于 JavaScript 中的 else 语句部分的作用。可以将 v-else 指令配合 v-if 指令一起使用。

例如，输出用户的年龄，并判断该年龄是否小于 18，如果是则输出用户未成年，否则输出用户已成年。代码如下：

```
<div id="app">
        <p>Tom 的年龄是{{age}}</p>
        <p v-if="age<18">Tom 未成年</p>
        <p v-else>Tom 已成年</p>
</div>
<script src="https://unpkg.com/vue@next"></script>
<script type="text/javascript">
        //创建应用程序实例
        const vm = Vue.createApp({
                //返回数据对象
                data(){
                        return {
                                age: 20
                        }
                }
        //装载应用程序实例的根组件
        }).mount('#app');
</script>
```

运行结果如图 4.3 所示。

图 4.3　输出用户年龄并判断是否成年

【例 4.1】判断 2023 年 2 月份的天数。（**实例位置：资源包\TM\sl\4\01**）

应用 v-if 指令和 v-else 指令判断 2023 年 2 月份的天数，代码如下：

```html
<div id="app">
    <p v-if="(year%4==0 && year%100!=0) || year%400==0">
        {{show(29)}}
    </p>
    <p v-else>
        {{show(28)}}
    </p>
</div>
<script src="https://unpkg.com/vue@next"></script>
<script type="text/javascript">
    //创建应用程序实例
    const vm = Vue.createApp({
        //返回数据对象
        data(){
            return {
                year : 2023
            }
        },
        methods : {
            show : function(days){
                alert(this.year+'年 2 月份有'+days+'天');        //弹出对话框
            }
        }
    //装载应用程序实例的根组件
    }).mount('#app');
</script>
```

运行结果如图 4.4 所示。

图 4.4　输出 2023 年 2 月份的天数

编程训练（答案位置：资源包\TM\sl\4\编程训练）

【训练 1】比较两个数字的大小 定义两个数字，比较这两个数字的大小，并输出比较结果。

【训练 2】判断考试成绩是否及格 假设考试成绩大于或等于 60 分为及格，某学生的考试成绩为 66 分，判断该成绩是否及格。

4.3 v-else-if 指令

v-else-if 指令的作用相当于 JavaScript 中的 else if 语句部分的作用。应用该指令可以进行更多的条件判断，不同的条件对应不同的输出结果。

例如，输出数据对象中的属性 m 和 n 的值，比较两个属性的值，输出比较的结果。代码如下：

```html
<div id="app">
    <p>m 的值是{{m}}</p>
    <p>n 的值是{{n}}</p>
    <p v-if="m<n">m 小于 n</p>
    <p v-else-if="m===n">m 等于 n</p>
    <p v-else>m 大于 n</p>
</div>
<script src="https://unpkg.com/vue@next"></script>
<script type="text/javascript">
    //创建应用程序实例
    const vm = Vue.createApp({
        //返回数据对象
        data(){
            return {
                m: 16,
                n: 16
            }
        }
    //装载应用程序实例的根组件
    }).mount('#app');
</script>
```

运行结果如图 4.5 所示。

图 4.5 输出比较结果

【例 4.2】判断当前的季节。（实例位置：资源包\TM\sl\4\02）

获取当前的月份，并判断当前月份属于哪个季节。代码如下：

```
<div id="app">
    <p>当前月份是{{month}}月 </p>
    <div v-if="month >= 1 && month <= 3">
        当前月份属于春季
    </div>
    <div v-else-if="month >= 4 && month <= 6">
        当前月份属于夏季
    </div>
    <div v-else-if="month >= 7 && month <= 9">
        当前月份属于秋季
    </div>
    <div v-else>
        当前月份属于冬季
    </div>
</div>
<script src="https://unpkg.com/vue@next"></script>
<script type="text/javascript">
    //创建应用程序实例
    const vm = Vue.createApp({
        //返回数据对象
        data(){
            return {
                month: new Date().getMonth() + 1
            }
        }
        //装载应用程序实例的根组件
    }).mount('#app');
</script>
```

运行结果如图 4.6 所示。

图 4.6　输出当前的季节

注意

v-else 指令必须紧跟在 v-if 指令或 v-else-if 指令的后面，否则 v-else 指令将不起作用。同样，v-else-if 指令也必须紧跟在 v-if 指令或 v-else-if 指令的后面。

编程训练（答案位置：资源包\TM\sl\4\编程训练）

【训练 3】判断考试成绩对应的等级　将某学校的学生成绩转化为不同等级，划分标准如下：

"优秀"，大于等于 90 分；

"良好"，大于等于 75 分；

"及格"，大于等于 60 分；

"不及格"，小于 60 分。

假设某学生的考试成绩是 85 分，输出该成绩对应的等级。

【训练 4】判断空气质量状况　空气污染指数（API）是评估空气质量状况的一组数字。如果空气污染指数为 0～100，则空气质量状况属于良好；如果空气污染指数为 101～200，则空气质量状况属于轻度污染；如果空气污染指数为 201～300，则空气质量状况属于中度污染；如果空气污染指数大于 300，则空气质量状况属于重度污染。假设某城市今天的空气污染指数为 56，判断该城市的空气污染程度。

4.4　v-show 指令

v-show 指令是根据表达式的值来判断是显示还是隐藏 DOM 元素。当表达式的值为 true 时，元素将被显示；当表达式的值为 false 时，元素将被隐藏，此时为元素添加了一个内联样式 style="display:none"。与 v-if 指令不同，对于使用 v-show 指令的元素，无论表达式的值为 true 还是 false，该元素始终会被渲染并保留在 DOM 中。绑定值的改变只是简单地切换元素的 CSS 属性 display。

注意

> v-show 指令不支持<template>元素，也不支持 v-else 指令。

【例 4.3】切换图片的显示和隐藏。（**实例位置：资源包\TM\sl\4\03**）

定义一个按钮，通过单击该按钮切换图片的显示和隐藏。代码如下：

```
<div id="app">
    <input type="button" :value="bText" v-on:click="toggle">
    <div v-show="show">
        <img src="banner.jpg">
    </div>
</div>
<script src="https://unpkg.com/vue@next"></script>
<script type="text/javascript">
    //创建应用程序实例
    const vm = Vue.createApp({
        //返回数据对象
        data(){
            return {
                bText : '隐藏图片',
                show : true
            }
        },
        methods : {
```

```
                    toggle : function(){
                            //切换按钮文字
                            this.bText == '隐藏图片' ? this.bText = '显示图片' : this.bText = '隐藏图片';
                            this.show = !this.show;                      //修改属性值
                    }
            }
        //装载应用程序实例的根组件
    }).mount('#app');
</script>
```

运行结果如图 4.7、图 4.8 所示。

图 4.7 显示图片

图 4.8 隐藏图片

4.5 如何选择 v-if 和 v-show

v-if 和 v-show 实现的功能类似，但是两者也有着本质的区别。下面列出 v-if 和 v-show 这两个指令的主要不同点。

☑ 在进行 v-if 切换时，因为 v-if 中的模板可能包括数据绑定或子组件，所以 Vue.js 会有一个局部编译/卸载的过程。而在进行 v-show 切换时，仅发生了样式的变化。因此从切换的角度考虑，v-show 消耗的性能要比 v-if 小。

☑ v-if 是惰性的，在初始条件为 false 时，v-if 本身什么都不会做，而使用 v-show 时，不管初始条件是真是假，DOM 元素总是会被渲染。因此从初始渲染的角度考虑，v-if 消耗的性能要比 v-show 小。

总体来说，v-if 有更高的切换消耗，而 v-show 有更高的初始渲染消耗。因此，如果需要频繁地切换，则使用 v-show 较好；如果在运行时条件很少改变，则使用 v-if 较好。

4.6　实践与练习

（答案位置：资源包\TM\sl\4\实践与练习）

综合练习 1：判断身体质量指数　身体质量指数（BMI）是目前国际上常用的衡量人体胖瘦程度以及是否健康的一个标准。以男性为例，BMI 值低于 20 表示体重过轻；20≤BMI 值<25 表示体重适中；25≤BMI 值<30 表示体重过重；30≤BMI 值≤35 表示肥胖；BMI 值高于 35 表示非常肥胖。假如某男性的 BMI 值为 23，判断该男性的 BMI 值在哪一个范围。运行结果如图 4.9 所示。

图 4.9　判断身体质量指数

综合练习 2：判断年龄段　年龄段划分标准如下：

年龄在 0 到 6 岁之间属于童年；

年龄在 7 到 17 岁之间属于少年；

年龄在 18 到 40 岁之间属于青年；

年龄在 41 到 65 岁之间属于中年；

年龄在 66 岁以上属于老年。

判断 30 岁处在哪个年龄段。运行结果如图 4.10 所示。

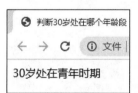

图 4.10　输出 30 岁处在哪个年龄段

第 5 章

v-for 指令

在程序设计中，循环控制是变化最丰富的技术。Vue.js 提供了列表渲染的功能，可将数组或对象中的数据循环渲染到 DOM 中。在 Vue.js 中，列表渲染使用的是 v-for 指令，其效果类似于 JavaScript 中的遍历。本章主要讲解 v-for 指令的使用方法。

本章知识架构及重难点如下。

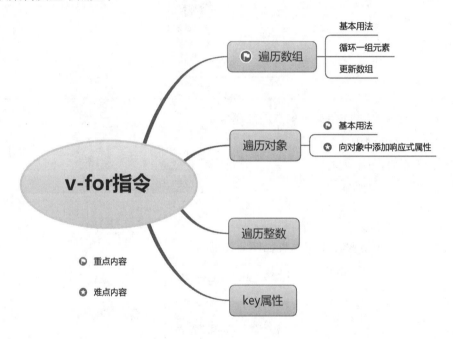

5.1　遍　历　数　组

5.1.1　基本用法

v-for 指令将根据接收到的数组中的数据重复渲染 DOM 元素。该指令需要使用 item in items 形式的语法，其中，items 为数据对象中的数组名称，item 为数组元素的别名，通过别名可以获取当前数组遍历的每个元素。

例如，应用 v-for 指令将<li>标签循环渲染，输出数组中存储的职位名称。代码如下：

```
<div id="app">
    <ul>
        <li v-for="item in items">{{item.position}}</li>
    </ul>
</div>
<script src="https://unpkg.com/vue@next"></script>
<script type="text/javascript">
    const vm = Vue.createApp({
        data(){
            return {
                items : [                                    //定义职位数组
                    { position : '前端工程师'},
                    { position : '一二线运维'},
                    { position : '项目经理'}
                ]
            }
        }
    }).mount('#app');
</script>
```

运行结果如图 5.1 所示。

图 5.1　输出职位名称

在应用 v-for 指令遍历数组时，还可以指定一个参数作为当前数组元素的索引，语法格式为 (item,index) in items。其中，items 为数组名称，item 为数组元素的别名，index 为数组元素的索引。

例如，应用 v-for 指令将<li>标签循环渲染，输出数组中存储的职位名称和相应的索引。代码如下：

```
<div id="app">
    <ul>
        <li v-for="(item,index) in items">{{index}} - {{item.position}}</li>
    </ul>
</div>
<script src="https://unpkg.com/vue@next"></script>
<script type="text/javascript">
    const vm = Vue.createApp({
        data(){
            return {
                items : [                                    //定义职位数组
                    { position : '前端工程师'},
                    { position : '一二线运维'},
                    { position : '项目经理'}
                ]
```

```
            }
        }
    }).mount('#app');
</script>
```

运行结果如图 5.2 所示。

图 5.2 输出职位名称和索引

【例 5.1】输出商品信息。（**实例位置：资源包\TM\sl\5\01**）

应用 v-for 指令输出商品列表中的商品名称、商品类型以及商品价格，代码如下：

```
<div id="app">
    <div class="title">
        <div class="col-1">序号</div>
        <div class="col-1">商品名称</div>
        <div class="col-1">商品类型</div>
        <div class="col-2">商品价格</div>
    </div>
    <div class="content" v-for="(goods,index) in goodslist">
        <div class="col-1">{{index + 1}}</div>
        <div class="col-1">{{goods.name}}</div>
        <div class="col-1">{{goods.type}}</div>
        <div class="col-2">{{goods.price}}</div>
    </div>
</div>
<script src="https://unpkg.com/vue@next"></script>
<script type="text/javascript">
    const vm = Vue.createApp({
        data(){
            return {
                goodslist : [{                          //定义商品信息列表
                    name : '64G-U 盘',
                    type : '外部设备',
                    price : 39.9
                },{
                    name : '榨汁机',
                    type : '家用电器',
                    price : 169
                },{
                    name : '数码相机',
                    type : '摄影摄像',
                    price : 369
                }]
```

```
        }
    }
}).mount('#app');
</script>
```

运行结果如图 5.3 所示。

序号	商品名称	商品类型	商品价格
1	64G-U盘	外部设备	39.9
2	榨汁机	家用电器	169
3	数码相机	摄影摄像	369

图 5.3　输出商品信息列表

5.1.2　循环一组元素

与 v-if 指令类似，如果需要对一组元素进行循环，可以使用<template>元素作为包装元素，并在该元素上使用 v-for。

【例 5.2】输出网站导航菜单。（**实例位置：资源包\TM\sl\5\02**）

在<template>元素中使用 v-for 指令，实现输出网站导航菜单的功能。代码如下：

```
<div id="app">
    <ul>
        <template v-for="menu in menulist">
            <li class="item">{{menu}}</li>
            <li class="separator"></li>
        </template>
    </ul>
</div>
<script src="https://unpkg.com/vue@next"></script>
<script type="text/javascript">
    const vm = Vue.createApp({
        data(){
            return {
                menulist : ['首页','课程','读书','社区','服务中心']        //定义导航菜单数组
            }
        }
    }).mount('#app');
</script>
```

运行结果如图 5.4 所示。

图 5.4　输出网站导航菜单

5.1.3 更新数组

Vue.js 中包含了一些检测数组变化的变异方法,调用这些方法可以改变原始数组,并触发视图更新。这些变异方法的说明如表 5.1 所示。

表 5.1 变异方法及其说明

方　　法	说　　明
push()	向数组的末尾添加一个或多个元素
pop()	将数组中的最后一个元素从数组中删除
shift()	将数组中的第一个元素从数组中删除
unshift()	向数组的开头添加一个或多个元素
splice()	添加或删除数组中的元素
sort()	对数组的元素进行排序
reverse()	颠倒数组中元素的顺序

例如,应用变异方法 push()向数组中添加一个元素,并应用 v-for 指令将<li>标签循环渲染,输出数组中存储的职位名称。代码如下:

```html
<div id="app">
    <ul>
        <li v-for="item in items">{{item.position}}</li>
    </ul>
</div>
<script src="https://unpkg.com/vue@next"></script>
<script type="text/javascript">
    const vm = Vue.createApp({
        data(){
            return {
                items : [                                    //定义职位数组
                    { position : '前端工程师'},
                    { position : '一二线运维'},
                    { position : '项目经理'}
                ]
            }
        }
    }).mount('#app');
    vm.items.push({ position : '系统管理员' });              //向数组末尾添加数组元素
</script>
```

运行结果如图 5.5 所示。

【例 5.3】2022 年手机销量排行榜。(实例位置:资源包\TM\sl\5\03)

将 2022 年手机销量排行榜前五名的手机品牌和销售市场份额定义在数组中,对数组按手机销售市场份额进行降序排序,将排序后的手机品牌排名、手机品牌和市场份额输出在页面中。代码如下:

图 5.5 向数组中添加元素

```html
<div id="app">
    <div class="title">
        <div class="col-1">排名</div>
        <div class="col-2">手机品牌</div>
        <div class="col-1">市场份额</div>
    </div>
    <div class="content" v-for="(phone,index) in phonelist">
        <div class="col-1">{{index + 1}}</div>
        <div class="col-2">{{phone.brand}}</div>
        <div class="col-1">{{phone.share}}%</div>
    </div>
</div>
<script src="https://unpkg.com/vue@next"></script>
<script type="text/javascript">
    const vm = Vue.createApp({
        data(){
            return {
                phonelist : [                           //定义手机销售市场份额数组
                    { brand : 'OPPO',share : 17.5 },
                    { brand : '小米',share : 13.9 },
                    { brand : 'vivo',share : 19.2 },
                    { brand : '荣耀',share : 16.7 },
                    { brand : 'iPhone',share : 18.0 }
                ]
            }
        }
    }).mount('#app');
    //为数组重新排序
    vm.phonelist.sort(function(a,b){
        var x = a.share;
        var y = b.share;
        return x < y ? 1 : -1;
    });
</script>
```

运行结果如图 5.6 所示。

排名	手机品牌	市场份额
1	vivo	19.2%
2	iPhone	18%
3	OPPO	17.5%
4	荣耀	16.7%
5	小米	13.9%

图 5.6　输出 2022 年手机销量排行前五名

除了变异方法，Vue.js 还包含了几个非变异方法，如 filter()、concat()和 slice()方法。调用这些方法不会改变原始数组，而是返回一个新的数组。当使用非变异方法时，可以用新的数组替换原来的数组。

例如，应用 slice()方法获取数组中第一个元素后的所有元素，代码如下：

```
<div id="app">
    <ul>
        <li v-for="item in items">{{item.position}}</li>
    </ul>
</div>
<script src="https://unpkg.com/vue@next"></script>
<script type="text/javascript">
    const vm = Vue.createApp({
        data(){
            return {
                items : [                                    //定义职位数组
                    { position : '前端工程师'},
                    { position : '一二线运维'},
                    { position : '项目经理'}
                ]
            }
        }
    }).mount('#app');
    vm.items = vm.items.slice(1);                            //获取数组中第一个元素后的所有元素
</script>
```

运行结果如图 5.7 所示。

图 5.7　输出数组中某部分元素

由于 JavaScript 的限制，Vue.js 不能检测到通过修改数组长度引起的变化，如 vm.items.length=2。为了解决这个问题，可以使用 splice()方法修改数组的长度。例如，将数组的长度修改为 2，代码如下：

```
<div id="app">
    <ul>
        <li v-for="item in items">{{item.position}}</li>
    </ul>
</div>
<script src="https://unpkg.com/vue@next"></script>
<script type="text/javascript">
    const vm = Vue.createApp({
        data(){
            return {
                items : [                                    //定义职位数组
                    { position : '前端工程师'},
```

```
                     { position : '一二线运维'},
                     { position : '项目经理'}
                ]
           }
      }
  }).mount('#app');
  vm.items.splice(2);
</script>
```

运行结果如图 5.8 所示。

图 5.8　修改数组长度

编程训练（答案位置：资源包\TM\sl\5\编程训练）

【训练 1】输出省份、省会以及旅游景点　应用 v-for 指令输出数组中的省份、省会以及旅游景点信息。

【训练 2】输出 2022 年内地电影票房排行榜　将 2022 年内地电影票房排行榜前十名的影片名称和票房定义在数组中，对数组按影片票房进行降序排序，将排序后的影片排名、影片名称和票房输出在页面中。

5.2　遍 历 对 象

5.2.1　基本用法

应用 v-for 指令除了可以遍历数组，还可以遍历对象。遍历对象使用 value in object 形式的语法，其中，object 为对象名称，value 为对象属性值的别名。

例如，应用 v-for 指令将<li>标签循环渲染，输出对象中存储的员工信息。代码如下：

```
<div id="app">
    <ul>
         <li v-for="value in employee">{{value}}</li>
    </ul>
</div>
<script src="https://unpkg.com/vue@next"></script>
<script type="text/javascript">
    const vm = Vue.createApp({
```

```
        data(){
            return {
                employee : {                          //定义员工信息对象
                    name : '张三',
                    position : '前端工程师',
                    year : 10
                }
            }
        }
    }).mount('#app');
</script>
```

运行结果如图 5.9 所示。

图 5.9　输出员工信息

在应用 v-for 指令遍历对象时，还可以使用第二个参数为对象属性名（键名）提供一个别名，语法格式为(value,key) in object。其中，object 为对象名称，value 为对象属性值的别名，key 为对象属性名的别名。

例如，应用 v-for 指令输出对象中的属性名和属性值。代码如下：

```
<div id="app">
    <ul>
        <li v-for="(value,key) in employee">{{key}} : {{value}}</li>
    </ul>
</div>
<script src="https://unpkg.com/vue@next"></script>
<script type="text/javascript">
    const vm = Vue.createApp({
        data(){
            return {
                employee : {                          //定义员工信息对象
                    name : '张三',
                    position : '前端工程师',
                    year : 10
                }
            }
        }
    }).mount('#app');
</script>
```

运行结果如图 5.10 所示。

图 5.10　输出属性名和属性值

在应用 v-for 指令遍历对象时，还可以使用第三个参数为对象提供索引，语法格式为(value,key,index) in object。其中，object 为对象名称，value 为对象属性值的别名，key 为对象属性名的别名，index 为对象的索引。

例如，应用 v-for 指令输出对象中的属性和相应的索引。代码如下：

```
<div id="app">
    <ul>
        <li v-for="(value,key,index) in employee">{{index}} - {{key}} : {{value}}</li>
    </ul>
</div>
<script src="https://unpkg.com/vue@next"></script>
<script type="text/javascript">
    const vm = Vue.createApp({
        data(){
            return {
                employee : {                    //定义员工信息对象
                    name : '张三',
                    position : '前端工程师',
                    year : 10
                }
            }
        }
    }).mount('#app');
</script>
```

运行结果如图 5.11 所示。

图 5.11　输出属性和索引

5.2.2　向对象中添加响应式属性

如果需要向对象中添加一个或多个响应式属性，可以使用 Object.assign()方法。在使用该方法时，需要将源对象的属性和新添加的属性合并为一个新的对象。

例如，应用 Object.assign()方法向对象中添加两个新的属性。代码如下：

```
<div id="app">
    <ul>
        <li v-for="(value,key,index) in employee">{{index}} - {{key}} : {{value}}</li>
    </ul>
</div>
<script src="https://unpkg.com/vue@next"></script>
<script type="text/javascript">
    const vm = Vue.createApp({
        data(){
            return {
                employee : {                              //定义员工信息对象
                    name : '张三',
                    position : '前端工程师',
                    year : 10
                }
            }
        }
    }).mount('#app');
    vm.employee = Object.assign({},vm.employee,{          //向对象中添加两个新属性
        department : '开发部',
        entrytime : '2023 年 3 月 30 日'
    });
</script>
```

运行结果如图 5.12 所示。

- 0 - name : 张三
- 1 - position : 前端工程师
- 2 - year : 10
- 3 - department : 开发部
- 4 - entrytime : 2023年3月30日

图 5.12　输出添加后的属性

5.3　遍　历　整　数

v-for 指令也可以遍历整数，接收的整数即为循环次数，根据循环次数将模板重复整数次。

例如，某单位正式员工的工作年限每增加一年，工龄工资就增长 500 元，输出一个工作 5 年的员工每一年的工龄工资增加情况，代码如下：

```
<div id="app">
    <div v-for="n in 5">员工第{{n}}年工龄工资为{{n*salary}}元</div>
</div>
```

```
<script src="https://unpkg.com/vue@next"></script>
<script type="text/javascript">
    const vm = Vue.createApp({
        data(){
            return {
                salary:500
            }
        }
    }).mount('#app');
</script>
```

运行结果如图 5.13 所示。

图 5.13　输出员工每一年的工龄工资增加情况

【例 5.4】输出九九乘法表。（**实例位置：资源包\TM\sl\5\04**）

使用 v-for 指令输出九九乘法表。代码如下：

```
<div id="app">
    <div v-for="n in 9">
        <span v-for="m in n">
            {{m}}*{{n}}={{m*n}}
        </span>
    </div>
</div>
<script src="https://unpkg.com/vue@next"></script>
<script type="text/javascript">
    const vm = Vue.createApp().mount('#app');
</script>
```

运行结果如图 5.14 所示。

1*1=1								
1*2=2	2*2=4							
1*3=3	2*3=6	3*3=9						
1*4=4	2*4=8	3*4=12	4*4=16					
1*5=5	2*5=10	3*5=15	4*5=20	5*5=25				
1*6=6	2*6=12	3*6=18	4*6=24	5*6=30	6*6=36			
1*7=7	2*7=14	3*7=21	4*7=28	5*7=35	6*7=42	7*7=49		
1*8=8	2*8=16	3*8=24	4*8=32	5*8=40	6*8=48	7*8=56	8*8=64	
1*9=9	2*9=18	3*9=27	4*9=36	5*9=45	6*9=54	7*9=63	8*9=72	9*9=81

图 5.14　输出九九乘法表

5.4 key 属性

使用 v-for 指令渲染的元素列表在更新时，如果数据项的顺序被改变，Vue 不会移动 DOM 元素来匹配数据项的顺序，而是就地更新每个元素。为了使 Vue 能跟踪每个 DOM 元素，需要为每一个数据项提供一个唯一的 key 属性。

下面是一个不使用 key 属性的示例，代码如下：

```
<div id="app">
    <div>请输入职位: <input type="text" size="15" v-model="pos">
        <button v-on:click="add()">添加职位</button>
    </div>
    <p v-for="item in items">
        <input type="checkbox">
        <span>{{item.position}}</span>
    </p>
</div>
<script src="https://unpkg.com/vue@next"></script>
<script type="text/javascript">
    const vm = Vue.createApp({
        data(){
            return {
                pos : ',
                items : [                              //定义职位数组
                    { position : '前端工程师'},
                    { position : '一二线运维'},
                    { position : '项目经理'}
                ]
            }
        },
        methods: {
            add: function(){
                this.items.unshift({
                    position : this.pos
                })
            }
        }
    }).mount('#app');
</script>
```

运行上述代码，选择职位列表中的第一个选项，结果如图 5.15 所示。在输入框中输入新的职位，单击"添加职位"按钮后，向职位数组开头添加了一个新职位，结果如图 5.16 所示。

由结果可以看出，选择的选项变成了新添加的职位，产生问题的原因是 v-for 指令的"就地更新"策略。当向数组中添加内容时，指令只记住了刚开始选择的数组下标 0，于是就选择了新数组中下标为

0 的选项。为了解决这个问题，需要在 v-for 指令的后面添加 key 属性。代码如下：

```
<p v-for="item in items" v-bind:key="item.position">
    <input type="checkbox">
    <span>{{item.position}}</span>
</p>
```

再次运行程序，添加新的职位后的结果如图 5.17 所示。

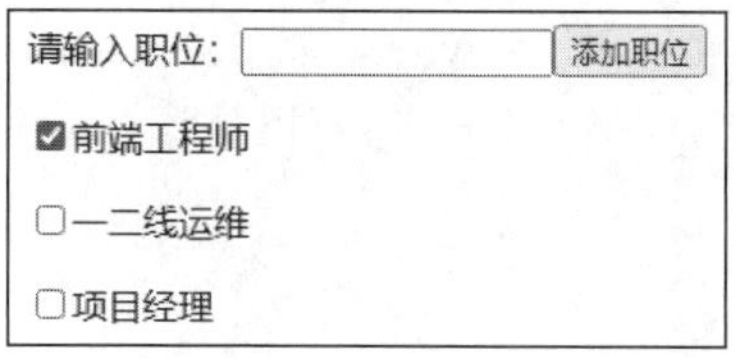

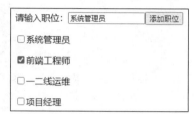

图 5.15　选择第一项

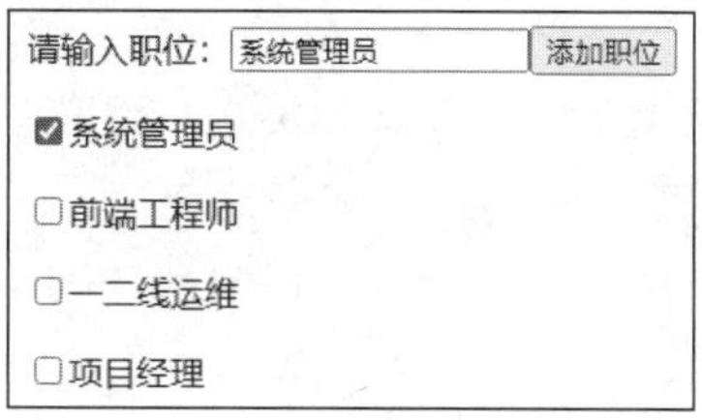

图 5.16　添加职位后的效果

图 5.17　添加 key 属性的结果

5.5　实践与练习

（答案位置：资源包\TM\sl\5\实践与练习）

综合练习 1：过滤图书信息　图书信息列表中有 4 本不同名称的编程图书，找出书名包含“HTML”的所有图书信息。运行结果如图 5.18 所示。

书名	作者	出版社
零基础学HTML5+CSS3	明日科技	吉林大学出版社
HTML5从入门到精通	明日科技	清华大学出版社

图 5.18　输出过滤的图书信息

综合练习 2：输出成绩表　在页面中输出某学生的考试成绩表，包括第一学期和第二学期各学科分数以及总分。运行结果如图 5.19 所示。

成绩表

姓名：张三　性别：男　年龄：18

学期	语文	数学	外语	物理	化学	总分
第一学期	90	98	92	96	97	473
第二学期	92	97	93	90	96	468

图 5.19　输出成绩表

第6章

计算属性和监听属性

在模板中绑定的表达式只能用于简单的运算。如果运算比较复杂，可以使用 Vue.js 提供的计算属性，通过计算属性可以处理比较复杂的逻辑。另外，如果需要监测和响应数据的变化，还可以使用 Vue.js 提供的监听属性。本章主要讲解 Vue.js 的计算属性和监听属性的作用。

本章知识架构及重难点如下。

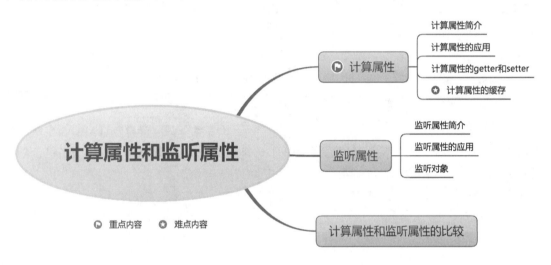

6.1 计 算 属 性

6.1.1 计算属性简介

在模板中绑定表达式的形式使用起来虽然便利，但是它通常被用于简单的运算。如果在模板中放入过多的逻辑就会变得难以维护。例如，在模板中使用表达式，对明日科技企业邮箱地址中的 QQ 号码进行截取，代码如下：

```
<div id="app">
    <span>{{str.substr(0, str.indexOf('@'))}}</span>
</div>
<script src="https://unpkg.com/vue@next"></script>
<script type="text/javascript">
```

```
        const vm = Vue.createApp({
            data(){
                return {
                    str : '4006751066@qq.com'
                }
            }
        }).mount('#app');
</script>
```

运行结果为：

```
4006751066
```

上例中，模板中定义的表达式包含了多个操作，结构比较复杂。因此，为了使模板的结构清晰，对于比较复杂的逻辑，可以使用 Vue.js 提供的计算属性。对上述代码使用计算属性进行改写，代码如下：

```
<div id="app">
    <span>{{intercept}}</span>
</div>
<script src="https://unpkg.com/vue@next"></script>
<script type="text/javascript">
        const vm = Vue.createApp({
            data(){
                return {
                    str : '4006751066@qq.com'
                }
            },
            computed : {
                intercept(){
                    return this.str.substr(0, this.str.indexOf('@'));
                }
            }
        }).mount('#app');
</script>
```

上述代码中，intercept 就是定义的计算属性。由此可见，计算属性需要以函数的形式定义在 computed 选项中，最后返回一个计算结果，该结果可以在插值时进行调用并渲染出来。

6.1.2　计算属性的应用

通过计算属性可以实现各种复杂的逻辑，包括运算、函数调用等，只要最后返回一个计算结果就可以。当计算属性依赖的数据发生变化时，计算属性的值会自动更新，所有依赖该计算属性的数据绑定也会同步进行更新。

【例 6.1】每个单词首字母大写。（实例位置：资源包\TM\sl\6\01）

将字符串“my heart will go on”中的每个单词的首字母改为大写，代码如下：

```
<div id="app">
    <p>原字符串：{{str}}</p>
    <p>新字符串：{{newstr}}</p>
```

```
</div>
<script src="https://unpkg.com/vue@next"></script>
<script type="text/javascript">
    const vm = Vue.createApp({
        data(){
            return {
                str : 'my heart will go on'
            }
        },
        computed : {
            newstr : function(){
                var arr = this.str.split(' ');                        //对字符串进行分割
                for(var i = 0; i < arr.length; i++){
                    //每个数组元素改为首字母大写，其他字母小写
                    arr[i] = arr[i].charAt(0).toUpperCase() + arr[i].substr(1).toLowerCase();
                }
                return arr.join(' ');                                 //将数组转换为字符串并返回
            }
        }
    }).mount('#app');
</script>
```

运行结果如图 6.1 所示。

图 6.1　输出原字符串和新字符串

上述代码中，定义的计算属性 newstr 的值依赖于 data 选项中 str 属性的值。当 str 属性的值发生变化时，newstr 属性的值也会随之变化。

说明

　　计算属性可以依赖 Vue 实例中的多个数据，只要其中任一数据发生变化，计算属性就会随之变化，视图也会随之更新。

6.1.3　计算属性的 getter 和 setter

1. 使用 getter 读取属性值

每一个计算属性都包含一个 getter 和一个 setter。上面的示例中都是计算属性的默认用法，只是使用 getter 来读取数据。例如，定义一个获取人物姓名的计算属性，代码如下：

```
<div id="app">
    <span>{{fullname}}</span>
</div>
<script src="https://unpkg.com/vue@next"></script>
<script type="text/javascript">
    const vm = Vue.createApp({
        data(){
            return {
                surname : 'Jim',
                lastname : 'Carrey'
            }
        },
        computed : {
            fullname : function(){
                return this.surname + ' ' + this.lastname;        //连接字符串
            }
        }
    }).mount('#app');
</script>
```

运行结果如图 6.2 所示。

图 6.2　输出人物姓名

上述代码中，fullname 是定义的计算属性，为该属性定义的函数将默认作为 fullname 属性的 getter。将上述代码修改为使用 getter 的形式，代码如下：

```
<div id="app">
    <span>{{fullname}}</span>
</div>
<script src="https://unpkg.com/vue@next"></script>
<script type="text/javascript">
    const vm = Vue.createApp({
        data(){
            return {
                surname : 'Jim',
                lastname : 'Carrey'
            }
        },
        computed : {
            fullname : {
                //getter
                get(){
                    return this.surname + ' ' + this.lastname;        //连接字符串
                }
```

```
        }
    }
}).mount('#app');
</script>
```

2. 使用 setter 设置属性值

计算属性默认只有 getter。除了 getter，还可以设置计算属性的 setter。getter 主要用来读取值，而 setter 主要用来设置值。当手动更新计算属性的值时，就会触发 setter，执行一些自定义的操作。例如，使用 setter 重新设置人物姓名，代码如下：

```
<div id="app">
    <span>{{fullname}}</span>
</div>
<script src="https://unpkg.com/vue@next"></script>
<script type="text/javascript">
    const vm = Vue.createApp({
        data(){
            return {
                surname : 'Jim',
                lastname : 'Carrey'
            }
        },
        computed : {
            fullname : {
                //getter
                get(){
                    return this.surname + ' ' + this.lastname;      //连接字符串
                },
                //setter
                set(value){
                    let names = value.split(' ');
                    this.surname = names[0];
                    this.lastname = names[1];
                }
            }
        }
    }).mount('#app');
    vm.fullname = 'Will Smith';
</script>
```

运行结果如图 6.3 所示。

图 6.3　输出更新后的值

上述代码中，在为 fullname 属性重新赋值时，Vue.js 会自动调用 setter，并将新值作为参数传递给 set()方法，surname 属性和 lastname 属性会相应进行更新，视图也会随之更新。如果未设置 setter 而对计算属性重新赋值，就不会触发视图更新。

6.1.4　计算属性的缓存

通过上面的示例可以发现，computed 选项中的计算属性完全可以用 methods 选项中的方法代替。例如，使用方法实现获取人物姓名的功能，代码如下：

```html
<div id="app">
    <span>{{fullname()}}</span>
</div>
<script src="https://unpkg.com/vue@next"></script>
<script type="text/javascript">
    const vm = Vue.createApp({
        data(){
            return {
                surname : 'Jim',
                lastname : 'Carrey'
            }
        },
        methods : {
            fullname : function(){
                return this.surname + ' ' + this.lastname;        //连接字符串
            }
        }
    }).mount('#app');
</script>
```

将相同的操作定义为一个方法，或者定义为一个计算属性，两种方式的结果完全相同。那么为什么还需要计算属性呢？因为计算属性是基于它们的依赖进行缓存的。当页面重新渲染时，如果依赖的数据未发生改变，使用计算属性获取的值就一直是缓存值。只有依赖的数据发生改变时才会重新获取值。如果使用的是方法，在页面重新渲染时，方法中的函数总会被重新调用。

下面通过一个示例来说明计算属性的缓存。代码如下：

```html
<div id="app">
    <input v-model="message">
    <p>{{message}}</p>
    <p>{{getNowTimeC}}</p>
    <p>{{getNowTimeM()}}</p>
</div>
<script src="https://unpkg.com/vue@next"></script>
<script type="text/javascript">
    const vm = Vue.createApp({
        data(){
            return {
                message : '',
```

```
                    text1 :'通过计算属性获取的当前时间：',
                    text2 :'通过方法获取的当前时间：'
                }
            },
            computed: {
                getNowTimeC: function () {
                    var hour = new Date().getHours();
                    var minute = new Date().getMinutes();
                    var second = new Date().getSeconds();
                    return this.text1 + hour + ":" + minute + ":" + second;
                }
            },
            methods: {
                getNowTimeM: function () {                    //获取当前时间
                    var hour = new Date().getHours();
                    var minute = new Date().getMinutes();
                    var second = new Date().getSeconds();
                    return this.text2 + hour + ":" + minute + ":" + second;
                }
            }
        }).mount('#app');
</script>
```

运行上述代码，页面中会输出一个文本框，下面分别输出通过计算属性和方法获取的当前时间，结果如图 6.4 所示。在文本框中输入内容后，页面进行了重新渲染，这时，通过计算属性获取的当前时间是缓存的时间，而通过方法获取的当前时间是最新的时间。结果如图 6.5 所示。

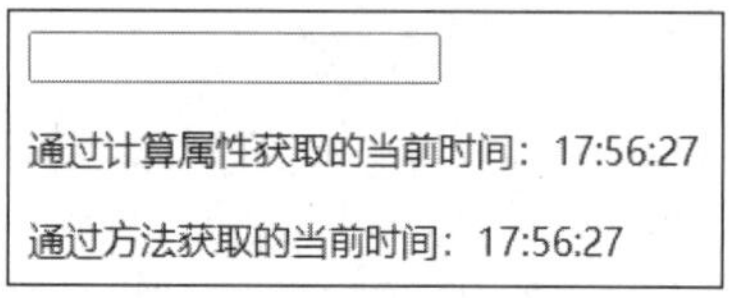

通过计算属性获取的当前时间：17:56:27

通过方法获取的当前时间：17:56:27

图 6.4　输出当前时间

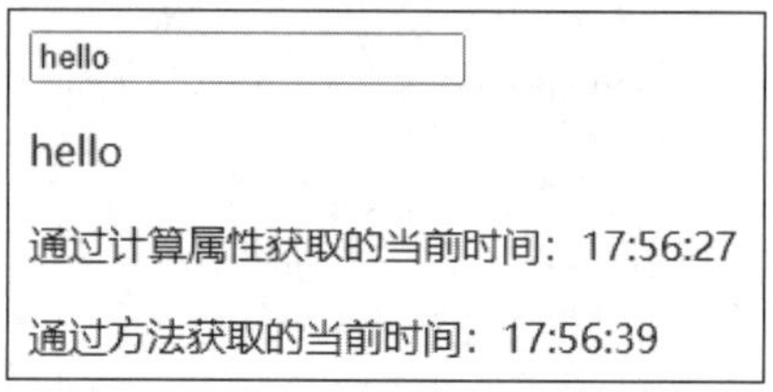

hello

hello

通过计算属性获取的当前时间：17:56:27

通过方法获取的当前时间：17:56:39

图 6.5　输出缓存时间和当前时间

在该示例中，getNowTimeC 计算属性依赖于 text1 属性。当页面重新渲染时，只要 text1 属性未发生改变，getNowTimeC 计算属性就会立即返回之前的计算结果，因此会输出缓存的时间。而在页面重新渲染时，每次调用 getNowTimeM()方法总是会再次执行函数，因此会输出最新的时间。

说明

v-model 指令用来在表单元素上创建双向数据绑定，关于该指令的详细介绍请参考后面的章节。

编程训练（答案位置：资源包\TM\sl\6\编程训练）

【训练1】实现字符串的反转　使用计算属性实现字符串的反转功能。

【训练2】首字加粗放大显示　将一段文本中的每句话的第一个文字加粗并放大显示。

6.2 监 听 属 性

6.2.1 监听属性简介

监听属性是 Vue.js 提供的一种用来监听和响应数据变化的方式。在监听 data 选项中的属性时，如果监听的属性发生变化，就会执行特定的操作。监听属性可以定义在 watch 选项中。监听属性对应的函数可以接收一个或两个参数。如果只有一个参数，则该参数表示监听属性的新值；如果有两个参数，第一个参数表示监听属性的新值，第二个参数表示监听属性的原值。

例如，在 watch 选项中定义监听属性，输出属性的原值和新值，代码如下：

```
<div id="app">
    <p>商品名称：{{name}}</p>
    <p>{{text}}</p>
</div>
<script src="https://unpkg.com/vue@next"></script>
<script type="text/javascript">
    const vm = Vue.createApp({
        data(){
            return {
                name : '智能电饭煲',
                price : 999,
                text : ''
            }
        },
        watch : {
            price(newValue,oldValue){
                this.text = "原价格："+oldValue+" 新价格："+newValue;
            }
        }
    }).mount('#app');
    vm.price = 699;                                    //修改属性值
</script>
```

运行结果如图 6.6 所示。

图 6.6 输出属性的原值和新值

上述代码中，在 watch 选项中对 price 属性进行了监听。当改变 price 属性值时，会执行为监听 price 属性定义的回调函数，函数中有两个参数 newValue 和 oldValue，这两个参数分别表示监听属性的新值和旧值。

6.2.2 监听属性的应用

监听属性通常用来实现数据之间的换算，如长度单位之间的换算、速度单位之间的换算、汇率之间的换算等。下面通过监听属性实现一个速度换算的实例。

【例 6.2】实现速度换算。（实例位置：资源包\TM\sl\6\02）

应用监听属性实现速度单位"米/秒"和"千米/小时"之间的换算。在文本框中输入要换算的数字，下方会显示换算的结果。代码如下：

```
<div id="app">
    <label for="meter">米/秒：</label>
    <input id="meter" type="number" v-model="meter"><p>
    <label for="kilometer">千米/小时：</label>
    <input id="kilometer" type="number" v-model="kilometer"><p>
    {{meter}}米/秒={{kilometer}}千米/小时
</div>
<script src="https://unpkg.com/vue@next"></script>
<script type="text/javascript">
    const vm = Vue.createApp({
        data(){
            return {
                meter : 0,
                kilometer : 0
            }
        },
        watch : {
            meter : function(val){
                this.kilometer = val * 3600 / 1000;
            },
            kilometer : function(val){
                this.meter = val * 1000 / 3600;
            }
        }
    }).mount('#app');
</script>
```

运行结果如图 6.7 所示。

图 6.7 速度换算

6.2.3　监听对象

如果要监听的属性值是一个对象，要想监听对象内部值的变化，需要在监听属性的选项参数中设置 deep 选项的值为 true。例如，对值是对象的属性进行监听，示例代码如下：

```
<div id="app"></div>
<script src="https://unpkg.com/vue@next"></script>
<script type="text/javascript">
    const vm = Vue.createApp({
        data(){
            return {
                info : {
                    name : 'Tony',                     //员工姓名
                    position : '前端工程师',             //员工职位
                    year : 5                           //工作年限
                }
            }
        },
        watch : {
            info : {
                handler : function(val){
                    alert('员工姓名：' + val.name + "\n 新职位：" + val.position + "\n 工作年限：" + val.year);
                },
                deep : true
            }
        }
    }).mount('#app');
    vm.info.position = '系统管理员';                    //修改对象中的属性值
</script>
```

运行结果如图 6.8 所示。

图 6.8　输出员工信息

📢注意

当监听的数据是一个数组或者对象时，回调函数中的新值和旧值是相等的，因为这两个形参指向的是同一个数据对象。

编程训练（答案位置：资源包\TM\sl\6\编程训练）

【训练 3】实现长度单位的换算　应用监听属性实现长度单位"米""分米"和"厘米"之间的

换算。

【训练 4】实现汇率换算　应用监听属性实现人民币和美元之间的汇率换算。在文本框中输入要换算的数字，下方会显示换算的结果。

6.3　计算属性和监听属性的比较

监听属性是 Vue.js 提供的一种用于监测和响应数据变化的更通用的方式。但是，使用监听属性的方式编写的代码是命令式的重复代码，所以在一般情况下，更好的做法是使用计算属性而不是命令式的监听属性。

例如，应用监听属性对人物姓名中的姓和名进行监听，代码如下：

```html
<div id="app">
    <span>{{fullname}}</span>
</div>
<script src="https://unpkg.com/vue@next"></script>
<script type="text/javascript">
    const vm = Vue.createApp({
        data(){
            return {
                surname : 'Jim',
                lastname : 'Carrey',
                fullname : 'Jim Carrey'
            }
        },
        watch : {
            surname(value){
                this.fullname = value + ' ' + this.lastname;
            },
            lastname(value){
                this.fullname = this.surname + ' ' + value;
            }
        }
    }).mount('#app');
</script>
```

上述代码中，对 data 选项中定义的 surname 和 lastname 属性进行了监听。当其中的一个属性发生变化时，人物姓名也会随之变化。下面使用计算属性对上述代码进行改写，对两种不同的写法进行比较，代码如下：

```html
<div id="app">
    <span>{{fullname}}</span>
</div>
<script src="https://unpkg.com/vue@next"></script>
<script type="text/javascript">
```

```
const vm = Vue.createApp({
    data(){
        return {
            surname : 'Jim',
            lastname : 'Carrey'
        }
    },
    computed : {
        fullname : function(){
            return this.surname + ' ' + this.lastname;
        }
    }
}).mount('#app');
</script>
```

由此可见，使用计算属性同样可以实现响应数据变化的功能。虽然在大多数情况下使用计算属性会更合适，但是如果在响应数据变化时执行异步请求的操作，使用监听属性的方式还是很有用的。

6.4　实践与练习

（答案位置：资源包\TM\sl\6\实践与练习）

综合练习 1：统计购物车中的商品总价　购物车中的商品信息列表中包括商品名称、商品单价以及商品数量。编写程序，循环输出商品的名称、单价、数量、各商品的总价以及所有商品合计金额。运行结果如图 6.9 所示。

商品名称	单价	数量	金额
智能电饭煲	699.00	3	2097.00
品牌榨汁机	399.00	2	798.00
			合计：¥2895.00

图 6.9　统计购物车中的商品总价

综合练习 2：输出工资表　在页面中输出某公司三名员工的工资表，包括员工姓名、月度收入、专项扣除、个税、工资等信息。运行结果如图 6.10 所示。

姓名	月度收入	专项扣除	个税	工资
张三	9600	1000	108	8492
李四	8500	1000	75	7425
王五	7600	1000	48	6552

图 6.10　输出工资表

第 2 篇

核心技术

本篇详解 Vue.js 的核心技术，涵盖元素样式绑定、事件处理、表单元素绑定、自定义指令、组件、组合 API、过渡和动画效果、渲染函数等内容。学习完本篇，读者能够基本掌握 Vue.js 开发的核心技术。

核心技术

- **元素样式绑定** —— 学习操作元素的class和style属性

- **事件处理** —— 学习监听事件的方法，并通过调用方法实现事件处理

- **表单元素绑定** —— 学习使用v-model指令对表单元素进行双向数据绑定

- **自定义指令** —— 学习使用自定义指令实现某些特定的功能，提高代码的复用性

- **组件** —— 学习使用组件封装可复用的代码，并将封装好的代码注册成标签

- **组合API** —— 学习以使用函数的形式编写Vue组件

- **过渡和动画效果** —— 学习在插入、更新或者移除DOM时触发CSS过渡和动画的方法

- **渲染函数** —— 学习使用JavaScript创建HTML的方法

第 7 章

元素样式绑定

在 HTML 中，定义 DOM 元素的样式可以使用 class 属性和 style 属性。在 Vue.js 中，对元素样式的绑定实际上就是对元素的 class 和 style 属性进行操作，class 属性用于定义元素的类名列表，style 属性用于定义元素的内联样式。使用 v-bind 指令可以对这两个属性进行数据绑定。在将 v-bind 用于 class 和 style 时，相比于 HTML，Vue.js 为这两个属性做了增强处理。除了字符串，表达式的结果类型还可以是对象或数组。本章主要讲解 Vue.js 中的样式绑定，包括 class 属性绑定和内联样式绑定。

本章知识架构及重难点如下。

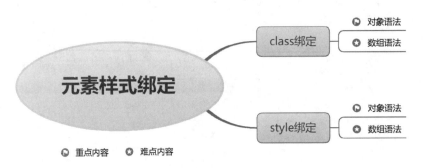

7.1　class 绑定

在 HTML 中，为元素设置样式时使用较多的是 class 属性。在样式绑定中，对元素的 class 属性进行绑定，绑定的数据可以是对象或数组。下面分别介绍这两种语法。

7.1.1　对象语法

使用 v-bind 对元素的 class 属性进行绑定，最常用的是将绑定的数据设置为一个对象，这样可以动态地切换元素的 class。将元素的 class 属性绑定为对象主要有以下三种形式。

1. 内联绑定

这种形式是将元素的 class 属性直接绑定为一个对象，代码如下：

```
<div v-bind:class="{active : isActive}"></div>
```

上述代码中，active 是元素的 class 类名，isActive 是 data 选项中的属性，它是一个布尔值。如果该值为 true，就表示元素使用类名为 active 的样式，否则就不使用。

例如，为 div 元素绑定 class 属性，将字体粗细设置为粗体，字体大小设置为 26 像素，文字颜色设置为红色，代码如下：

```
<style>
    .active{
        font-weight:bold;                                    /*设置字体粗细*/
        font-size:26px;                                      /*设置字体大小*/
        color:red;                                           /*设置文字颜色*/
    }
</style>
<div id="app">
    <div v-bind:class="{active : isActive}">有志者事竟成</div>
</div>
<script src="https://unpkg.com/vue@next"></script>
<script type="text/javascript">
    const vm = Vue.createApp({
        data(){
            return {
                isActive : true                              //使用 active 类名
            }
        }
    }).mount('#app');
</script>
```

运行结果如图 7.1 所示。

图 7.1　为 div 元素设置样式

【例 7.1】为书名添加颜色。（实例位置：资源包\TM\sl\7\01）

在图书列表中，为书名"JavaScript 精彩编程 200 例"和"HTML5+CSS3 精彩编程 200 例"添加文字样式，实现步骤如下。

（1）编写 CSS 代码，为页面元素设置样式。其中的 active 类名选择器用于设置书名"JavaScript 精彩编程 200 例"和"HTML5+CSS3 精彩编程 200 例"的文字样式，代码如下：

```
<style>
    body{
        font-family:微软雅黑;                                /*设置字体*/
    }
    .item{
        width:350px;                                         /*设置宽度*/
```

```
                height:100px;                                    /*设置高度*/
                line-height:100px;                               /*设置行高*/
                border-bottom:1px solid #999999;                 /*设置下边框样式*/
            }
        .item img{
                width:100px;                                     /*设置宽度*/
                float:left;                                      /*设置左浮动*/
            }
        .active{
                font-weight: bolder;                             /*设置字体粗细*/
                color:#FF0000;                                   /*设置文字颜色*/
            }
    </style>
```

（2）创建根组件实例，定义图书信息数组，为用于显示书名的 span 元素绑定 class 属性，代码如下：

```
<div id="app">
    <div>
        <div class="item" v-for="book in books">
            <img v-bind:src="book.image">
            <span v-bind:class="{active : book.active}">{{book.title}}</span>
        </div>
    </div>
</div>
<script src="https://unpkg.com/vue@next"></script>
<script type="text/javascript">
    const vm = Vue.createApp({
        data(){
            return {
                books : [{                                       //定义图书信息数组
                    title : '零基础学 JavaScript',
                    image : 'images/JavaScript.png',
                    active : false
                },{
                    title : 'JavaScript 精彩编程 200 例',
                    image : 'images/JavaScript200.png',
                    active : true
                },{
                    title : '零基础学 HTML5+CSS3',
                    image : 'images/HTMLCSS.png',
                    active : false
                },{
                    title : 'HTML5+CSS3 精彩编程 200 例',
                    image : 'images/HTMLCSS200.png',
                    active : true
                }]
            }
        }
    }).mount('#app');
</script>
```

运行结果如图 7.2 所示。

图 7.2　为指定书名添加样式

在元素的 class 属性绑定的对象中可以传入多个属性，这样可以动态切换元素的多个 class。另外，对元素绑定 class 属性的同时也可以为元素添加静态的 class 属性。示例代码如下：

```
<style>
    .bold{
        font-weight: bold;                              /*设置字体粗细*/
    }
    .shadow{
        text-shadow: 2px 2px 3px #0000FF;               /*设置文字阴影*/
    }
    .default{
        font-size: 24px;                                /*设置文字大小*/
        color: blue;                                    /*设置文字颜色*/
        letter-spacing: 5px;                            /*设置文字间距*/
    }
</style>
<div id="app">
    <div class="default" v-bind:class="{bold : isBold,shadow : isShadow}">坚持就是胜利</div>
</div>
<script src="https://unpkg.com/vue@next"></script>
<script type="text/javascript">
    const vm = Vue.createApp({
        data(){
            return {
                isBold : true,                          //使用 bold 类名
                isShadow : true                         //使用 shadow 类名
            }
```

```
        }
    }).mount('#app');
</script>
```

运行结果如图 7.3 所示。

图 7.3　为元素设置多个 class

上述代码中，由于 isBold 和 isShadow 属性的值都为 true，因此结果渲染为：

```
<div class="default bold shadow">坚持就是胜利 </div>
```

当 isBold 或者 isShadow 的属性值发生变化时，元素的 class 列表也会相应进行更新。例如，将 isBold 属性值设置为 false，则元素的 class 列表将变为"default shadow"。

2．非内联绑定

非内联绑定的形式是将元素的 class 属性绑定的对象定义在 data 选项中。例如，将上一个示例中绑定的对象定义在 data 选项中，代码如下：

```
<style>
    .bold{
        font-weight: bold;                              /*设置字体粗细*/
    }
    .shadow{
        text-shadow: 2px 2px 3px #0000FF;               /*设置文字阴影*/
    }
    .default{
        font-size: 24px;                                /*设置文字大小*/
        color: blue;                                    /*设置文字颜色*/
        letter-spacing: 5px;                            /*设置文字间距*/
    }
</style>
<div id="app">
    <div class="default" v-bind:class="classObject">坚持就是胜利</div>
</div>
<script src="https://unpkg.com/vue@next"></script>
<script type="text/javascript">
    const vm = Vue.createApp({
        data(){
            return {
                classObject : {
                    bold : true,                        //使用 bold 类名
                    shadow : true                       //使用 shadow 类名
                }
```

```
            }
        }
    }).mount('#app');
</script>
```

运行结果同样如图 7.3 所示。

3. 绑定为一个计算属性

这种形式是将元素的 class 属性绑定为一个返回对象的计算属性。这是一种常用且强大的模式。例如，将上一个示例中的 class 属性绑定为一个计算属性，代码如下：

```
<style>
    .bold{
        font-weight: bold;                              /*设置字体粗细*/
    }
    .shadow{
        text-shadow: 2px 2px 3px #0000FF;               /*设置文字阴影*/
    }
    .default{
        font-size: 24px;                                /*设置文字大小*/
        color: blue;                                    /*设置文字颜色*/
        letter-spacing: 5px;                            /*设置文字间距*/
    }
</style>
<div id="app">
    <div class="default" v-bind:class="setStyle">坚持就是胜利</div>
</div>
<script src="https://unpkg.com/vue@next"></script>
<script type="text/javascript">
    const vm = Vue.createApp({
        data(){
            return {
                isBold : true,                          //使用 bold 类名
                isShadow : true                         //使用 shadow 类名
            }
        },
        computed : {
            setStyle(){
                return {
                    bold : this.isBold,
                    shadow : this.isShadow
                }
            }
        }
    }).mount('#app');
</script>
```

运行结果同样如图 7.3 所示。

【例 7.2】竖向导航菜单。（**实例位置：资源包\TM\sl\7\02**）

在页面中输出一个竖向的导航菜单。将定义菜单和菜单项的元素的 class 属性绑定为定义的计算属性。实现步骤如下。

（1）编写 CSS 代码，为页面元素设置样式。定义 3 个类名选择器 menu、menuli 和 menua，代码如下：

```
<style>
    .menu{
        width:200px;                                    /*设置宽度*/
        list-style:none;                                /*设置列表样式*/
        position:fixed;                                 /*设置定位*/
        top:20px;
        left:30px;
    }
    .menuli{
        margin-top:10px;                                /*设置上外边距*/
    }
    .menua{
        display:block;
        background:blue;                                /*设置背景颜色*/
        width:120px;                                    /*设置宽度*/
        font-size:14px;                                 /*设置字体大小*/
        text-decoration:none;
        color:white;                                    /*设置文字颜色*/
        padding:10px 15px 10px 12px;                    /*设置内边距*/
        -webkit-border-top-right-radius:10px;
        -webkit-border-bottom-right-radius:10px;
    }
</style>
```

（2）创建根组件实例，定义导航菜单项数组，分别将 ul 元素、li 元素和 a 元素的 class 属性绑定为一个计算属性，代码如下：

```
<div id="app">
    <ul v-bind:class="ulObj">
        <li v-bind:class="liObj" v-for="item in items">
            <a href="javascript:void(0)" v-bind:class="aObj">{{item}}</a>
        </li>
    </ul>
</div>
<script src="https://unpkg.com/vue@next"></script>
<script type="text/javascript">
    const vm = Vue.createApp({
        data(){
            return {
                items : [                               //定义导航菜单项数组
                    '食品/酒类/生鲜',
                    '大家电/小家电',
                    '家居/家具/厨具',
                    '艺术/鲜花/礼品',
```

```
                           '手机/电脑/数码',
                           '男鞋/运动/户外'
                      ],
                      isMenu : true,
                      isMenuli : true,
                      isMenua : true
                }
           },
           computed:{
                ulObj : function(){
                      return {
                           menu : this.isMenu
                      }
                },
                liObj : function(){
                      return {
                           menuli : this.isMenuli
                      }
                },
                aObj : function(){
                      return {
                           menua : this.isMenua
                      }
                }
           }
     }).mount('#app');
</script>
```

运行结果如图 7.4 所示。

图 7.4　竖向导航菜单

7.1.2 数组语法

使用 v-bind 对元素的 class 属性进行绑定，还可以将绑定的数据设置为一个数组的形式，这样可以为元素应用一个 class 列表。将元素的 class 属性绑定为数组同样有以下三种形式。

1. 直接绑定为数组

这种形式是将元素的 class 属性直接绑定为一个数组，格式如下：

```
<div v-bind:class="[element1, element2]"></div>
```

上述代码中，element1 和 element2 为 data 选项中的属性，它们的值为 class 列表中的类名。

例如，应用数组的形式为 div 元素绑定 class 属性，为文字设置大小、颜色和阴影效果，代码如下：

```
<style>
    .size{
        font-size: 26px;                                /*设置文字大小*/
    }
    .color{
        color: purple;                                  /*设置文字颜色*/
    }
    .shadow{
        text-shadow: 2px 2px 2px #999999;               /*设置文字阴影*/
    }
</style>
<div id="app">
    <div v-bind:class="[sizeClass,colorClass,shadowClass]">自我控制是最强者的本能</div>
</div>
<script src="https://unpkg.com/vue@next"></script>
<script type="text/javascript">
    const vm = Vue.createApp({
        data(){
            return {
                sizeClass : 'size',
                colorClass : 'color',
                shadowClass : 'shadow'
            }
        }
    }).mount('#app');
</script>
```

运行结果如图 7.5 所示。

2. 使用条件运算符

使用数组形式绑定元素的 class 属性时，可以在数组中使用条件运算符来判断是否使用列表中的某个 class。示例代码如下：

图 7.5 为文字设置大小、颜色和阴影效果

```
<style>
    .size{
        font-size: 26px;                                      /*设置文字大小*/
    }
    .color{
        color: purple;                                        /*设置文字颜色*/
    }
    .shadow{
        text-shadow: 2px 2px 2px #999999;                     /*设置文字阴影*/
    }
</style>
<div id="app">
    <div v-bind:class="[sizeClass,colorClass,isShadow ? 'shadow' : '']">自我控制是最强者的本能</div>
</div>
<script src="https://unpkg.com/vue@next"></script>
<script type="text/javascript">
    const vm = Vue.createApp({
        data(){
            return {
                sizeClass : 'size',
                colorClass : 'color',
                isShadow : true
            }
        }
    }).mount('#app');
</script>
```

上述代码中，sizeClass 和 colorClass 属性对应的类名是始终被添加的，而只有当 isShadow 为 true 时才会添加 shadow 类。因此，运行结果同样如图 7.5 所示。

3．使用对象

如果在数组中使用多个条件运算符切换元素列表中的 class，这种写法就会比较烦琐。这时，可以在数组中使用对象来更新元素的 class 列表。

例如，将上一个示例中应用的条件运算符表达式更改为对象的形式，代码如下：

```
<style>
    .size{
        font-size: 26px;                                      /*设置文字大小*/
    }
    .color{
        color: purple;                                        /*设置文字颜色*/
    }
    .shadow{
        text-shadow: 2px 2px 2px #999999;                     /*设置文字阴影*/
    }
</style>
<div id="app">
    <div v-bind:class="[sizeClass,colorClass,{shadow : isShadow}]">自我控制是最强者的本能</div>
</div>
```

```
<script src="https://unpkg.com/vue@next"></script>
<script type="text/javascript">
    const vm = Vue.createApp({
        data(){
            return {
                sizeClass : 'size',
                colorClass : 'color',
                isShadow : true                              //使用 shadow 类名
            }
        }
    }).mount('#app');
</script>
```

运行结果同样如图 7.5 所示。

编程训练（答案位置：资源包\TM\sl\7\编程训练）

【**训练 1**】为图片设置样式　为页面中的图片设置统一样式，包括宽度、布局、边框和外边距。

【**训练 2**】实现表格隔行换色　将商品信息展示在表格中，实现表格隔行换色的效果。

7.2　style 绑定

在样式绑定中，除了可以绑定元素的 class 属性，还可以绑定元素的 style 属性，这种形式是对元素的内联样式进行绑定，绑定的数据可以是对象或数组。下面分别介绍这两种语法。

7.2.1　对象语法

使用 v-bind 对元素的 style 属性进行绑定，最常用的是将绑定的数据设置为一个对象。这种对象语法看起来比较直观。对象中的 CSS 属性名可以用驼峰式（camelCase）或短横线分隔（kebab-case，需用单引号括起来）的形式命名。将元素的 style 属性绑定为对象主要有以下三种形式。

1. 内联绑定

这种形式是将元素的 style 属性直接绑定为一个对象，对象的键是 CSS 属性名，对象的值是 data 选项中的属性值。例如，应用对象的形式为 div 元素绑定 style 属性，设置文字的大小、粗细和阴影效果，代码如下：

```
<div id="app">
    <div v-bind:style="{fontWeight : weight, textShadow : shadow, 'font-size' : size + 'px'}">书是人类进步的阶梯</div>
</div>
<script src="https://unpkg.com/vue@next"></script>
<script type="text/javascript">
    const vm = Vue.createApp({
        data(){
            return {
```

```
                weight : 'bold',                                  //字体粗细
                shadow : '2px 2px 1px gray',                      //文字阴影
                size : 20                                         //字体大小
            }
        }
    }).mount('#app');
</script>
```

运行结果如图 7.6 所示。

图 7.6　设置文字的大小、粗细和阴影效果

2．非内联绑定

这种形式是将元素的 style 属性绑定的对象直接定义在 data 选项中，这样可以使模板看起来更清晰。例如，将上一个示例中绑定的对象直接定义在 data 选项中，代码如下：

```
<div id="app">
    <div v-bind:style="styleObject">书是人类进步的阶梯</div>
</div>
<script src="https://unpkg.com/vue@next"></script>
<script type="text/javascript">
    const vm = Vue.createApp({
        data(){
            return {
                styleObject : {
                    fontWeight : 'bold',                          //字体粗细
                    textShadow : '2px 2px 1px gray',              //文字阴影
                    'font-size' : '20px'                          //字体大小
                }
            }
        }
    }).mount('#app');
</script>
```

运行结果同样如图 7.6 所示。

【例 7.3】为搜索框绑定样式。（实例位置：资源包\TM\sl\7\03）

使用非内联绑定的形式为电子商城中的搜索框绑定样式，将绑定的样式对象定义在 data 选项中。代码如下：

```
<div id="app">
    <div>
        <form v-bind:style="form">
            <input v-bind:style="input" type="text" placeholder="请输入搜索内容">
```

```
        <input v-bind:style="button" type="submit" value="搜索">
    </form>
</div>
</div>
<script src="https://unpkg.com/vue@next"></script>
<script type="text/javascript">
    const vm = Vue.createApp({
        data(){
            return {
                form : {                                        //表单样式
                    border: '2px solid blue',
                    'max-width': '360px'
                },
                input : {                                       //文本框样式
                    'padding-left': '5px',
                    height: '50px',
                    width: '76%',
                    outline: 'none',
                    'font-size': '16px',
                    border: 'none'
                },
                button : {                                      //按钮样式
                    height: '50px',
                    width: '22%',
                    float: 'right',
                    background: 'blue',
                    color: '#F6F6F6',
                    'font-size': '18px',
                    cursor: 'pointer',
                    border: 'none'
                }
            }
        }
    }).mount('#app');
</script>
```

运行结果如图 7.7 所示。

图 7.7　为搜索框绑定样式

3．绑定为一个计算属性

在绑定 style 属性的对象语法中，还可以将元素的 style 属性绑定为一个返回对象的计算属性。例如，将上一个示例中的 style 属性绑定为一个计算属性，代码如下：

```
<div id="app">
    <div v-bind:style="setStyle">书是人类进步的阶梯</div>
</div>
<script src="https://unpkg.com/vue@next"></script>
<script type="text/javascript">
    const vm = Vue.createApp({
        data(){
            return {
                weight : 'bold',                        //字体粗细
                shadow : '2px 2px 1px gray',            //文字阴影
                size : 20                               //字体大小
            }
        },
        computed : {
            setStyle(){
                return {
                    fontWeight : this.weight,
                    textShadow : this.shadow,
                    'font-size' : this.size + 'px'
                }
            }
        }
    }).mount('#app');
</script>
```

运行结果同样如图 7.6 所示。

7.2.2　数组语法

在对元素的 style 属性进行绑定时，可以将多个样式对象放在一个数组里。使用数组的形式绑定元素的 style 属性，可以有以下几种形式。

第一种形式是直接在元素中绑定样式对象。示例代码如下：

```
<div id="app">
    <div v-bind:style="[{color : 'blue'},{fontSize : '26px'},{'font-weight' : 'bold'}]">天生我材必有用</div>
</div>
<script src="https://unpkg.com/vue@next"></script>
<script type="text/javascript">
    const vm = Vue.createApp().mount('#app');
</script>
```

运行结果如图 7.8 所示。

图 7.8　设置文字的样式

第二种形式是将样式对象数组定义在 data 选项中。示例代码如下：

```
<div id="app">
    <div v-bind:style="arrStyle">天生我材必有用</div>
</div>
<script src="https://unpkg.com/vue@next"></script>
<script type="text/javascript">
    const vm = Vue.createApp({
        data(){
            return {
                arrStyle : [{
                    color : 'blue'                              //文字颜色
                },{
                    fontSize : '26px'                           //字体大小
                },{
                    'font-weight' : 'bold'                      //字体粗细
                }]
            }
        }
    }).mount('#app');
</script>
```

运行结果同样如图 7.8 所示。

第三种形式是以对象数组的形式进行绑定。示例代码如下：

```
<div id="app">
    <div v-bind:style="[color,size,weight]">天生我材必有用 </div>
</div>
<script src="https://unpkg.com/vue@next"></script>
<script type="text/javascript">
    const vm = Vue.createApp({
        data(){
            return {
                color : {
                    color : 'blue'                              //文字颜色
                },
                size : {
                    fontSize : '26px'                           //字体大小
                },
                weight : {
                    'font-weight' : 'bold'                      //字体粗细
                }
            }
        }
    }).mount('#app');
</script>
```

运行结果同样如图 7.8 所示。

> **说明**
>
> 当 v-bind:style 使用需要特定前缀的 CSS 属性（如 transform）时，Vue.js 会自动侦测并添加相应的前缀。

编程训练（答案位置：资源包\TM\sl\7\编程训练）

【训练 3】为文章设置样式　为文章标题和文章内容设置样式。

【训练 4】实现横向导航菜单　实现横向导航菜单的效果。将定义菜单和菜单项的元素的 style 属性绑定为定义的计算属性。

7.3　实践与练习

（答案位置：资源包\TM\sl\7\实践与练习）

综合练习 1：以垂直方式从右向左显示文本　模拟古诗的风格以垂直方式从右向左显示文本。运行结果如图 7.9 所示。

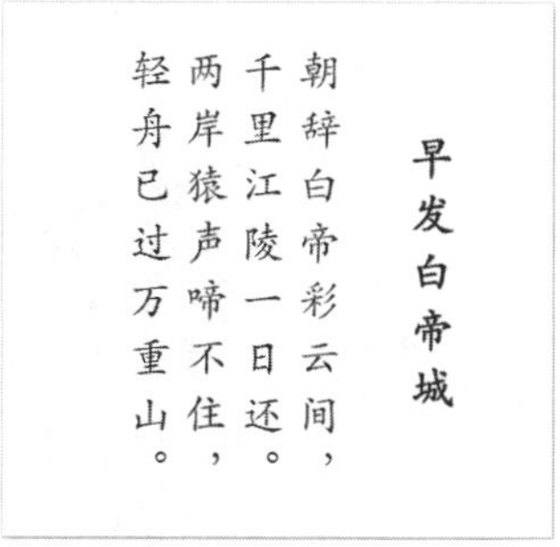

轻　两　千　朝
舟　岸　里　辞
已　猿　江　白
过　声　陵　帝
万　啼　一　彩
重　不　日　云
山　住　还　间
。　，　。　，

早发白帝城

图 7.9　以垂直方式显示古诗

综合练习 2：制作 3D 效果的文字　在一些动画的网站中，经常会看到一些 3D 效果的文字，这样可以使页面更有立体感。编写程序，使用样式绑定的方式制作一个 3D 效果的文字。运行结果如图 7.10 所示。

图 7.10　输出 3D 效果的文字

第 8 章

事 件 处 理

在 Vue.js 中，事件处理是一个很重要的环节，它可以使程序的逻辑结构更加清晰，使程序更具有灵活性，提高程序的开发效率。本章主要讲解如何使用 Vue.js 中的 v-on 指令进行事件处理。

本章知识架构及重难点如下。

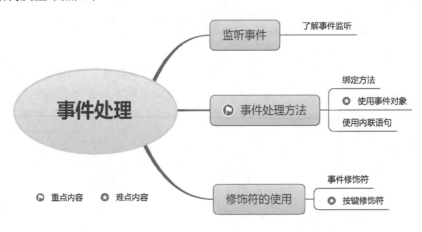

8.1 监 听 事 件

在 Vue.js 中，使用 v-on 指令对 DOM 事件进行监听。该指令通常在模板中直接使用，在触发事件时执行相应的 JavaScript 代码。在 HTML 元素中使用 v-on 指令时，v-on 后面可以是所有的原生事件名称。v-on 指令的基本用法如下：

```
<button v-on:click="login">登录</button>
```

上述代码中，将 click 事件绑定到 Vue 实例中定义的 login()方法。当单击"登录"按钮时，将执行 login()方法。

另外，Vue.js 提供了 v-on 指令的简写形式"@"。将上述代码修改为 v-on 指令的简写形式，代码如下：

```
<button @click="login">登录</button>
```

【例 8.1】放大和缩小文字。（实例位置：资源包\TM\sl\8\01）

定义一个"放大"按钮和一个"缩小"按钮，通过单击按钮实现文字放大和缩小的效果，代码如下：

```
<div id="app">
    <button v-on:click="count++">放大</button>
    <button v-on:click="count--">缩小</button>
    <p v-bind:style="{fontSize:count + 'px'}">一寸光阴一寸金</p>
</div>
<script src="https://unpkg.com/vue@next"></script>
<script type="text/javascript">
    const vm = Vue.createApp({
        data(){
            return {
                count : 16
            }
        }
    }).mount('#app');
</script>
```

运行结果如图 8.1 所示。

图 8.1　通过单击按钮放大或缩小文字

8.2　事件处理方法

在实际开发中，使用 v-on 指令监听事件时，事件处理逻辑会比较复杂，很少直接对属性进行操作。这时，可以将复杂的逻辑定义在方法中，通过调用方法实现事件处理。

8.2.1　绑定方法

通常情况下，需要通过 v-on 指令将事件绑定到一个方法。绑定的方法就是触发事件后的事件处理器，在 methods 选项中进行定义。示例代码如下：

```
<div id="app">
    <button v-on:click="toggle">{{flag ? '隐藏' : '显示'}}</button>
    <div v-show="flag">{{text}}</div>
</div>
```

```
<script src="https://unpkg.com/vue@next"></script>
<script type="text/javascript">
    const vm = Vue.createApp({
        data(){
            return {
                text : '老骥伏枥，志在千里。',
                flag : false
            }
        },
        methods : {
            toggle : function(){                      //切换显示状态
                this.flag = !this.flag;
            }
        }
    }).mount('#app');
</script>
```

上述代码中，当单击按钮时会调用 toggle()方法，通过该方法切换 flag 的值，使按钮文本在"显示"和"隐藏"之间进行切换，下方文本的显示状态也会随之切换，运行结果如图 8.2 和图 8.3 所示。

图 8.2　隐藏文本

图 8.3　显示文本

【例 8.2】动态改变文本颜色。（实例位置：资源包\TM\sl\8\02）

通过单击"变换颜色"按钮，实现动态改变文本颜色的效果。代码如下：

```
<div id="app">
    <button v-on:click="turncolors">变换颜色</button>
    <div v-bind:style="show">读书破万卷，下笔如有神。</div>
</div>
<script src="https://unpkg.com/vue@next"></script>
<script type="text/javascript">
    const vm = Vue.createApp({
        data(){
            return {
                n : 0,
                colorArr : [                          //文本颜色数组
                    "red","blue","green","purple","gray","black"
                ]
            }
        },
        methods : {
            turncolors : function(){
                if(this.n === (this.colorArr.length-1))   //判断数组下标是否指向最后一个元素
```

```
                    this.n=0;
                else
                    this.n++;                                    //属性 n 的值自加 1
            }
        },
        computed : {
            show : function (){
                return {
                    marginTop : '20px',
                    'font-size' : '26px',
                    color : this.colorArr[this.n]                //设置文本颜色为对应数组元素的值
                }
            }
        }
    }).mount('#app');
</script>
```

运行实例，结果如图 8.4 所示。当单击"变换颜色"按钮时，文本颜色就会发生变化，如图 8.5 所示。

图 8.4　单击按钮前的效果

图 8.5　单击按钮后的效果

8.2.2　使用事件对象

与事件绑定的方法可以传入原生 DOM 事件对象，将 event 作为参数进行传递。示例代码如下：

```
<div id="app">
    <button v-on:click="getTagName">测试</button>
</div>
<script src="https://unpkg.com/vue@next"></script>
<script type="text/javascript">
    const vm = Vue.createApp({
        methods : {
            getTagName : function(event){                        //传入事件对象
                if(event){
                    alert("触发事件的元素标签名：" + event.target.tagName);
                }
            }
        }
    }).mount('#app');
</script>
```

运行上述代码，当单击"测试"按钮时会弹出对话框，结果如图 8.6 所示。

图 8.6 输出触发事件的元素标签名

【例 8.3】 为图片添加和去除边框。（**实例位置：资源包\TM\sl\8\03**）

定义一张图片，当鼠标指向图片时为图片添加指定宽度和颜色的边框，当鼠标移出图片时去除图片的边框。代码如下：

```html
<div id="app">
    <img v-bind:src="url" v-on:mouseover="addBorder" v-on:mouseout="removeBorder">
</div>
<script src="https://unpkg.com/vue@next"></script>
<script type="text/javascript">
    const vm = Vue.createApp({
        data(){
            return {
                url : 'images/machine.jpg'                        //图片 URL
            }
        },
        methods : {
            addBorder : function(e){
                e.target.style.border = '2px solid blue';          //设置触发事件元素边框
            },
            removeBorder : function(e){
                e.target.style.border = 0;                         //移除边框
            }
        }
    }).mount('#app');
</script>
```

运行结果如图 8.7、图 8.8 所示。

图 8.7 图片初始效果

图 8.8 为图片添加边框

8.2.3　使用内联语句

除了将事件直接绑定到一个方法，v-on 也支持内联 JavaScript 语句，但只能使用一个语句。示例代码如下：

```
<div id="app">
    <button v-on:click="show('吉林省长春市')">显示地址</button>
    <p>{{address}}</p>
</div>
<script src="https://unpkg.com/vue@next"></script>
<script type="text/javascript">
    const vm = Vue.createApp({
        data(){
            return {
                address : ''
            }
        },
        methods : {
            show : function(info){
                this.address = "您的地址是" + info;
            }
        }
    }).mount('#app');
</script>
```

运行上述代码，当单击"显示地址"按钮时会显示地址信息，结果如图 8.9 所示。

图 8.9　输出地址信息

【例 8.4】动态切换图片。（**实例位置：资源包\TM\sl\8\04**）

实现动态切换图片的功能。当鼠标移入图片中时显示另一张图片，当鼠标移出图片时显示原来的图片。代码如下：

```
<div id="app">
    <img id="pic" v-bind:src="url" v-on:mouseover="toggle(1)" v-on:mouseout="toggle(0)">
</div>
<script src="https://unpkg.com/vue@next"></script>
<script type="text/javascript">
    const vm = Vue.createApp({
        data(){
            return {
```

```
                    url : 'images/1.jpg'                                    //图片 URL
                }
            },
            methods : {
                toggle : function(i){
                    var pic = document.getElementById('pic');
                    if(i === 1){
                            pic.src = 'images/2.jpg';
                    }else{
                            pic.src = 'images/1.jpg';
                    }
                }
            }
    }).mount('#app');
</script>
```

运行结果如图 8.10、图 8.11 所示。

图 8.10　图片初始效果

图 8.11　鼠标移入时切换图片

　　如果在内联语句中需要获取原生 DOM 事件对象，可以向方法中传入一个特殊变量\$event。示例代码如下：

```
<div id="app">
    <a href="http://www.mingrisoft.com" v-on:click="show('欢迎访问明日学院！', $event)">{{name}}</a>
</div>
<script src="https://unpkg.com/vue@next"></script>
<script type="text/javascript">
    const vm = Vue.createApp({
        data(){
            return {
                name : '明日学院'
            }
        },
```

```
        methods : {
            show : function(message,e){
                e.preventDefault();                                     //阻止浏览器默认行为
                alert(message);
            }
        }
    }).mount('#app');
</script>
```

运行上述代码，当单击"明日学院"超链接时会弹出对话框，结果如图 8.12 所示。

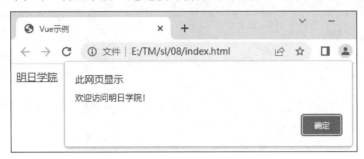

图 8.12　输出欢迎信息

上述代码中，向 show 方法中传递了一个特殊变量$event，通过该变量可以对原生 DOM 事件进行处理，应用 preventDefault()方法阻止该超链接的跳转行为。

编程训练（答案位置：资源包\TM\sl\8\编程训练）

【训练 1】统计单击按钮的次数　定义一个"计数"按钮，使用 v-on 指令统计单击按钮的次数。

【训练 2】实现文字变色和放大的效果　当鼠标移到文字上时，文字改变颜色并放大，当鼠标移出文字时，文字恢复为原来的样式。

8.3　修饰符的使用

Vue.js 为 v-on 指令提供了多个修饰符，这些修饰符分为事件修饰符和按键修饰符。下面对这两种修饰符分别进行介绍。

8.3.1　事件修饰符

在事件处理程序中，有时会调用 preventDefault()或 stopPropagation()方法来实现特定的功能。preventDefault()方法可以阻止浏览器的默认行为，stopPropagation()方法可以阻止事件冒泡。为了处理这些 DOM 事件细节，Vue.js 为 v-on 指令提供了一些事件修饰符。事件修饰符及其说明如表 8.1 所示。

表 8.1　事件修饰符及其说明

修　饰　符	说　　明
.stop	相当于调用 event.stopPropagation()
.prevent	相当于调用 event.preventDefault()
.capture	使用 capture 模式添加事件监听器
.self	只有当事件是从监听器绑定的元素本身触发时才触发回调
.once	只触发一次回调
.passive	以 { passive: true } 模式添加监听器

使用事件修饰符的示例代码如下：

```html
<!--阻止单击事件继续传播-->
<a v-on:click.stop="dosomething"></a>
<!--阻止表单默认提交事件-->
<form v-on:submit.prevent="dosomething"></form>
<!--只有当事件是从当前元素本身触发时才调用处理函数-->
<div v-on:click.self="dosomething"></div>
```

修饰符可以串联使用。示例代码如下：

```html
<!--修饰符串联，阻止表单默认提交事件且阻止冒泡-->
<a v-on:click.stop.prevent="dosomething"></a>
```

可以只使用修饰符，而不绑定事件处理方法。示例代码如下：

```html
<!--只有修饰符，而不绑定事件-->
<form v-on:submit.prevent></form>
```

下面是一个应用.stop 修饰符阻止事件冒泡的示例，代码如下：

```html
<style>
    .test1{                                                    /*div 元素的样式*/
        width:240px;
        height:150px;
        background-color:gray;
        text-align:center;
        color:#FFFFFF;
    }
    .test2{                                                    /*p 元素的样式*/
        width:160px;
        height:80px;
        background-color:orange;
        text-align:center;
        margin:10px auto;
        color:#FFFFFF;
    }
</style>
<div id="app">
    <div class="test1" v-on:mouseover="addBorder('test1')" v-on:mouseout="removeBorder('test1')">
        <b>div 元素</b>
```

```
            <p class="test2" v-on:mouseover.stop="addBorder('test2')" v-on:mouseout="removeBorder('test2')">
                <b>p 元素</b>
            </p>
        </div>
    </div>
    <script src="https://unpkg.com/vue@next"></script>
    <script type="text/javascript">
        const vm = Vue.createApp({
            methods : {
                addBorder : function(className){
                    var ele = document.getElementsByClassName(className)[0];
                    ele.style.border = '2px solid blue';                        //设置元素边框
                },
                removeBorder : function(className){
                    var ele = document.getElementsByClassName(className)[0];
                    ele.style.border = '';                                      //移除元素边框
                }
            }
        }).mount('#app');
    </script>
```

　　运行上述代码，当鼠标移入内部的 p 元素时只会触发该元素的 mouseover 事件，为元素添加一个蓝色边框，效果如图 8.13 所示。如果在 p 元素中未使用.stop 修饰符，当鼠标移入内部的 p 元素时，不但会触发 p 元素的 mouseover 事件，还会触发外部的 div 元素的 mouseover 事件，因此会显示两个蓝色边框，效果如图 8.14 所示。

图 8.13　为 p 元素设置边框　　　　图 8.14　为 div 元素和 p 元素设置边框

8.3.2　按键修饰符

　　除了事件修饰符，Vue.js 还为 v-on 指令提供了按键修饰符。按键修饰符的作用是监听键盘事件中的按键。当触发键盘事件时需要检测按键的 keyCode 值，示例代码如下：

```
<input v-on:keyup.13="submit">
```

　　上述代码中，应用 v-on 指令监听键盘的 keyup 事件。因为键盘中 Enter 键的 keyCode 值是 13，所以在向文本框中输入内容后，当按 Enter 键时就会调用 submit()方法。

　　键盘中的按键比较多，要记住一些按键的 keyCode 值并不是一件容易的事。为此，Vue.js 为一些常用的按键提供了别名。例如，Enter 键的别名为 enter，将上述示例代码修改为使用别名的方式，代码如下：

```
<input v-on:keyup.enter="submit">
```

Vue.js 为一些常用的按键提供的别名如表 8.2 所示。

表 8.2　常用按键的别名

按　　键	keyCode	别　　名	按　　键	keyCode	别　　名
Enter	13	enter	Tab	9	tab
Back Space	8	delete	Delete	46	delete
Esc	27	esc	Spacebar	32	space
Up Arrow(↑)	38	up	Down Arrow(↓)	40	down
Left Arrow(←)	37	left	Right Arrow(→)	39	right

【例 8.5】按 Enter 键自动切换焦点。（实例位置：资源包\TM\sl\8\05）

在设计表单时，为了方便用户填写表单，可以设置按 Enter 键自动切换到下一个控件的焦点，而不是直接提交表单，试着实现这个功能。实现步骤如下。

（1）编写 CSS 代码，为页面元素设置样式。代码如下：

```
<style>
    .middle-box {
        max-width: 610px;                       /*设置最大宽度*/
        margin: 0 auto;                         /*设置外边距*/
        text-align:center;                      /*设置文本居中显示*/
    }
    .btn-primary {
        background-color:green;                 /*设置背景颜色*/
        color: #FFFFFF;                         /*设置文字颜色*/
        width: 300px;                           /*设置宽度*/
        padding:10px 12px;                      /*设置内边距*/
        font-size:14px;                         /*设置文字大小*/
        text-align:center;                      /*设置文本居中显示*/
        cursor:auto;                            /*设置鼠标光标形状*/
        border:1px solid transparent;           /*设置边框*/
        border-radius:4px;                      /*设置圆角边框*/
        margin-right:8px;                       /*设置右外边距*/
    }
    .form-control{
        width:300px;                            /*设置宽度*/
        height:40px;                            /*设置高度*/
        padding:6px 12px;                       /*设置内边距*/
        font-size:14px;                         /*设置文字大小*/
        color:#222;                             /*设置文字颜色*/
        background-color:#fff;                  /*设置背景颜色*/
        border:1px solid #ccc;                  /*设置边框*/
    }
```

```
.form-group{
    margin:15px auto;                                    /*设置外边距*/
    text-align:left;                                     /*设置文本靠左显示*/
}
.active{
    font-size: 20px;                                     /*设置文字大小*/
    width:80px;                                          /*设置宽度*/
    height: 40px;                                        /*设置高度*/
    line-height: 40px;                                   /*设置行高*/
    color:#66CCFF;                                       /*设置文字颜色*/
    border-bottom:5px solid #66CCFF;                     /*设置下边框*/
}
.form-group label{
    width:150px;                                         /*设置宽度*/
    float:left;                                          /*设置左浮动*/
    text-align:right;                                    /*设置文本靠右显示*/
    height:40px;                                         /*设置高度*/
    line-height:40px;                                    /*设置行高*/
    font-size:18px;                                      /*设置文字大小*/
    color:#333333;                                       /*设置文字颜色*/
}
</style>
```

（2）创建根组件实例，定义 switchFocus()方法，根据传递的参数值判断哪个表单元素获得焦点，代码如下：

```
<div id="app">
    <div class="middle-box">
        <div>
            <span>
                <a class="active">个人信息</a>
            </span>
            <form id="form" name="form" method="post" action=""    autocomplete="off">
                <div class="form-group">
                    <label for="name">姓 名：</label>
                    <input id="name" type="text"   class="form-control" placeholder="请输入姓名"
                        v-on:keydown.prevent.enter="switchFocus(1)">
                </div>
                <div class="form-group">
                    <label for="tel">电 话：</label>
                    <input id="tel" type="text" class="form-control" placeholder="请输入电话"
                        v-on:keydown.prevent.enter="switchFocus(2)">
                </div>
                <div class="form-group">
                    <label for="address">地 址：</label>
                    <input id="address" type="text" class="form-control" placeholder="请输入地址"
                        v-on:keydown.prevent.enter="switchFocus(3)">
                </div>
                <div>
                    <button type="submit" id="sub" class="btn-primary">提 交</button>
```

```
                    </div>
                </form>
            </div>
        </div>
    </div>
</div>
<script src="https://unpkg.com/vue@next"></script>
<script type="text/javascript">
    const vm = Vue.createApp({
        methods : {
            switchFocus : function(num){
                if(num === 1){
                    form.tel.focus();                    //电话输入框获得焦点
                }else if(num === 2){
                    form.address.focus();                //地址输入框获得焦点
                }else{
                    form.sub.focus();                    //提交按钮获得焦点
                }
            }
        }
    }).mount('#app');
</script>
```

运行实例，在输入框中输入内容后，按 Enter 键会将焦点自动切换到下一个输入框，结果如图 8.15 所示。

图 8.15　按 Enter 键切换焦点

编程训练（答案位置：资源包\TM\sl\8\编程训练）

【训练 3】选择正确答案　设计一个选择题，通过单选按钮选择答案，按 Enter 键判断结果是否正确。

【训练 4】向右移动单选按钮　定义一个单选按钮，当按下键盘中的→键时，使单选按钮向右移动。

8.4　实践与练习

（答案位置：资源包\TM\sl\8\实践与练习）

综合练习 1：二级联动菜单　在食品信息添加页面制作一个二级联动菜单，通过二级联动菜单选择食品的所属类别，当第一个菜单选项改变时，第二个菜单中的选项也会随之改变。运行结果如图 8.16 所示。

综合练习2：调整多行文本框的宽度和高度　　在使用多行文本框时，如果多行文本框中的文字比较多，多行文本框会自动产生滚动条，试着通过控制按钮来调整多行文本框的宽度和高度，从而方便用户的浏览。运行结果如图 8.17 所示。

图 8.16　二级联动菜单

图 8.17　调整多行文本框的宽度和高度

第 9 章

表单元素绑定

在 Web 应用中，通过表单可以实现输入文字、选择选项和提交数据等功能。在 Vue.js 中，通过 v-model 指令可以对表单元素进行双向数据绑定，在修改表单元素值的同时，Vue 实例中对应的属性值也会随之更新，反之亦然。本章主要讲解如何使用 v-model 指令进行表单元素的数据绑定。

本章知识架构及重难点如下。

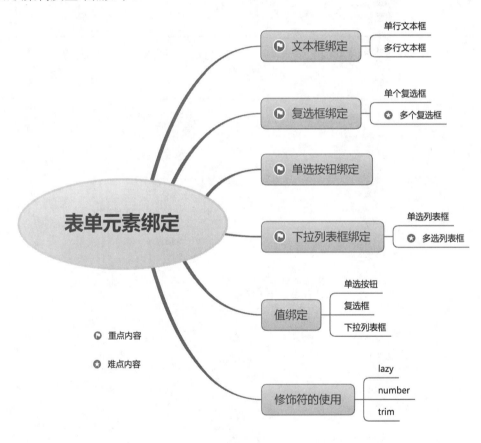

9.1　文本框绑定

v-model 会根据控件类型自动选取正确的方法来更新元素。在表单中，最基本的表单控件类型是文本框。文本框分为单行文本框和多行文本框。下面介绍将文本框中输入的内容和 Vue 实例中对应的属性值进行绑定的方法。

9.1.1 单行文本框

单行文本框的作用是输入单行文本。例如，应用 v-model 指令将单行文本框和定义的数据进行绑定。代码如下：

```
<div id="app">
    <input type="text" v-model="text">
    <p>{{text}}</p>
</div>
<script src="https://unpkg.com/vue@next"></script>
<script type="text/javascript">
    const vm = Vue.createApp({
        data(){
            return {
                text : '山不在高，有仙则名。'
            }
        }
    }).mount('#app');
</script>
```

运行程序，结果如图 9.1 所示。在单行文本框中输入新的内容，下面的内容也会随着变化，结果如图 9.2 所示。

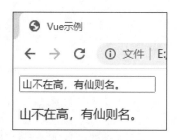

图 9.1　页面初始效果

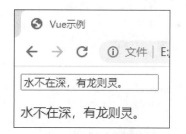

图 9.2　显示新内容

上述代码中，应用 v-model 指令将单行文本框的值和 Vue 实例中的 text 属性值进行了绑定。当单行文本框中的内容发生变化时，text 属性值也会自动更新。

【例 9.1】搜索商品信息。（实例位置：资源包\TM\sl\9\01）

定义一个单行文本框和一个商品列表，在单行文本框中输入搜索关键字，下方展示搜索到的指定商品信息，代码如下：

```
<div id="app">
    <div class="search">
        <input type="text" v-model="searchStr" placeholder="请输入搜索内容">
    </div>
    <div>
        <div class="item" v-for="goods in results">
```

```
                <img :src="goods.image">
                <span>{{goods.name}}</span>
            </div>
        </div>
</div>
<script src="https://unpkg.com/vue@next"></script>
<script type="text/javascript">
    const vm = Vue.createApp({
        data(){
            return {
                searchStr : '',                                    //搜索关键字
                goods : [{                                         //商品信息数组
                    name : '爆裂飞车',
                    image : 'images/1.jpg'
                },{
                    name : '个性水杯',
                    image : 'images/2.jpg'
                },{
                    name : '调料盒',
                    image : 'images/3.jpg'
                },{
                    name : '吸油烟机',
                    image : 'images/4.jpg'
                },{
                    name : '无线蓝牙耳机',
                    image : 'images/5.jpg'
                },{
                    name : '自拍杆',
                    image : 'images/6.jpg'
                }]
            }
        },
        computed : {
            results : function(){
                var goods = this.goods;
                if(this.searchStr === ''){
                    return goods;
                }
                var searchStr = this.searchStr.trim().toLowerCase();          //去除空格转换为小写
                goods = goods.filter(function(ele){
                    //判断商品名称是否包含搜索关键字
                    if(ele.name.toLowerCase().indexOf(searchStr) !== -1){
                        return ele;
                    }
                });
                return goods;
            }
        }
    }).mount('#app');
</script>
```

运行结果如图 9.3、图 9.4 所示。

图 9.3　输出全部商品

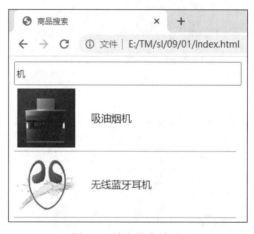

图 9.4　输出搜索结果

9.1.2　多行文本框

多行文本框也叫文本域。例如，应用 v-model 指令将文本域和定义的数据进行绑定。代码如下：

```
<div id="app">
    <textarea rows="6" v-model="text"></textarea>
    <p style="white-space:pre">{{text}}</p>
</div>
<script src="https://unpkg.com/vue@next"></script>
<script type="text/javascript">
    const vm = Vue.createApp({
        data(){
            return {
                text : '横看成岭侧成峰，'
            }
        }
    }).mount('#app');
</script>
```

运行程序，结果如图 9.5 所示。在文本域中输入多行文本，下面的内容也会随着变化，结果如图 9.6
所示。

图 9.5　页面初始效果

图 9.6　文本域的数据绑定

【例 9.2】统计输入的文章字数。（**实例位置：资源包\TM\sl\9\02**）

在添加文章的表单中，对用户输入的文章字数进行统计，在多行文本框右侧提示用户已经输入的
字数，代码如下：

```
<div id="app">
    <form id="form" name="form">
        <div class="title">添加文章</div>
        <div class="one">
            <label>文章标题：</label>
            <input name="title" id="title" type="text">
        </div>
        <div class="one">
            <label>文章内容：</label>
            <textarea cols="26" rows="6" v-model="message" @keyup="count"></textarea>
            <span>{{tips}}</span>
        </div>
        <div class="two">
            <input type="button" value="添加">
            <input type="reset" value="重置">
        </div>
    </form>
</div>
<script src="https://unpkg.com/vue@next"></script>
<script type="text/javascript">
    const vm = Vue.createApp({
        data(){
            return {
                message : '',
                tips : ''
            }
        },
        methods : {
            count : function(){
```

```
                            var len = this.message.length;
                            this.tips = "当前字数： " + len;
                    }
                }
        }).mount('#app');
</script>
```

运行结果如图 9.7 所示。

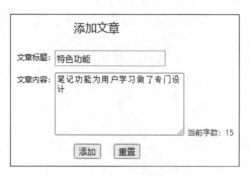

图 9.7　提示用户已经输入的字数

编程训练（答案位置：资源包\TM\sl\9\编程训练）

【训练 1】模拟自动取票机取票　某电影票的兑换码为 99632570063166，模拟自动取票机取票系统的功能，判断单行文本框中输入的兑换码是否正确。

【训练 2】限制用户输入字数　在填写人物信息的表单中，对用户输入的人物简介字数进行限制，在文本域右侧提示用户还可以输入的字数，如果达到规定的字数则限制用户的输入。

9.2　复选框绑定　

为复选框进行数据绑定有两种情况，一种是将数据绑定到单个复选框，另一种是将数据绑定到多个复选框。下面分别介绍这两种情况。

9.2.1　单个复选框

如果将数据绑定到单个复选框，那么应用 v-model 指令绑定的就是一个布尔值。示例代码如下：

```
<div id="app">
    <input type="checkbox" id="check" v-model="checked">
    <label for="check">是否选中： {{checked}}</label>
</div>
<script src="https://unpkg.com/vue@next"></script>
<script type="text/javascript">
    const vm = Vue.createApp({
        data(){
```

```
        return {
            checked : false                                        //默认不选中
        }
    }
}).mount('#app');
</script>
```

运行上述代码，当选中复选框时，应用 v-model 指令绑定的 checked 属性值为 true，否则该属性值为 false，而 label 元素中的值也会随之发生变化。结果如图 9.8、图 9.9 所示。

图 9.8　未选中复选框　　　　　　　　　　图 9.9　选中复选框

【例 9.3】切换注册按钮的状态。（**实例位置：资源包\TM\sl\9\03**）

用户在进行注册时，首先需要同意相关的注册协议，才能进一步实现注册。当用户未选中注册协议复选框时，"注册"按钮为禁用状态；当用户选中注册协议复选框时，"注册"按钮为启用状态。代码如下：

```
<style>
    .light{
        background-color: green;                                  /*设置背景颜色*/
        cursor:pointer;                                           /*设置鼠标光标形状*/
    }
    .dark{
        background-color: #BBBBBB;                                /*设置背景颜色*/
        cursor:auto;                                              /*设置鼠标光标形状为默认形状*/
    }
</style>
<div id="app">
    <div class="middle-box">
        <span>
            <a class="active">注册</a>
        </span>
        <form name="form" autocomplete="off">
            <div class="form-group">
                <label for="name">用户名：</label>
                <input id="name" type="text" class="form-control" placeholder="请输入用户名" >
            </div>
            <div class="form-group">
                <label for="password">密　码：</label>
                <input id="password" type="password" class="form-control" placeholder="请输入密码">
            </div>
            <div class="form-group">
                <label for="tel">手机号：</label>
```

```
                <input id="tel" type="text" class="form-control" placeholder="请输入手机号">
            </div>
            <div class="form-group">
                <label for="code">验证码：</label>
                <input id="code" type="text" class="form-control" placeholder="请输入验证码">
                <span class="tip">获取验证码</span>
            </div>
            <div class="form-group">
                <div class="agreement">
                    <input type="checkbox" v-model="isChecked" @click="check">阅读并同意
                    <a href="#">《注册协议》</a>
                </div>
            </div>
            <div>
                <button type="button" class="btn-primary" :class="styleObj" v-bind:disabled="isDisabled">
                    注　册
                </button>
            </div>
        </form>
    </div>
</div>
<script src="https://unpkg.com/vue@next"></script>
<script type="text/javascript">
    const vm = Vue.createApp({
        data(){
            return {
                isChecked : false,           //复选框默认不选中
                isDisabled : true,           //按钮默认禁用
                isLight : false,             //默认不使用按钮启用时的样式
                isDark : true                //默认使用按钮不启用时的样式
            }
        },
        methods : {
            check : function(){
                this.isChecked = !this.isChecked;
                this.isDisabled = !this.isDisabled;
                this.isLight = !this.isLight;
                this.isDark = !this.isDark;
            }
        },
        computed : {
            styleObj : function(){
                return {
                    light:this.isLight,
                    dark:this.isDark
                }
            }
        }
    }).mount('#app');
</script>
```

运行实例，默认状态下，注册协议复选框未被选中，"注册"按钮为禁用状态，结果如图 9.10 所示。选中注册协议复选框，"注册"按钮变为可用状态，结果如图 9.11 所示。

图 9.10　按钮不可用 　　　　　　　　　　图 9.11　按钮可用

9.2.2　多个复选框

如果将数据绑定到多个复选框，那么应用 v-model 指令绑定的就是一个数组。示例代码如下：

```
<div id="app">
        <p>请选择您喜欢的电影类型：</p>
        <input type="checkbox" id="action" value="动作片" v-model="like">
        <label for="action">动作片</label>
        <input type="checkbox" id="love" value="爱情片" v-model="like">
        <label for="love">爱情片</label>
        <input type="checkbox" id="gun" value="枪战片" v-model="like">
        <label for="gun">枪战片</label>
        <input type="checkbox" id="science" value="科幻片" v-model="like">
        <label for="science">科幻片</label>
        <input type="checkbox" id="comic" value="动漫" v-model="like">
        <label for="comic">动漫</label>
        <p>您喜欢的电影类型：{{like}}</p>
</div>
<script src="https://unpkg.com/vue@next"></script>
<script type="text/javascript">
        const vm = Vue.createApp({
            data(){
                return {
                    like : []
                }
            }
        }).mount('#app');
</script>
```

上述代码中，应用 v-model 指令将多个复选框和同一个数组 like 进行绑定，当选中某个复选框时，该复选框的 value 属性值会存入 like 数组中。当取消选中某个复选框时，该复选框的值会从 like 数组中移除。运行结果如图 9.12 所示。

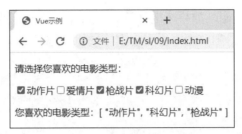

图 9.12　输出选中的复选框

9.3　单选按钮绑定

本节介绍将单选按钮和定义的数据进行绑定。当某个单选按钮被选中时，v-model 绑定的属性值会被赋值为该单选按钮的 value 属性值。示例代码如下：

```
<div id="app">
    请选择性别：
    <input type="radio" id="male" value="男" v-model="sex">
    <label for="male">男</label>
    <input type="radio" id="female" value="女" v-model="sex">
    <label for="female">女</label>
    <p>你的性别：{{sex}}</p>
</div>
<script src="https://unpkg.com/vue@next"></script>
<script type="text/javascript">
    const vm = Vue.createApp({
        data(){
            return {
                sex : "
            }
        }
    }).mount('#app');
</script>
```

运行结果如图 9.13 所示。

图 9.13　输出选中的单选按钮的值

125

【例 9.4】 应用单选按钮实现选择题。（**实例位置：资源包\TM\sl\9\04**）

应用单选按钮实现一个选择题。如果未选择答案，则直接单击"提交答案"按钮时提示"请选择答案"，如果选择的选项不正确，则单击"提交答案"按钮时提示"答案不正确"，否则提示"答案正确"。代码如下：

```
<div id="app">
    <form name="myform">
        电影《变相怪杰》的主演是谁？
        <p>
            <input type="radio" v-model="star" value="布拉德·皮特">布拉德·皮特
            <input type="radio" v-model="star" value="亚当·桑德勒">亚当·桑德勒
            <input type="radio" v-model="star" value="金·凯瑞">金·凯瑞
            <input type="radio" v-model="star" value="杰夫·丹尼尔斯">杰夫·丹尼尔斯
        </p>
        <input type="button" value="提交答案" v-on:click="show">
    </form><br>
    <div>{{message}}</div>
</div>
<script src="https://unpkg.com/vue@next"></script>
<script type="text/javascript">
    const vm = Vue.createApp({
        data(){
            return {
                star : '',
                message : ''
            }
        },
        methods : {
            show(){
                if(this.star === ''){
                    this.message = '请选择答案！';
                }else if(this.star === '金·凯瑞'){
                    this.message = '答案正确！';
                }else{
                    this.message = '答案不正确！';
                }
            }
        }
    }).mount('#app');
</script>
```

运行结果如图 9.14 所示。

图 9.14　通过单选按钮选择答案

编程训练（答案位置：资源包\TM\sl\9\编程训练）

【训练 3】模拟查询话费流量的功能　在页面中定义两个单选按钮"查话费"和"查流量"，通过选中不同的单选按钮来进行不同的查询。

【训练 4】输出选择的季节　通过单选按钮选择你喜欢的季节，并在下方显示选择的结果。

9.4　下拉列表框绑定

下拉菜单和复选框一样也分为单选和多选两种，所以应用 v-model 指令将数据绑定到下拉菜单也分为两种不同的情况，下面分别介绍这两种情况。

9.4.1　单选列表框

在只提供单选的下拉菜单中，当选择某个选项时，如果为该选项设置了 value 值，则 v-model 绑定的属性值会被赋值为该选项的 value 值；如果未设置 value 值，则 v-model 绑定的属性值会被赋值为显示在该选项中的文本。示例代码如下：

```
<div id="app">
    <label for="book">请选择书籍类型：</label>
    <select id="book" v-model="booktype">
        <option value="">请选择</option>
        <option>文学小说</option>
        <option>教育培训</option>
        <option>人文社科</option>
        <option>学习用书</option>
        <option>少儿童书</option>
    </select>
    <p>书籍类型：{{booktype}}</p>
</div>
<script src="https://unpkg.com/vue@next"></script>
<script type="text/javascript">
    const vm = Vue.createApp({
        data(){
            return {
                booktype : ''
            }
        }
    }).mount('#app');
</script>
```

运行结果如图 9.15 所示。

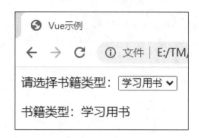

图 9.15　输出选择的选项

有时需要通过 v-for 指令动态地生成下拉菜单中的 option 选项，再应用 v-model 指令对生成的下拉菜单进行绑定。示例代码如下：

```
<div id="app">
    <p>诗句"忽如一夜春风来，千树万树梨花开。"描写的是哪个季节的景色？</p>
    <select v-model="answer" v-on:change="select">
        <option value="">请选择答案</option>
        <option v-for="item in items" :value="item.value">{{item.text}}</option>
    </select>
    <p v-if="isshow">您的答案：{{answer}}，答案{{result}}</p>
</div>
<script src="https://unpkg.com/vue@next"></script>
<script type="text/javascript">
    const vm = Vue.createApp({
        data(){
            return {
                answer : '',
                items : [
                    { text : 'A：春天', value : 'A' },
                    { text : 'B：夏天', value : 'B' },
                    { text : 'C：秋天', value : 'C' },
                    { text : 'D：冬天', value : 'D' }
                ],
                isshow : false,
                result : ''
            }
        },
        methods : {
            select : function(){
                this.isshow = this.answer !== ''  ? true : false;
                this.result = this.answer === 'D'  ? '正确' : '不正确';
            }
        }
    }).mount('#app');
</script>
```

运行结果如图 9.16 所示。

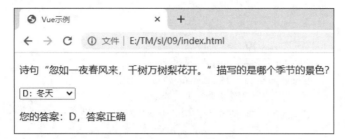

图 9.16　输出选择的选项的值

【例 9.5】更换页面主题。（实例位置：**资源包\TM\sl\9\05**）

设置一个选择页面主题的下拉菜单，当选择某个选项时可以更换主题，实现文档的背景色和文本颜色变换的功能。代码如下：

```
<div id="app">
    <form name="form">
        <select v-model="theme" @change="changeTheme">
            <option v-for="item in items" :value="item.value">{{item.text}}</option>
        </select>
    </form>
    <div class="top">
        苏轼《题西林壁》
    </div>
    <div class="content">
        横看成岭侧成峰，
        远近高低各不同。
        不识庐山真面目，
        只缘身在此山中。
    </div>
</div>
<script src="https://unpkg.com/vue@next"></script>
<script type="text/javascript">
    const vm = Vue.createApp({
        data(){
            return {
                theme : '',
                items : [                                    //下拉菜单选项数组
                    {value : '',text : '请选择主题'},
                    {value : 'black',text : '黑色主题'},
                    {value : 'blue',text : '蓝色主题'},
                    {value : 'green',text : '绿色主题'}
                ],
                themeArr : [                                 //主题数组
                    {bgcolor : '',color : ''},
                    {bgcolor : 'black',color : 'yellow'},
                    {bgcolor : 'blue',color : 'orange'},
                    {bgcolor : 'green',color : 'white'}
                ]
            }
        }
```

```
        },
        methods : {
            changeTheme : function(){
                for(var i=0; i<this.items.length; i++){
                    if(this.theme === this.items[i].value){
                        //设置页面背景颜色
                        document.body.style.backgroundColor = this.themeArr[i].bgcolor;
                        //设置文本颜色
                        document.body.style.color = this.themeArr[i].color;
                    }
                }
            }
        }
    }).mount('#app');
</script>
```

运行结果如图 9.17 和图 9.18 所示。

图 9.17　页面初始效果　　　　　　　　　　图 9.18　绿色主题效果

9.4.2　多选列表框

如果为 select 元素设置了 multiple 属性，那么菜单中的选项就可以进行多选。在进行多选时，应用 v-model 指令绑定的属性值是一个数组。示例代码如下：

```
<div id="app">
    <p>请选择课程：</p>
    <select v-model="course" multiple="multiple" size="6">
        <option>高等数学</option>
        <option>计算机基础</option>
        <option>自动控制</option>
        <option>传感器</option>
        <option>机械制图</option>
        <option>数据库设计</option>
    </select>
    <p>选择的类型：{{course}}</p>
```

```
</div>
<script src="https://unpkg.com/vue@next"></script>
<script type="text/javascript">
    const vm = Vue.createApp({
        data(){
            return {
                course : []
            }
        }
    }).mount('#app');
</script>
```

上述代码中，应用 v-model 指令将 select 元素绑定到数组 course，当选择某个选项时，该选项中的文本会存入 course 数组中。当取消选择某个选项时，该选项中的文本会从 course 数组中移除。运行结果如图 9.19 所示。

图 9.19　输出选择的多个选项

【例 9.6】选择电器种类。（**实例位置：资源包\TM\sl\9\06**）

制作一个简单的选择电器种类的程序，用户可以在"可选电器种类"列表框和"已选电器种类"列表框之间进行选项的移动。代码如下：

```
<div id="app">
    <div class="left">
        <span>可选电器种类</span>
        <select size="6" multiple="multiple" v-model="appliance">
            <option v-for="value in appliancelist" :value="value">{{value}}</option>
        </select>
    </div>
    <div class="middle">
        <input type="button" value=">>" v-on:click="toMyappliance">
        <input type="button" value="<<" v-on:click="toappliance">
    </div>
    <div class="right">
        <span>已选电器种类</span>
        <select size="6" multiple="multiple" v-model="myappliance">
            <option v-for="value in myappliancelist" :value="value">{{value}}</option>
        </select>
    </div>
</div>
```

```
<script src="https://unpkg.com/vue@next"></script>
<script type="text/javascript">
    const vm = Vue.createApp({
        data(){
            return {
                appliancelist : ['电视','空调','洗衣机','冰箱','厨卫大电','厨房小电'],    //所有电器种类列表
                myappliancelist : [],                                   //已选电器种类列表
                appliance : [],                                          //可选电器种类列表选中的选项
                myappliance : []                                         //已选电器种类列表选中的选项
            }
        },
        methods: {
            toMyappliance : function(){
                for(var i = 0; i < this.appliance.length; i++){
                    this.myappliancelist.push(this.appliance[i]);                       //添加到已选电器种类列表
                    var index = this.appliancelist.indexOf(this.appliance[i]);           //获取选项索引
                    this.appliancelist.splice(index,1);                                  //从可选电器种类列表移除
                }
                this.appliance = [];
            },
            toappliance : function(){
                for(var i = 0; i < this.myappliance.length; i++){
                    this.appliancelist.push(this.myappliance[i]);                        //添加到可选电器种类列表
                    var index = this.myappliancelist.indexOf(this.myappliance[i]);//获取选项索引
                    this.myappliancelist.splice(index,1);                                //从已选电器种类列表移除
                }
                this.myappliance = [];
            }
        }
    }).mount('#app');
</script>
```

运行结果如图 9.20 所示。

图 9.20　用户选择电器种类

编程训练（答案位置：资源包\TM\sl\9\编程训练）

【训练 5】 选择学历　在页面中定义一个用于选择学历的单选列表框，在下方显示选择的学历。

【训练 6】 选择音乐类型　将不同的音乐类型定义在多选列表框中，并在下方显示选择的音乐类型。

9.5　值　绑　定

通常情况下，对于单选按钮、复选框以及下拉菜单中的选项，v-model 绑定的值通常是静态字符串（单个复选框是布尔值）。但有时需要把值绑定到 Vue 实例的一个动态属性上，这时可以应用 v-bind 来实现，并且该属性值可以不是字符串，例如它可以是数值、对象、数组等。下面介绍在单选按钮、复选框以及下拉菜单中如何将值绑定到一个动态属性上。

9.5.1　单选按钮

例如，页面中有两个用来选择是否喜欢旅游的单选按钮，将单选按钮的值绑定到一个动态属性上。代码如下：

```
<div id="app">
    <p>你喜欢旅游吗？</p>
    <input type="radio" id="is" :value="items.is" v-model="like">
    <label for="is">喜欢</label>
    <input type="radio" id="no" :value="items.no" v-model="like">
    <label for="no">不喜欢</label>
    <p>你选择的是：{{like}}</p>
</div>
<script src="https://unpkg.com/vue@next"></script>
<script type="text/javascript">
    const vm = Vue.createApp({
        data(){
            return {
                like : '',
                items : { is : '喜欢', no : '不喜欢' }
            }
        }
    }).mount('#app');
</script>
```

运行结果如图 9.21 所示。

图 9.21　输出选中的单选按钮的值

9.5.2 复选框

在单个复选框中，应用 true-value 和 false-value 属性可以将复选框的值绑定到动态属性上。示例代码如下：

```
<div id="app">
    <input type="checkbox" id="check" v-model="toggle" :true-value="yes" :false-value="no">
    <label for="check">{{toggle}}</label>
</div>
<script src="https://unpkg.com/vue@next"></script>
<script type="text/javascript">
    const vm = Vue.createApp({
        data(){
            return {
                toggle : '',
                yes : '复选框被选中',
                no : '复选框未被选中'
            }
        }
    }).mount('#app');
</script>
```

运行结果如图 9.22 所示。

图 9.22　输出当前选中状态

在多个复选框中，将复选框的值绑定到动态属性上需要使用 v-bind 指令。例如，通过复选框选择酒店类型，选择后输出选中的选项。代码如下：

```
<div id="app">
    <p>请选择你喜欢的酒店类型：</p>
    <input type="checkbox" :value="hotels[0]" v-model="hotel">
    <label>{{hotels[0]}}</label>
    <input type="checkbox" :value="hotels[1]" v-model="hotel">
    <label>{{hotels[1]}}</label>
    <input type="checkbox" :value="hotels[2]" v-model="hotel">
    <label>{{hotels[2]}}</label>
    <input type="checkbox" :value="hotels[3]" v-model="hotel">
    <label>{{hotels[3]}}</label>
    <input type="checkbox" :value="hotels[4]" v-model="hotel">
    <label>{{hotels[4]}}</label>
    <input type="checkbox" :value="hotels[5]" v-model="hotel">
    <label>{{hotels[5]}}</label>
```

```
    <p>选择的酒店类型：{{hotel.join('、')}}</p>
</div>
<script src="https://unpkg.com/vue@next"></script>
<script type="text/javascript">
    const vm = Vue.createApp({
        data(){
            return {
                hotels : ['商务型酒店','主题酒店','连锁品牌','酒店式公寓','家庭旅馆','客栈'],
                hotel : []
            }
        }
    }).mount('#app');
</script>
```

运行结果如图 9.23 所示。

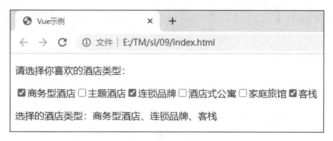

图 9.23 输出选中的选项

9.5.3 下拉列表框

例如，定义一个用来选择音乐类型的下拉菜单，在下拉菜单中将值绑定到一个动态属性上。代码如下：

```
<div id="app">
    <span>请选择音乐类型：</span>
    <select v-model="type">
        <option :value="types[0]">{{types[0]}}</option>
        <option :value="types[1]">{{types[1]}}</option>
        <option :value="types[2]">{{types[2]}}</option>
        <option :value="types[3]">{{types[3]}}</option>
    </select>
    <p>选择的音乐类型：{{type}}</p>
</div>
<script src="https://unpkg.com/vue@next"></script>
<script type="text/javascript">
    const vm = Vue.createApp({
        data(){
            return {
                types : ['流行音乐','民族音乐','摇滚音乐','古典音乐'],
                type : '流行音乐'
            }
        }
    }).mount('#app');
</script>
```

运行结果如图 9.24 所示。

图 9.24 输出选择的选项

9.6 修饰符的使用

Vue.js 为 v-model 指令提供了一些修饰符，通过这些修饰符可以处理某些常规操作。这些修饰符的说明如下。

9.6.1 lazy

默认情况下，应用 v-model 指令将文本框的值与数据进行同步时使用的是 input 事件。如果添加了 lazy 修饰符，就可以转变为使用 change 事件进行同步。示例代码如下：

```html
<div id="app">
    <input v-model.lazy="message" placeholder="请输入内容">
    <p>{{message}}</p>
</div>
<script src="https://unpkg.com/vue@next"></script>
<script type="text/javascript">
    const vm = Vue.createApp({
        data(){
            return {
                message : ''
            }
        }
    }).mount('#app');
</script>
```

运行上述代码，当触发文本框的 change 事件后，才会使输出的内容和文本框中输入的内容同步。运行结果如图 9.25 所示。

图 9.25 输出文本框中的输入内容

9.6.2　number

通过在 v-model 指令中使用 number 修饰符，可以自动将用户输入的内容转换为数值类型。如果转换结果为 NaN，则返回用户输入的原始值。示例代码如下：

```
<div id="app">
    <input v-model.number="message" placeholder="请输入内容">
    <p>{{message}}</p>
</div>
<script src="https://unpkg.com/vue@next"></script>
<script type="text/javascript">
    const vm = Vue.createApp({
        data(){
            return {
                message : ''
            }
        }
    }).mount('#app');
</script>
```

运行结果如图 9.26 所示。

图 9.26　输出转换后的数值

9.6.3　trim

通过为 v-model 指令添加 trim 修饰符可以自动过滤用户输入的字符串的首尾空格。示例代码如下：

```
<div id="app">
    <input v-model.trim="message" placeholder="请输入内容">
    <p>{{message}}</p>
</div>
<script src="https://unpkg.com/vue@next"></script>
<script type="text/javascript">
    const vm = Vue.createApp({
        data(){
            return {
                message : ''
            }
        }
    }).mount('#app');
</script>
```

运行结果如图 9.27 所示。

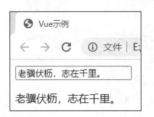

图 9.27　过滤字符串首尾空格

9.7　实践与练习

（答案位置：资源包\TM\sl\9\实践与练习）

综合练习 1：省市区三级联动菜单　在页面中制作一个省、市、区三级联动的下拉菜单，根据选择的省份显示对应的城市下拉菜单，根据选择的城市显示对应的区域下拉菜单。运行结果如图 9.28 所示。

图 9.28　省市区三级联动菜单

综合练习 2：实现复选框的全选、反选和全不选操作　在页面中应用复选框来添加球类运动选项，并添加"全选""反选"和"全不选"按钮，实现复选框的全选、反选和全不选操作。运行结果如图 9.29 所示。

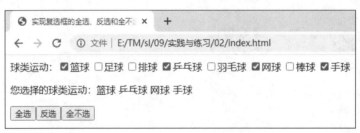

图 9.29　复选框的全选、反选和全不选

第 10 章

自定义指令

Vue.js 提供的内置指令很多，如 v-for、v-if、v-model 等。由于这些指令都偏向于工具化，而有些时候在实现具体的业务逻辑时，应用这些内置指令并不能实现某些特定的功能，因此 Vue.js 也允许用户注册自定义指令，以便于对 DOM 元素的重复处理，提高代码的复用性。本章主要介绍 Vue.js 中自定义指令的注册和使用。

本章知识架构及重难点如下。

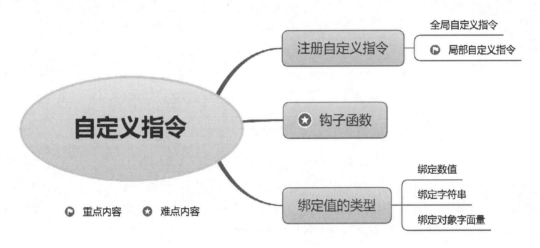

10.1　注册自定义指令

Vue.js 提供了可以注册自定义指令的方法，通过不同的方法可以注册全局自定义指令和局部自定义指令。下面分别进行介绍。

10.1.1　全局自定义指令

通过应用程序实例的 directive()方法可以注册一个全局自定义指令。该方法可以接收两个参数：指令 ID 和定义对象。指令 ID 是指令的唯一标识，定义对象是定义的指令的钩子函数。

例如，注册一个全局自定义指令，通过该指令实现页面加载后输入框获得焦点时选中输入框的全部内容。示例代码如下：

```
<div id="app">
    请输入内容： <input v-select>
</div>
<script src="https://unpkg.com/vue@next"></script>
<script type="text/javascript">
    const vm = Vue.createApp({});
    vm.directive('select', {
        //当被绑定的元素挂载到 DOM 中时执行
        mounted: function(el){
            //元素获得焦点时内容全部选中
            el.onfocus = function(){
                el.select();
            }
        }
    })
    vm.mount('#app');
</script>
```

运行结果如图 10.1 所示。

图 10.1　输入框获得焦点时选中输入框的全部内容

上述代码中，select 是自定义指令 ID，不包括 v-前缀，mounted 是指令定义对象中的钩子函数。该钩子函数表示，当被绑定元素挂载到 DOM 中且元素获得焦点时，选中元素的全部内容。在注册全局指令后，在被绑定元素中应用该指令即可实现相应的功能。

说明

关于指令定义对象中钩子函数的详细介绍请参考本章 10.2 节。

10.1.2　局部自定义指令

通过组件实例中的 directives 选项可以注册一个局部自定义指令。例如，注册一个局部自定义指令，通过该指令实现为元素添加样式的功能。示例代码如下：

```
<style>
    .demo{
        width: 300px;                              /*设置宽度*/
        height:100px;                              /*设置高度*/
        line-height:100px;                         /*设置行高*/
        text-align: center;                        /*设置文本居中显示*/
        background-color: gray;                    /*设置背景颜色*/
```

```
                font-size: 30px;                              /*设置文字大小*/
                color: white;                                 /*设置文字颜色*/
                border: 3px solid blue;                       /*设置边框*/
        }
</style>
<div id="app">
        <div v-add-style="demo">
            坚持不懈
        </div>
</div>
<script src="https://unpkg.com/vue@next"></script>
<script type="text/javascript">
        const vm = Vue.createApp({
                data(){
                        return {
                                demo: 'demo'
                        }
                },
                directives: {
                        addStyle: {
                                mounted: function (el,binding) {
                                        el.className = binding.value;
                                }
                        }
                }
        }).mount('#app');
</script>
```

运行结果如图 10.2 所示。

图 10.2　为文字添加样式

上述代码中，在注册自定义指令时采用了小驼峰命名的方式，将自定义指令 ID 定义为 addStyle，而在元素中应用指令时的写法为 v-add-style。在为自定义指令命名时建议采用小驼峰命名的方式。

10.2　钩子函数

在注册指令的时候，可以传入定义对象，对指令赋予一些特殊的功能。一个指令定义对象可以提供的钩子函数如表 10.1 所示。

表 10.1　钩子函数

钩 子 函 数	说　　　明
beforeMount	在指令第一次绑定到元素并且在挂载到 DOM 之前调用时，用这个钩子函数可以定义一个在绑定时执行一次的初始化设置
mounted	在被绑定元素挂载到 DOM 时调用
beforeUpdate	在指令所在组件的 VNode 更新之前调用
updated	在指令所在组件的 VNode 及其子组件的 VNode 全部更新后调用
beforeUnmount	在绑定元素的父组件卸载之前调用
unmounted	只调用一次，在指令从元素上解绑且父组件已卸载时调用

这些钩子函数都是可选的。每个钩子函数都可以传入 el、binding 和 vnode 三个参数，beforeUpdate 和 updated 钩子函数还可以传入 oldVnode 参数。这些参数的说明如下：

☑　el：指令所绑定的元素，可以用来直接操作 DOM。

☑　binding：一个对象，包含的属性如表 10.2 所示。

表 10.2　binding 参数对象包含的属性

属　　　性	说　　　明
instance	使用指令的组件的实例
value	指令的绑定值，例如：v-my-directive="10"，value 的值是 10
oldValue	指令绑定的前一个值，仅在 beforeUpdate 和 updated 钩子函数中可用。无论值是否改变都可用
dir	注册指令时作为参数传递的对象
arg	传给指令的参数。例如：v-my-directive:tag, arg 的值是"tag"
modifiers	一个包含修饰符的对象。例如：v-my-directive.tag.bar,修饰符对象 modifiers 的值是 { tag: true, bar: true }

☑　vnode：Vue 编译生成的虚拟节点。

☑　oldVnode：上一个虚拟节点，仅在 beforeUpdate 和 updated 钩子函数中可用。

注意

　除了 el 参数，其他参数都应该是只读的，切勿进行修改。

通过下面这个示例，可以更直观地了解钩子函数的参数和相关属性的使用。代码如下：

```
<div id="app">
    <div v-demo:flag.m.n="message"></div>
</div>
<script src="https://unpkg.com/vue@next"></script>
<script type="text/javascript">
    const vm = Vue.createApp({
        data(){
            return {
                message: '天才出于勤奋'
            }
        }
```

```
    });
    vm.directive('demo', {
        mounted: function (el, binding, vnode) {
        el.innerHTML =
                'instance: '    + JSON.stringify(binding.instance) + '<br>' +
                'value: '       + binding.value + '<br>' +
                'argument: '    + binding.arg + '<br>' +
                'modifiers: '   + JSON.stringify(binding.modifiers) + '<br>' +
                'vnode keys: ' + Object.keys(vnode).join(', ')
        }
    })
    vm.mount('#app');
</script>
```

运行结果如图 10.3 所示。

```
instance: {"message":"天才出于勤奋"}
value: 天才出于勤奋
argument: flag
modifiers: {"m":true,"n":true}
vnode keys: __v_isVNode, __v_skip, type, props, key, ref,
scopeId, slotScopeIds, children, component, suspense,
ssContent, ssFallback, dirs, transition, el, anchor, target,
targetAnchor, staticCount, shapeFlag, patchFlag,
dynamicProps, dynamicChildren, appContext
```

图 10.3　输出结果

【例 10.1】设置图片宽度。（**实例位置：资源包\TM\sl\10\01**）

在页面中定义一张图片和一个文本框，在文本框中输入表示图片宽度的数字，实现为图片设置宽度的功能。代码如下：

```
<div id="app">
    图片宽度：<input type="text" v-model="width">
    <p>
        <img src="rabbit.jpg" v-set-width="width">
    </p>
</div>
<script src="https://unpkg.com/vue@next"></script>
<script type="text/javascript">
    const vm = Vue.createApp({
        data(){
            return {
                width: ''
            }
        },
        directives: {
            setWidth: {
                updated: function (el,binding) {
                    el.style.width = binding.value + 'px';      //设置图片宽度
                }
            }
        }
```

```
}).mount('#app');
</script>
```

运行结果如图 10.4 所示。

图 10.4　为图片设置宽度

有些时候，可能只需要使用 mounted 和 updated 钩子函数，这时可以直接传入一个函数代替定义对象。示例代码如下：

```
vm.directive('set-bgcolor', function (el, binding) {
    el.style.backgroundColor = binding.value;
})
```

【例 10.2】为文字设置样式。（实例位置：资源包\TM\sl\10\02）

在页面中定义两个下拉菜单和一行文字，通过第一个下拉菜单为文字设置大小，通过第二个下拉菜单为文字设置颜色，代码如下：

```
<div id="app">
    文字大小：<select v-model="obj.size">
        <option value="">请选择</option>
        <option value="20px">20px</option>
        <option value="30px">30px</option>
        <option value="40px">40px</option>
    </select>
    文字颜色：<select v-model="obj.color">
        <option value="">请选择</option>
        <option value="red">红色</option>
        <option value="green">绿色</option>
        <option value="blue">蓝色</option>
    </select>
    <p v-font-style="obj">宝剑锋从磨砺出，梅花香自苦寒来。</p>
</div>
```

```
<script src="https://unpkg.com/vue@next"></script>
<script type="text/javascript">
    const vm = Vue.createApp({
        data(){
            return {
                obj: {
                    size: ",
                    color: "
                }
            }
        },
        directives: {
            fontStyle: function(el,binding){
                el.style.fontSize = binding.value.size;        //设置文字大小
                el.style.color = binding.value.color;          //设置文字颜色
            }
        }
    }).mount('#app');
</script>
```

运行结果如图 10.5 所示。

图 10.5　设置文字样式

编程训练（答案位置：资源包\TM\sl\10\编程训练）

【训练 1】为图片设置不透明度　在页面中定义一张图片和一个文本框，在文本框中输入表示图片不透明度的浮点数，实现为图片设置不透明度的功能。

【训练 2】通过单选按钮设置文字大小　在页面中定义一组单选按钮和一行文字，通过选中的单选按钮实现设置文字大小的功能。

10.3　绑定值的类型

自定义指令的绑定值可以是 data 中的属性，还可以是任意合法的 JavaScript 表达式，如数值、字符串、对象字面量等。下面分别进行介绍。

10.3.1　绑定数值

自定义指令的绑定值可以是一个数值。例如，注册一个自定义指令，通过该指令设置定位元素的顶部位置，将该指令的绑定值设置为一个数值，该数值即为被绑定元素的顶部位置。示例代码如下：

```
<div id="app">
    <span v-set-position="100">
            先相信自己，然后别人才会相信你。
    </span>
</div>
<script src="https://unpkg.com/vue@next"></script>
<script type="text/javascript">
    const vm = Vue.createApp({
        directives: {
                setPosition: function (el,binding) {
                        el.style.position = 'fixed';
                        el.style.top = binding.value + 'px';
                }
        }
    }).mount('#app');
</script>
```

运行结果如图 10.6 所示。

图 10.6　设置文本的顶部位置

10.3.2　绑定字符串

自定义指令的绑定值可以是一个字符串。将绑定值设置为字符串需要使用单引号。例如，注册一个自定义指令，通过该指令设置文字的粗细为粗体，将该指令的绑定值设置为字符串'bold'，该字符串即为被绑定元素设置的样式。示例代码如下：

```
<div id="app">
    <p v-set-style="'bold'">
            敏而好学，不耻下问。
    </p>
</div>
<script src="https://unpkg.com/vue@next"></script>
<script type="text/javascript">
    const vm = Vue.createApp({
        directives: {
                setStyle: function (el,binding) {
```

```
                el.style.fontWeight = binding.value;                    //设置文字粗细
            }
        }
    }).mount('#app');
</script>
```

运行结果如图 10.7 所示。

图 10.7　设置文字为粗体

10.3.3　绑定对象字面量

自定义指令的绑定值可以是一个 JavaScript 对象字面量。如果指令需要多个值，就可以使用这种形式。注意，此时对象字面量不需要使用单引号引起来。例如，注册一个自定义指令，通过该指令设置文本的大小、颜色和粗细，将该指令的绑定值设置为对象字面量。示例代码如下：

```
<div id="app">
    <p v-set-style="{size : 20, color : 'blue', weight : 'bold'}">
        读书破万卷，下笔如有神。
    </p>
</div>
<script src="https://unpkg.com/vue@next"></script>
<script type="text/javascript">
    const vm = Vue.createApp({
        directives: {
            setStyle: function (el,binding) {
                el.style.fontSize = binding.value.size + 'px';          //设置文字大小
                el.style.color = binding.value.color;                   //设置文字颜色
                el.style.fontWeight = binding.value.weight;             //设置文字粗细
            }
        }
    }).mount('#app');
</script>
```

运行结果如图 10.8 所示。

图 10.8　设置文本样式

10.4 实践与练习

（答案位置：资源包\TM\sl\10\实践与练习）

综合练习 1：实现元素的随意拖动　页面中有一张图片。在图片上应用自定义指令，在图片上按下鼠标后可以将图片拖动到页面中的任何位置，实现随意拖动元素的效果。运行结果如图 10.9 所示。

图 10.9　实现元素的随意拖动

综合练习 2：为图片设置边框　在页面中定义一张图片和一个文本框，在文本框中输入表示图片边框宽度的数字，实现为图片设置边框的功能。运行结果如图 10.10 所示。

图 10.10　为图片设置边框

第 11 章

组　　件

组件（component）是 Vue.js 最强大的功能之一。通过开发组件可以封装可复用的代码，将封装好的代码注册成标签，扩展 HTML 元素的功能。几乎任意类型应用的界面都可以抽象为一个组件树，而组件树可以用独立可复用的组件来构建。本章主要讲解 Vue.js 中的组件化开发。

本章知识架构及重难点如下。

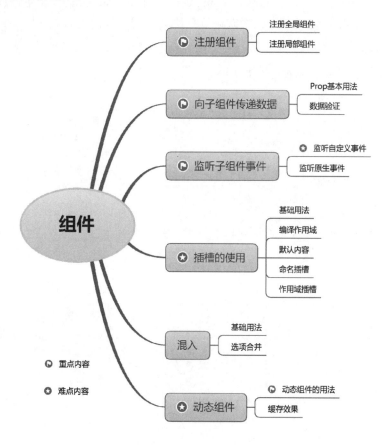

11.1　注 册 组 件

在使用组件之前需要将组件注册到应用中。Vue.js 提供了两种注册方式，分别是全局注册和局部注册，下面分别进行介绍。

11.1.1 注册全局组件

全局注册的组件也叫全局组件。注册一个全局组件的语法格式如下：

```
vm.component(tagName, options)
```

两个参数的说明如下：

☑ tagName：表示定义的组件名称。对于组件的命名，建议遵循 W3C 规范中的自定义组件命名方式，即字母全部小写并包含一个连字符 "-"。

☑ options：该参数表示组件的选项对象。因为组件是可复用的 Vue 实例，所以它们与一个 Vue 实例一样接收相同的选项，如 data、computed、watch、methods 以及生命周期钩子等。

在注册组件后，组件以自定义元素的形式进行使用。使用组件的方式如下：

```
<tagName></tagName>
```

例如，注册一个简单的全局组件。代码如下：

```
<div id="app">
    <demo></demo>
</div>
<script src="https://unpkg.com/vue@next"></script>
<script type="text/javascript">
    const vm = Vue.createApp({});
    //注册全局组件
    vm.component('demo', {
    template : '<h2>一寸光阴一寸金</h2>'
    });
    vm.mount('#app');
</script>
```

运行结果如图 11.1 所示。

图 11.1 输出全局组件

说明

template 选项用于定义组件的模板（组件的内容）。在使用组件时，组件所在位置将被替换为 template 选项的内容。

组件的模板只能有一个根元素。如果模板内容有多个元素，可以将模板的内容包含在一个父元素内。示例代码如下：

```
<div id="app">
    <demo></demo>
</div>
<script src="https://unpkg.com/vue@next"></script>
<script type="text/javascript">
    const vm = Vue.createApp({});
    //注册全局组件
    vm.component('demo', {
        template : `<div>
                <p>春晓</p>
                <div>春眠不觉晓，</div>
                <div>处处闻啼鸟。</div>
                <div>夜来风雨声，</div>
                <div>花落知多少。</div>
            </div>`
    });
    vm.mount('#app');
</script>
```

运行结果如图 11.2 所示。

图 11.2　输出模板中多个元素

在组件的选项对象中可以使用 data 选项定义数据。示例代码如下：

```
<div id="app">
    <count-button></count-button>
    <count-button></count-button>
    <count-button></count-button>
</div>
<script src="https://unpkg.com/vue@next"></script>
<script type="text/javascript">
    const vm = Vue.createApp({});
    //注册全局组件
    vm.component('count-button', {
        data(){
            return {
                count : 0
```

```
        }
    },
    template : '<button v-on:click="count++">{{count}}</button>'
    });
    vm.mount('#app');
</script>
```

上述代码中定义了 3 个相同的按钮组件。当单击某个按钮时，每个组件会各自独立维护其 count 属性，因此单击一个按钮时其他组件不会受到影响。运行结果如图 11.3 所示。

图 11.3　输出单击按钮的次数

11.1.2　注册局部组件

通过 Vue 实例中的 components 选项可以注册一个局部组件。对于 components 对象中的每个属性来说，其属性名就是定义组件的名称，其属性值就是这个组件的选项对象。例如，注册一个简单的局部组件。示例代码如下：

```
<div id="app">
    <demo></demo>
</div>
<script src="https://unpkg.com/vue@next"></script>
<script type="text/javascript">
    const vm = Vue.createApp({
        //注册局部组件
        components : {
            'demo' : {
                template : '<h2>寸金难买寸光阴</h2>'
            }
        }
    }).mount('#app');
</script>
```

运行结果如图 11.4 所示。

图 11.4　输出局部注册的组件

　　局部注册的组件只能在其父组件中使用，而无法在其他组件中使用。例如，有两个局部组件 componentA 和 componentB，如果希望 componentA 在 componentB 中可用，则需要将 componentA 定义在 componentB 的 components 选项中。示例代码如下：

```
<div id="app">
    <parent></parent>
</div>
<script src="https://unpkg.com/vue@next"></script>
<script type="text/javascript">
    var Child = {
        template : '<h2>坚持是成功的终点</h2>'
    }
    var Parent = {
        template : `<div>
            <h2>相信是成功的起点</h2>
            <child></child>
        </div>`,
        components : {
            'child' : Child
        }
    }
    const vm = Vue.createApp({
        //注册局部组件
        components : {
            'parent' : Parent
        }
    }).mount('#app');
</script>
```

运行结果如图 11.5 所示。

图 11.5　输出注册的父组件和子组件

11.2　向子组件传递数据

11.2.1　Prop 基本用法

　　由于组件实例的作用域是孤立的，因此子组件的模板无法直接引用父组件的数据。如果想要在父子组件之间传递数据，就需要定义 Prop。Prop 是父组件用来传递数据的一个自定义属性，这样的属性需要定义在组件选项对象的 props 选项中。通过 props 选项中定义的属性可以将父组件的数据传递给子组件，而子组件需要显式地用 props 选项来声明 Prop。

1．传递静态数据

使用 Prop 可以传递一个常量值，它是一个静态数据。示例代码如下：

```
<div id="app">
    <demo text="自我控制是最强者的本能"></demo>
</div>
<script src="https://unpkg.com/vue@next"></script>
<script type="text/javascript">
    const vm = Vue.createApp({
        //注册局部组件
        components : {
            'demo': {
                props : ['text'],                          //传递 Prop
                template : '<h3>{{text}}</h3>'
            }
        }
    }).mount('#app');
</script>
```

运行结果如图 11.6 所示。

图 11.6　输出传递的静态数据

说明

　　一个组件默认可以拥有任意数量的 Prop，任何值都可以传递给 Prop。

2．Prop 的书写规则

　　由于 HTML 中的属性是不区分大小写的，因此浏览器会把所有大写字符解释为小写字符。如果在调用组件时使用了小驼峰式命名的属性，那么在 props 中的命名需要全部小写。示例代码如下：

```
<div id="app">
    <demo myText="要向大目标走去，就得从小目标开始。"></demo>
</div>
<script src="https://unpkg.com/vue@next"></script>
<script type="text/javascript">
    const vm = Vue.createApp({
        //注册局部组件
```

```
        components : {
            'demo': {
                props : ['mytext'],                          //名称小写
                template : '<h3>{{mytext}}</h3>'
            }
        }
    }).mount('#app');
</script>
```

运行结果如图 11.7 所示。

图 11.7　输出传递的数据

如果 props 中的命名采用小驼峰的方式，那么在调用组件时需要使用其等价的短横线分隔的命名方式来命名属性。将上面的示例代码修改如下：

```
<div id="app">
    <demo my-text="要向大目标走去，就得从小目标开始。"></demo>
</div>
<script src="https://unpkg.com/vue@next"></script>
<script type="text/javascript">
    const vm = Vue.createApp({
        //注册局部组件
        components : {
            'demo': {
                props : ['myText'],
                template : '<h3>{{myText}}</h3>'
            }
        }
    }).mount('#app');
</script>
```

运行结果同样如图 11.7 所示。

3．传递动态数据

除了上述示例中传递静态数据的方式，也可以通过 v-bind 的方式将父组件中的 data 数据传递给子组件。每当父组件的数据发生变化时，子组件也会随之变化，通过这种方式传递的数据叫动态 Prop。示例代码如下：

```
<div id="app">
    <demo v-bind:name="name" v-bind:position="position" v-bind:year="year"></demo>
</div>
```

```
<script src="https://unpkg.com/vue@next"></script>
<script type="text/javascript">
    const vm = Vue.createApp({
        data(){
            return {
                name : '张三',
                position : '前端工程师',
                year : 10
            }
        }
    });
    vm.component('demo',{
        props : ['name','position','year'], //传递 Prop
        template : `<div>
            <p>姓名：{{name}}</p>
            <p>职位：{{position}}</p>
            <p>工龄：{{year}}年</p>
        </div>`
    });
    vm.mount('#app');
</script>
```

运行结果如图 11.8 所示。

图 11.8　输出传递的动态数据

上述代码中，当更改根实例中 name、position 或 year 的值时，组件中的值也会随之更改。另外，在调用组件时也可以简写成<demo :name="name" :position="position" :year="year"></demo>。

【例 11.1】输出商品信息。（实例位置：资源包\TM\sl\11\01）

应用动态 Prop 传递数据，输出商品的图片、名称和简介等信息，实现步骤如下。

（1）定义<div>元素，并设置其 id 属性值为 app，在该元素中调用组件 my-goods，同时传递三个动态 Prop，将商品的图片、名称和简介作为传递的值。代码如下：

```
<div id="app">
    <my-goods :img="imgUrl" :name="name" :intro="intro"></my-goods>
</div>
```

（2）编写 CSS 代码，为页面元素设置样式。具体代码如下：

```
<style>
```

```
    body{
        font-family:微软雅黑;                                   /*设置字体*/
    }
    img{
        width:300px;                                          /*设置宽度*/
    }
    .goods_name{
        padding-left:10px;                                    /*设置左内边距*/
        font-size:18px;                                       /*设置文字大小*/
        color: #333333;                                       /*设置文字颜色*/
        margin-top:8px;                                       /*设置上外边距*/
    }
    .goods_intro{
        padding-left:10px;                                    /*设置左内边距*/
        font-size:14px;                                       /*设置文字大小*/
        margin-top:5px;                                       /*设置上外边距*/
    }
</style>
```

（3）创建根组件实例，在实例的 data 选项中定义商品的图片、名称和简介信息，在实例下方注册全局组件 my-goods，在 props 选项中定义传递的 Prop，在组件的模板中输出商品的图片、名称和简介。代码如下：

```
<script src="https://unpkg.com/vue@next"></script>
<script type="text/javascript">
    const vm = Vue.createApp({
        data(){
            return {
                imgUrl: 'camera.jpg',
                name: '儿童数码相机',
                intro: '录像功能，好玩又有趣，高清拍照，捕捉精彩瞬间'
            }
        }
    });
//注册全局组件
vm.component('my-goods', {
    props : ['img','name','intro'],                           //传递动态 Prop
    template : '<div> \
        <img :src="img"> \
        <div class="goods_name">商品名称：{{name}}</div> \
        <div class="goods_intro">商品简介：{{intro}}</div> \
    </div>'
});
    vm.mount('#app');
</script>
```

运行结果如图 11.9 所示。

图 11.9 输出商品信息

使用 Prop 传递的数据除了可以是数值和字符串类型，还可以是数组或对象类型。例如，使用 Prop 传递数组类型的数据，代码如下：

```html
<div id="app">
    <my-demo :types="types"></my-demo>
</div>
<script src="https://unpkg.com/vue@next"></script>
<script type="text/javascript">
    const vm = Vue.createApp({
        data(){
            return {
                types : ['HTML','CSS','JavaScript','Vue.js']
            }
        }
    });
    vm.component('my-demo',{
        props : ['types'],                              //传递数组类型 Prop
        template : '<ol> \
            <li v-for="type in types">{{type}}</li> \
        </ol>'
    });
    vm.mount('#app');
</script>
```

运行结果如图 11.10 所示。

图 11.10　输出数组内容

注意

如果 Prop 传递的是一个对象或数组，那么它是按引用传递的。在子组件内修改这个对象或数组本身将会影响父组件的状态。

在传递对象类型的数据时，如果想要将一个对象的所有属性都作为 Prop 传入，可以使用不带参数的 v-bind。示例代码如下：

```
<div id="app">
    <my-demo v-bind="info"></my-demo>
</div>
<script src="https://unpkg.com/vue@next"></script>
<script type="text/javascript">
    const vm = Vue.createApp({
        data(){
            return {
                info : {
                    name : '李四',
                    position : '系统管理员',
                    year : 6
                }
            }
        }
    });
    vm.component('my-demo',{
        props : ['name','position','year'],                    //传递 Prop
        template : `<div>
            <p>姓名：{{name}}</p>
            <p>职位：{{position}}</p>
            <p>工龄：{{year}}年</p>
        </div>`
    });
    vm.mount('#app');
</script>
```

运行结果如图 11.11 所示。

图 11.11 输出人员信息

11.2.2 数据验证

组件可以为 Prop 指定验证要求。当开发一个可以被他人使用的组件时，验证可以让使用者更加准确地使用组件。使用验证的时候，Prop 接收的参数是一个对象，而不是一个字符串数组。例如，props：{n：Number}，表示验证参数 n 须为 Number 类型，如果调用该组件时传入的 n 为 Number 以外的类型，则会抛出异常。Vue.js 提供的 Prop 验证方式有多种，下面分别进行介绍。

☑ 基础类型检测。允许参数为指定的一种类型。示例代码如下：

```
props : {
    username : String
}
```

上述代码表示参数 username 允许的类型为字符串类型。可以接收的参数类型为 String、Number、Boolean、Array、Object、Date、Function、Symbol。也可以接收 null 和 undefined，表示任意类型均可。

☑ 多种类型。允许参数为多种类型之一。示例代码如下：

```
props : {
    tel : [Number, String]
}
```

上述代码表示参数 tel 可以是数值类型或字符串类型。

☑ 参数必需。参数必须有值且为指定的类型。示例代码如下：

```
props : {
    address : {
        type : String,
        required : true
    }
}
```

上述代码表示参数 address 必须有值且为字符串类型。

☑ 参数默认。参数具有默认值。示例代码如下：

```
props : {
    sex : {
        type : String,
        default : '男'
    }
}
```

上述代码表示参数 sex 为字符串类型，默认值为"男"。需要注意的是，如果参数类型为数组或对象，则其默认值需要通过函数返回值的形式获取。示例代码如下：

```
props : {
    interest : {
        type : Array,
        default : function(){
            return ['看书','绘画','写作']
        }
    }
}
```

☑　自定义验证函数。根据验证函数验证参数的值是否符合要求。示例代码如下：

```
props : {
    age : {
        validator : function(value){
            return value >= 18;
        }
    }
}
```

上述代码表示参数 age 的值必须大于或等于 18。

对组件中传递的数据进行 Prop 验证的示例代码如下：

```
<div id="app">
    <my-demo :name="'王五'" :age=25></demo>
</div>
<script src="https://unpkg.com/vue@next"></script>
<script type="text/javascript">
    const vm = Vue.createApp({});
    vm.component('my-demo',{
        props: {
            //检测是否有值且为字符串类型
            name: {
                type: String,
                required: true
            },
            //检测是否为字符串类型且默认值为男
            sex: {
                type: String,
                default: '男'
            },
            //检测是否为数值类型且值是否大于或等于 18
            age: {
                type: Number,
                validator: function (value) {
                    return value >= 18
                }
            },
```

```
                    //检测是否为数组类型且有默认值
                    interest: {
                            type: Array,
                            default: function () {
                                    return ['看书','绘画','写作']
                            }
                    },
                    //检测是否为对象类型且有默认值
                    contact: {
                            type: Object,
                            default: function () {
                                    return {
                                            address: '吉林省长春市',
                                            tel: '166****5676'
                                    }
                            }
                    }
            },
            template: `<div>
                    <p>姓名：{{ name }}</p>
                    <p>性别：{{ sex }}</p>
                    <p>年龄：{{ age }}</p>
                    <p>兴趣爱好：{{ interest.join('、') }}</p>
                    <p>联系地址：{{ contact.address }}</p>
                    <p>联系电话：{{ contact.tel }}</p>
            </div>`
    });
    vm.mount('#app');
</script>
```

运行结果如图 11.12 所示。

图 11.12　对传递的数据进行验证

注意

在开发环境中，如果 Prop 验证失败，则 Vue 将产生一个控制台的警告。

编程训练（答案位置：资源包\TM\sl\11\编程训练）

【训练 1】输出影片信息 应用动态 Prop 传递数据，输出影片的图片、名称和描述等信息。

【训练 2】输出图书信息 应用动态 Prop 传递数据，输出图书的图片、名称和作者等信息。

11.3　监听子组件事件

11.3.1　监听自定义事件

父组件通过使用 Prop 为子组件传递数据，但如果子组件要把数据传递回去，就需要使用自定义事件来实现。父组件可以通过 v-on 指令监听子组件实例的自定义事件，而子组件可以通过调用内建的 $emit()方法并传入事件名称来触发自定义事件。

$emit()方法的语法格式如下：

```
vm.$emit( eventName, [...args] )
```

参数说明：

☑ eventName：传入事件的名称。

☑ [...args]：触发事件传递的参数。该参数是可选的。

下面通过一个实例来说明自定义事件的监听和触发。

【例 11.2】通过单击按钮设置粗体文本。（实例位置：资源包\TM\sl\11\02）

在页面中定义一个按钮和一行文本，通过单击按钮实现设置粗体文本的效果。代码如下：

```
<div id="app">
    <div v-bind:style="{fontWeight: weight}">
        <my-text v-bind:text="text" v-on:setweight="weight = 'bold'"></my-text>
    </div>
</div>
<script src="https://unpkg.com/vue@next"></script>
<script type="text/javascript">
    const vm = Vue.createApp({
        data(){
            return {
                text : '千里之行，始于足下。',
                weight : ''
            }
        }
    });
    //注册全局组件
    vm.component('my-text', {
        props : ['text'],
        template : `<div>
            <button v-on:click="action">设置粗体文本</button>
```

```
            <p>{{text}}</p>
        </div>`,
        methods : {
            action : function(){
                this.$emit('setweight');
            }
        }
    })
    vm.mount('#app');
</script>
```

运行结果如图 11.13 和图 11.14 所示。

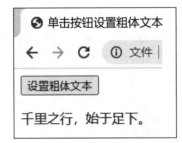

图 11.13　页面初始效果

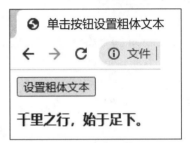

图 11.14　设置粗体文本

有些时候需要在自定义事件中传递一个特定的值，这时可以使用$emit()方法的第二个参数来实现。然后在父组件监听这个事件的时候，可以通过$event访问到传递的这个值。

例如，将例 11.2 中的代码进行修改，实现单击"设置粗体文本"按钮时，将文本设置为更粗的字体。修改后的代码如下：

```
<div id="app">
    <div v-bind:style="{fontWeight: weight}">
        <my-text v-bind:text="text" v-on:setweight="weight = $event"></my-text>
    </div>
</div>
<script src="https://unpkg.com/vue@next"></script>
<script type="text/javascript">
    const vm = Vue.createApp({
        data(){
            return {
                text :'千里之行，始于足下。',
                weight : ''
            }
        }
    });
    //注册全局组件
    vm.component('my-text', {
        props : ['text'],
        template : `<div>
            <button v-on:click="action('bolder')">设置粗体文本</button>
            <p>{{text}}</p>
```

```
            </div>`,
            methods : {
                action : function(par){
                    this.$emit('setweight',par);
                }
            }
    })
    vm.mount('#app');
</script>
```

在父组件监听自定义事件的时候，如果事件处理程序是一个方法，那么通过$emit()方法传递的参数将会作为第一个参数传入这个方法。下面通过一个实例来说明。

【例 11.3】输出商品信息。（实例位置：资源包\TM\sl\11\03）

定义一个"显示商品信息"按钮，单击该按钮在下方显示定义的商品信息，实现步骤如下。

（1）定义<div>元素，并设置其 id 属性值为 app，在该元素中调用组件 my-goods，通过 v-on 指令的简写形式监听子组件实例的自定义事件 getdata，当触发事件时调用根实例中的 show()方法。代码如下：

```
<div id="app">
    <my-goods @getdata="show"></my-goods>
    <div v-show="flag">
        <p>商品名称：{{name}}</p>
        <p>商品价格：{{price}}元</p>
        <p>商品数量：{{number}}</p>
    </div>
</div>
```

（2）创建根实例，在实例中定义数据和方法，在实例下方注册全局组件 my-goods，在选项对象中定义传递的数据对象，在组件的模板中定义一个"显示商品信息"按钮，在 methods 选项中定义 active()方法，当单击按钮时会调用该方法，在方法中通过$emit()方法触发自定义事件 getdata，同时将定义的数据对象 info 作为参数。触发自定义事件后，通过调用根实例中的 show()方法输出定义的商品信息。代码如下：

```
<script src="https://unpkg.com/vue@next"></script>
<script type="text/javascript">
    const vm = Vue.createApp({
        data(){
            return {
                flag : false,
                name : ",
                price : 0,
                number : 0
            }
        },
        methods: {
            show : function(info){
                this.flag = true;
                this.name = info.name;
```

```
                    this.price = info.price;
                    this.number = info.number;
                }
            }
    });
    //注册全局组件
    vm.component('my-goods', {
        data(){
            return {
                info : {
                    name : '笔记本电脑',
                    price : 3699,
                    number : 10
                }
            }
        },
        template : '<button v-on:click="active">显示商品信息</button>',
        methods: {
            active : function(value){
                this.$emit('getdata', this.info)
            }
        }
    })
    vm.mount('#app');
</script>
```

运行结果如图 11.15 和图 11.16 所示。

图 11.15　页面初始效果　　　　　图 11.16　输出商品信息

11.3.2　监听原生事件

在 Vue 3.0 之前，如果想让某个组件监听一个原生事件，可以使用 v-on 指令的.native 修饰符。而在 Vue 3.0 中删除了 v-on 指令的.native 修饰符，Vue 3.0 会将子组件中自定义事件以外的所有事件监听器作为原生事件添加到子组件的根元素上。例如，在组件的根元素上监听 mouseover 和 mouseout 事件，当鼠标移入文本时将文本设置为斜体，当鼠标移出文本时使文本恢复为原来的样式，代码如下：

```
<div id="app">
    <demo :style="show" v-on:mouseover ="setStyle('italic')" v-on:mouseout ="setStyle('')"></demo>
</div>
<script src="https://unpkg.com/vue@next"></script>
<script type="text/javascript">
    const vm = Vue.createApp({
        data(){
            return {
                size : '20px',
                sty : '',
                cursor : 'pointer'
            }
        },
        methods : {
            setStyle : function(value){
                this.sty = value;
            }
        },
        computed : {
            show : function(){
                return {
                    fontSize : this.size,
                    fontStyle : this.sty,
                    cursor : this.cursor
                }
            }
        }
    });
    //注册全局组件
    vm.component('demo', {
        template : '<span>成功永远属于马上行动的人</span>'
    })
    vm.mount('#app');
</script>
```

运行结果如图 11.17 和图 11.18 所示。

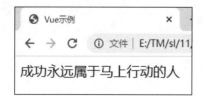

图 11.17　文本初始效果

图 11.18　文本斜体效果

编程训练（答案位置：资源包\TM\sl\11\编程训练）

【训练3】通过单击按钮设置图片边框　在页面中定义一张图片和一个按钮，通过单击按钮实现设置图片边框的效果。

【训练4】导航菜单效果　在页面中制作一个简单的导航菜单，当单击某个菜单项时改变该菜单

167

项的显示样式。

11.4 插槽的使用

在实际开发中，子组件往往只提供基本的交互功能，而内容是由父组件来提供的。为此，Vue.js 提供了一种混合父组件内容和子组件模板的方式，这种方式称为内容分发。下面介绍内容分发的相关知识。

11.4.1 基础用法

Vue.js 参照当前 Web Components 规范草案实现了一套内容分发的 API，使用<slot>元素作为原始内容的插槽。下面通过一个示例来说明插槽的基础用法。

```
<div id="app">
    <demo-slot>
        {{msg}}
    </demo-slot>
</div>
<script src="https://unpkg.com/vue@next"></script>
<script type="text/javascript">
    const vm = Vue.createApp({
        data(){
            return {
                msg:'路遥知马力，日久见人心。'
            }
        }
    });
    //注册全局组件
    vm.component('demo-slot', {
        template: `<div class="content">
            <slot></slot>
        </div>`
    })
    vm.mount('#app');
</script>
```

运行结果如图 11.19 所示。

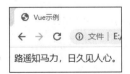

图 11.19 输出父组件中的数据

上述代码的渲染结果为：

```
<div class="content">
    路遥知马力，日久见人心。
</div>
```

由渲染结果可以看出，父组件中的内容{{msg}}会代替子组件中的<slot>标签，这样就可以在不同地方使用子组件的结构并且填充不同的父组件内容，从而提高组件的复用性。

说明

> 如果组件中没有包含一个<slot>元素，则该组件起始标签和结束标签之间的任何内容都会被抛弃。

11.4.2　编译作用域

上述示例代码在父组件中调用<demo-slot>组件，并绑定了父组件中的数据 msg。其中的 msg 只能在父组件的作用域下进行解析，而不能在<demo-slot>组件的作用域下进行解析。也就是说，父组件模板里的所有内容都是在父组件作用域中编译的；子组件模板里的所有内容都是在子组件作用域中编译的。例如，下面这个父组件模板的例子是不会输出任何结果的。

```
<div id="app">
    <demo-slot>
        {{msg}}
    </demo-slot>
</div>
<script src="https://unpkg.com/vue@next"></script>
<script type="text/javascript">
    const vm = Vue.createApp({});
    //注册全局组件
    vm.component('demo-slot', {
        data(){
            return {
                msg:'路遥知马力，日久见人心。'
            }
        },
        template: `<div class="content">
            <slot></slot>
        </div>`
    })
    vm.mount('#app');
</script>
```

上述代码的渲染结果为：

```
<div class="content">

</div>
```

11.4.3　默认内容

有些时候需要为一个插槽设置默认内容，该内容只会在没有提供内容的时候被渲染。示例代码如下：

```
<div id="app">
    <my-checkbox></my-checkbox>
</div>
<script src="https://unpkg.com/vue@next"></script>
<script type="text/javascript">
    const vm = Vue.createApp({});
    //注册全局组件
    vm.component('my-checkbox', {
        template: `<div>
                <input type="checkbox">
                <slot>选中表示同意注册条款</slot>
            </div>`
    })
    vm.mount('#app');
</script>
```

上述代码在父组件中使用组件<my-checkbox>并且不提供任何插槽内容，默认内容"选中表示同意注册条款"会被渲染，运行结果如图 11.20 所示。

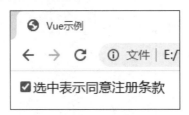

图 11.20　输出默认内容

如果提供了内容，则该提供的内容将会替代默认内容从而被渲染。示例代码如下：

```
<div id="app">
    <my-checkbox>{{text}}</my-checkbox>
</div>
<script src="https://unpkg.com/vue@next"></script>
<script type="text/javascript">
    const vm = Vue.createApp({
        data(){
            return {
                text : '已阅读并同意注册条款'
            }
        }
    });
    //注册全局组件
```

```
vm.component('my-checkbox', {
    template: `<div>
        <input type="checkbox">
        <slot>选中表示同意注册条款</slot>
    </div>`
})
vm.mount('#app');
</script>
```

上述代码在父组件中使用组件<my-checkbox>并且提供了内容"已阅读并同意注册条款"，因此在渲染结果中该内容会替代默认内容"选中表示同意注册条款"。运行结果如图 11.21 所示。

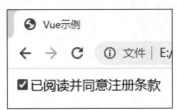

图 11.21 提供的内容替代默认内容

11.4.4 命名插槽

如果要在组件模板中使用多个插槽，就需要用到<slot>元素的 name 属性。通过这个属性可以为插槽命名。在向命名的插槽提供内容时，可以在一个<template>元素上使用 v-slot 指令，将插槽的名称作为 v-slot 指令的参数。这样，<template>元素中的所有内容都将被传入相应的插槽。示例代码如下：

```
<div id="app">
    <demo-slot>
        <!--v-slot 指令的参数需要与子组件中 slot 元素的 name 值匹配-->
        <template v-slot:name>
            <div>商品名称：{{name}}</div>
        </template>
        <template v-slot:connect>
            <div>连接方式：{{connect}}</div>
        </template>
        <template v-slot:color>
            <div>商品颜色：{{color}}</div>
        </template>
    </demo-slot>

</div>
<script src="https://unpkg.com/vue@next"></script>
<script type="text/javascript">
    const vm = Vue.createApp({
        data(){
            return {
                name : '无线鼠标',
                connect : '蓝牙',
```

```
            color : '黑色'
          }
        }
    });
    //注册全局组件
    vm.component('demo-slot', {
        template: `<div>
        <div class="name">
                <slot name="name"></slot>
            </div>
            <div class="connect">
                <slot name="connect"></slot>
            </div>
            <div class="color">
                <slot name="color"></slot>
            </div>
        </div>`
    })
    vm.mount('#app');
</script>
```

运行结果如图 11.22 所示。

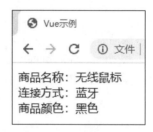

图 11.22　输出组件内容

一个未设置 name 属性的插槽称为默认插槽，它有一个隐含的 name 属性值 default。如果有些内容没有被包含在带有 v-slot 的<template>中，则这部分内容都会被视为默认插槽的内容。下面通过一个实例来说明默认插槽的用法。

【例 11.4】输出歌曲信息。（实例位置：资源包\TM\sl\11\04）

在页面中输出歌曲《我心永恒》的基本信息，包括歌曲名称、歌曲原唱、音乐风格、歌曲语言和发行时间，并将歌曲名称作为默认插槽的内容，实现步骤如下。

（1）定义<div>元素，并设置其 id 属性值为 app，在该元素中调用组件 demo-slot，在 4 个<template>元素上分别使用 v-slot 指令，将插槽的名称作为该指令的参数，并将歌曲名称作为默认插槽的内容。代码如下：

```
<div id="app">
    <demo-slot>
        歌曲名称：{{name}}<!--默认插槽的内容-->
        <template v-slot:singer>
            歌曲原唱：{{singer}}
        </template>
```

```
        <template v-slot:style>
            音乐风格：{{style}}
        </template>
        <template v-slot:language>
            歌曲语言：{{language}}
        </template>
        <template v-slot:time>
            发行时间：{{time}}
        </template>
    </demo-slot>
</div>
```

（2）编写 CSS 代码，为页面元素设置样式。具体代码如下：

```
<style>
body{
    font-family:微软雅黑;                                        /*设置字体*/
}
.name,.singer,.style,.language,.time{
    margin-top:8px;                                            /*设置上外边距*/
    font-size:16px;                                            /*设置文字大小*/
}
</style>
```

（3）创建根实例，在实例中定义数据，在 data 选项中定义歌曲名称、歌曲原唱、音乐风格、歌曲语言和发行时间。在实例下方注册全局组件 demo-slot，在组件的模板中定义一个默认插槽和 4 个命名插槽。代码如下：

```
<script src="https://unpkg.com/vue@next"></script>
<script type="text/javascript">
    const vm = Vue.createApp({
        data(){
            return {
                name : '我心永恒',                               //歌曲名称
                singer : '席琳·迪翁',                            //歌曲原唱
                style : '民谣/流行',                            //音乐风格
                language : '英语',                              //歌曲语言
                time : '1997-12-8'                             //发行时间
            }
        }
    });
    //注册全局组件
    vm.component('demo-slot', {
        template: `<div>
            <div class="name">
                <slot></slot>
            </div>
            <div class="singer">
                <slot name="singer"></slot>
            </div>
```

```
                    <div class="style">
                        <slot name="style"></slot>
                    </div>
                    <div class="language">
                        <slot name="language"></slot>
                    </div>
                    <div class="time">
                        <slot name="time"></slot>
                    </div>
                </div>`
        })
        vm.mount('#app');
</script>
```

运行结果如图 11.23 所示。

图 11.23　输出歌曲信息

为了使代码看起来更明确，可以将默认插槽的内容使用一个<template>元素包含起来。例如，将例 11.4 中默认插槽的内容包含在一个<template>元素中，代码如下：

```
<template v-slot:default>
    歌曲名称：{{name}}
</template>
```

11.4.5　作用域插槽

有些时候需要让插槽内容能够访问子组件中才有的数据。为了让子组件中的数据在父级的插槽内容中可用，可以将子组件中的数据作为一个<slot>元素的属性并对其进行绑定。绑定在<slot>元素上的属性被称为插槽 Prop。然后在父级作用域中，可以为 v-slot 设置包含所有插槽 Prop 的对象的名称。示例代码如下：

```
<div id="app">
    <demo-slot>
        <template v-slot:default="slotProps">
            姓名：{{slotProps.pname}}<br>
            绰号：{{slotProps.nickname}}
        </template>
    </demo>
```

```
</div>
<script src="https://unpkg.com/vue@next"></script>
<script type="text/javascript">
    const vm = Vue.createApp({});
    //注册全局组件
    vm.component('demo-slot', {
        data(){
            return {
                pname : "吴用",
                nickname : "智多星"
            }
        },
        template: `<span>
            <slot v-bind:pname="pname" v-bind:nickname="nickname"></slot>
        </span>`,
    })
    vm.mount('#app');
</script>
```

运行结果如图 11.24 所示。

图 11.24　输出组件内容

上述代码中，将子组件中的数据 pname 和 nickname 作为<slot>元素绑定的属性，然后在父级作用域中，为 v-slot 设置的包含所有插槽 Prop 的对象的名称为 slotProps，再通过{{slotProps.pname}}和{{slotProps.nickname}}即可访问子组件中的数据 pname 和 nickname。

如果只有一个默认插槽，那么组件的标签可以当作插槽的模板来使用。这样就可以把 v-slot 直接用在组件上。例如，上述示例中使用组件的代码可以简写为：

```
<demo-slot v-slot:default="slotProps">
    姓名: {{slotProps.pname}}<br>
    绰号: {{slotProps.nickname}}
</demo>
```

【例 11.5】输出电影信息列表。（实例位置：资源包\TM\sl\11\05）

在页面中输出五部电影的信息列表，包括编号、电影名称、主演和电影简介，实现步骤如下。

（1）定义<div>元素，并设置其 id 属性值为 app，在该元素中调用组件 movie-info，同时传递 Prop。在<template>元素中为 v-slot 设置的包含所有插槽 Prop 的对象的名称为 slotProps。代码如下：

```
<div id="app">
    <movie-info :items="movies" odd-bgcolor="#AACCFF" even-bgcolor="#EEDDEE">
        <template v-slot:default="slotProps">
```

```
                <span>{{movies[slotProps.index].id}}</span>
                <span>{{movies[slotProps.index].name}}</span>
                <span>{{movies[slotProps.index].actor}}</span>
                <span>{{movies[slotProps.index].intro}}</span>
            </template>
        </movie-info>
</div>
```

（2）编写 CSS 代码，为页面元素设置样式。具体代码如下：

```
<style>
    body{
        font-family:微软雅黑;                               /*设置字体*/
    }
    div span{
        display:inline-block;                              /*设置行内块元素*/
        width:160px;                                       /*设置宽度*/
        text-align:center;                                 /*设置文本居中显示*/
    }
    .title,.content{
        width:570px;                                       /*设置宽度*/
        line-height:2.3;                                   /*设置行高*/
    }
    .title span{
        font-size:18px;                                    /*设置文字大小*/
    }
    div span:first-child{
        width:50px;                                        /*设置宽度*/
    }
    div span:last-child{
        width:200px;                                       /*设置宽度*/
    }
</style>
```

（3）创建根组件实例，在实例中定义数据，将每部电影的编号、电影名称、主演和电影简介作为一个对象定义在一个数组中。在实例下方注册全局组件 movie-info，在 props 选项中定义传递的 Prop，在组件的模板中对传递的电影信息列表进行渲染，并为奇数行和偶数行应用不同的背景颜色，将渲染列表时的 index 索引作为<slot>元素的属性并对其进行绑定。代码如下：

```
<script src="https://unpkg.com/vue@next"></script>
<script type="text/javascript">
    const vm = Vue.createApp({
        data(){
            return {
                movies: [                                  //电影信息数组
                    {id: 1, name: '泰坦尼克号', actor: '莱昂纳多·迪卡普里奥', intro: '完美而残缺的爱情故事'},
                    {id: 2, name: '金蝉脱壳', actor: '西尔维斯特·史泰龙', intro: '两大动作巨星强强联手'},
                    {id: 3, name: '爱乐之城', actor: '瑞恩·高斯林', intro: '爱情与梦想的交织'},
                    {id: 4, name: '阿甘正传', actor: '汤姆·汉克斯', intro: '励志而传奇的一生'},
```

```
                    {id: 5, name: '阿拉丁', actor: '威尔·史密斯', intro: '超过原版动画的真人电影'}
                ]
            }
        }
    });
    //注册全局组件
    vm.component('movie-info', {
        template: `<div>
            <div class="title">
                <span>编号</span>
                <span>电影名称</span>
                <span>主演</span>
                <span>简介</span>
            </div>
            <div class="content" v-for="(item, index) in items" :style="index % 2 === 0 ? 'background:'+
                    oddBgcolor : 'background:'+evenBgcolor">
                <slot :index="index"></slot>
            </div>
        </div>`,
        props: {
            items: Array,
            oddBgcolor: String,
            evenBgcolor: String
        }
    })
    vm.mount('#app');
</script>
```

运行结果如图 11.25 所示。

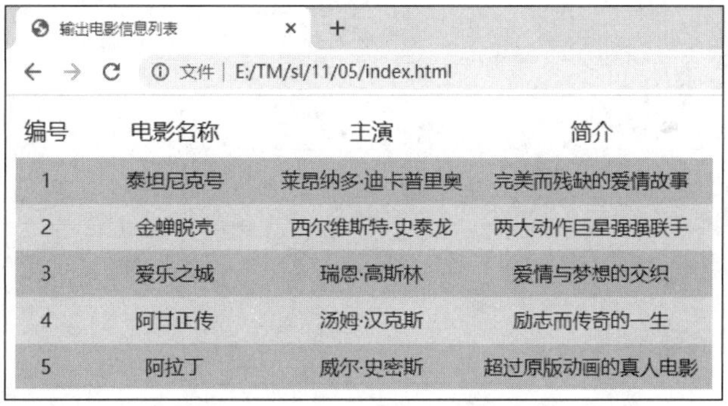

图 11.25 输出电影信息列表

编程训练（答案位置：资源包\TM\sl\11\编程训练）

【训练 5】输出简单商品信息　在页面中输出简单商品信息，包括商品图片、商品名称和商品价格。

【训练 6】输出人物信息列表　在页面中输出一个人物信息列表，包括人物编号、姓名、性别、年龄和职业。

11.5 混 入

11.5.1 基础用法

混入是一种为组件提供可复用功能的非常灵活的方式。混入对象可以包含任意的组件选项。当组件使用混入对象时，混入对象中的所有选项将被混入该组件本身的选项中。示例代码如下：

```html
<div id="app">
    <demo></demo>
</div>
<script src="https://unpkg.com/vue@next"></script>
<script type="text/javascript">
    //定义一个混入对象
    var mixin = {
        data(){
            return {
                message: '精诚所至，金石为开。'
            }
        }
    }
    const vm = Vue.createApp({});
    //定义一个使用混入对象的组件
    vm.component('demo',{
        mixins: [mixin],
        template: `<div>
            <h3>成语</h3>
            <p>{{message}}</p>
        </div>`
    });
    vm.mount('#app');
</script>
```

运行结果如图 11.26 所示。

图 11.26　输出混入对象中的数据

11.5.2 选项合并

当组件和混入对象包含同名选项时，这些选项将以适当的方式合并。例如，数据对象在内部会进行递归合并，在和组件的数据发生冲突时组件数据优先。示例代码如下：

```
<div id="app">
    <demo></demo>
</div>
<script src="https://unpkg.com/vue@next"></script>
<script type="text/javascript">
    //定义一个混入对象
    var mixin = {
        data : function(){
            return {
                poet : '李白',
                works : '静夜思'
            }
        }
    }
    const vm = Vue.createApp({});
    //定义一个使用混入对象的组件
    vm.component('demo',{
        mixins : [mixin],
        data : function(){
            return {
                works : '早发白帝城',
                alias : '诗仙'
            }
        },
        template : `<div>
            <div>诗人：{{poet }}</div>
            <div>别名：{{alias}}</div>
            <div>主要作品：{{works}}</div>
        </div>`
    });
    vm.mount('#app');
</script>
```

运行结果如图 11.27 所示。

图 11.27 合并数据对象

同名钩子函数将混合为一个数组，因此都会被调用。另外，混入对象的钩子会先进行调用，组件自身的钩子后进行调用。示例代码如下：

```html
<div id="app">
    <demo></demo>
</div>
<script src="https://unpkg.com/vue@next"></script>
<script type="text/javascript">
    //定义一个混入对象
    var mixin = {
        created: function () {
            this.showVerse();
        },
        methods: {
            showVerse: function () {
                document.write('窗含西岭千秋雪，<br>');
            }
        }
    }
    const vm = Vue.createApp({});
    //定义一个使用混入对象的组件
    vm.component('demo',{
        mixins: [mixin],
        template : `<div>
            <p>绝句</p>
            <div>两个黄鹂鸣翠柳，</div>
            <div>一行白鹭上青天。</div>
        </div>`,
        created: function () {
            document.write('门泊东吴万里船。');
        }
    });
    vm.mount('#app');
</script>
```

运行结果如图 11.28 所示。

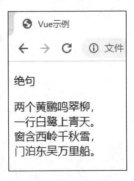

图 11.28 同名钩子函数都被调用

值为对象的选项，如 methods、computed 和 components 等，在合并时将被合并为同一个对象。如果两个对象的键名冲突，则取组件对象的键值对。示例代码如下：

```
<div id="app">
    <demo></demo>
</div>
<script src="https://unpkg.com/vue@next"></script>
<script type="text/javascript">
    //定义一个混入对象
    var mixin = {
        methods: {
            showName: function () {
                document.write('商品名称：品牌手机<br>');
            },
            showPrice: function () {
                document.write('商品价格：2799 元<br>');
            }
        }
    }
    const vm = Vue.createApp({});
    //定义一个使用混入对象的组件
    vm.component('demo',{
        mixins: [mixin],
        methods: {
            showPrice: function () {
                document.write('商品价格：2599 元<br>');
            },
            showColor: function () {
                document.write('商品颜色：黑色<br>');
            }
        },
        created: function () {
            this.showName();                          //输出商品名称
            this.showPrice();                         //输出商品价格
            this.showColor();                         //输出商品颜色
        }
    });
    vm.mount('#app');
</script>
```

运行结果如图 11.29 所示。

图 11.29　将方法进行合并

11.6 动 态 组 件

11.6.1 动态组件的用法

Vue.js 提供了对动态组件的支持。在使用动态组件时，多个组件使用同一挂载点，根据条件在不同组件之间进行动态切换。动态组件通过使用 Vue.js 中的<component>元素，动态绑定到该元素的 is 属性，根据 is 属性的值来判断使用哪个组件。

动态组件经常应用在路由控制或选项卡切换中。下面通过一个切换选项卡的实例来说明动态组件的基础用法。

【例 11.6】 实现编程语言图书和办公软件图书之间的切换。（**实例位置：资源包\TM\sl\11\06**）

有两种类型的科技类图书信息，一种是编程语言类，另一种是办公软件类。应用动态组件实现这两类图书之间的切换。实现步骤如下。

（1）定义<div>元素，并设置其 id 属性值为 app，在该元素中定义"编程语言类"和"办公软件类"两个类别选项卡。在选项卡下方定义动态组件，将数据对象中的 current 属性绑定到<component>元素的 is 属性。代码如下：

```
<div id="app">
    <div class="tabs">
        <div class="top">
            <ul class="tab">
                <li :class="{active : active}" v-on:mouseover="toggleAction('program')">编程语言类</li>
                <li :class="{active : !active}" v-on:mouseover="toggleAction('office')">办公软件类</li>
            </ul>
        </div>
        <component :is="current" :programbook="programbook" :officebook="officebook"></component>
    </div>
</div>
```

（2）编写 CSS 代码，为页面元素设置样式。具体代码如下：

```
<style>
    *{
        margin:0;                              /*设置外边距*/
        padding:0;                             /*设置内边距*/

    }
    body{
        font-family:微软雅黑;                   /*设置字体*/
    }
    .tabs{
        width:320px;                           /*设置宽度*/
```

```
            margin:20px auto;                          /*设置外边距*/
        }
        .top{
            height:36px;                                /*设置高度*/
            line-height: 36px;                          /*设置行高*/
        }
        ul.tab{
            display:inline-block;                       /*设置行内块元素*/
            list-style:none;                            /*设置列表样式*/
        }
        ul.tab li{
            margin: 0;                                  /*设置外边距*/
            padding: 0;                                 /*设置内边距*/
            float:left;                                 /*设置左浮动*/
            width:100px;                                /*设置宽度*/
            height: 36px;                               /*设置高度*/
            line-height: 36px;                          /*设置行高*/
            font-size:16px;                             /*设置文字大小*/
            cursor:pointer;                             /*设置鼠标光标形状*/
            text-align:center;                          /*设置文本居中显示*/
        }
        ul.tab li.active{
            display:block;                              /*设置块元素*/
            width:100px;                                /*设置宽度*/
            height: 36px;                               /*设置高度*/
            line-height: 36px;                          /*设置行高*/
            background-color:#66CCFF;                    /*设置背景颜色*/
            color:#FFFFFF;                              /*设置文字颜色*/
            cursor:pointer;                             /*设置鼠标光标形状*/
        }
        .main{
            clear:both;                                 /*设置清除浮动*/
            margin-top:10px;                            /*设置上外边距*/
        }
        .main div{
            width:320px;                                /*设置宽度*/
            height:43px;                                /*设置高度*/
            line-height:43px;                           /*设置行高*/
            border-bottom-width: 1px;                   /*设置下边框宽度*/
            border-bottom-style: dashed;                /*设置下边框样式*/
            border-bottom-color: #333333;               /*设置下边框颜色*/
            background-color: #FFFFFF;                   /*设置背景颜色*/
            font-size:14px;                             /*设置文字大小*/
        }
        .main div span{
            margin-left:10px;                           /*设置左外边距*/
        }
        .main div span:last-child{
            float:right;                                /*设置右浮动*/
            margin-right:10px;                          /*设置右外边距*/
```

```
        }
</style>
```

（3）创建根组件实例，在实例中定义数据和组件，应用 components 选项注册两个局部组件，组件名称分别是 program 和 office。代码如下：

```
<script src="https://unpkg.com/vue@next"></script>
<script type="text/javascript">
    const vm = Vue.createApp({
        data(){
            return {
                active : true,
                current : 'program',
                programbook : [                                    //编程语言类图书数组
                    { name : 'Vue.js 从入门到精通', category : 'Vue.js' },
                    { name : '零基础学 JavaScript', category : 'JavaScript' },
                    { name : '零基础学 HTML5', category : 'HTML5' },
                    { name : 'Python 从入门到实践', category : 'Python' },
                    { name : '从零开始学 C 语言', category : 'C 语言' },
                    { name : 'JavaScript 精彩编程 200 例', category : 'JavaScript' },
                    { name : 'Java 从入门到精通', category : 'Java' },
                    { name : '从零开始学 MySQL', category : 'MySQL' }
                ],
                officebook : [                                     //办公软件类图书数组
                    { name : 'Word 从入门到精通', category : 'Word' },
                    { name : 'Excel 应用技巧大全', category : 'Excel' },
                    { name : 'Word 自学教程', category : 'Word' },
                    { name : 'PPT 从入门到精通', category : 'PPT' },
                    { name : 'Excel 完全自学教程', category : 'Excel' },
                    { name : 'Excel 函数与公式大全', category : 'Excel' },
                    { name : 'PPT 设计思维', category : 'PPT' },
                    { name : 'Excel 表格制作', category : 'Excel' }
                ]
            }
        },
        methods : {
            toggleAction : function(value){
                this.current=value;
                value === 'program' ? this.active = true : this.active = false;
            }
        },
        //注册局部组件
        components : {
            program : {
                props : ['programbook'],                           //传递 Prop
                template : `<div class="main"><div v-for="(item,index) in programbook">
                    <span>{{++index}}</span>
                    <span>{{item.name}}</span>
                    <span>{{item.category}}</span>
                </div></div>`
```

```
                    },
                    office : {
                            props : ['officebook'],                              //传递 Prop
                            template : `<div class="main"><div v-for="(item,index) in officebook">
                                    <span>{{++index}}</span>
                                    <span>{{item.name}}</span>
                                    <span>{{item.category}}</span>
                                </div></div>`
                        }
                }
        }).mount('#app');
</script>
```

运行实例，页面中有"编程语言类"和"办公软件类"两个类别选项卡，单击不同的选项卡可以显示不同的内容，结果如图 11.30、图 11.31 所示。

编程语言类 办公软件类	
1 Vue.js从入门到精通	Vue.js
2 零基础学JavaScript	JavaScript
3 零基础学HTML5	HTML5
4 Python从入门到实践	Python
5 从零开始学C语言	C语言
6 JavaScript精彩编程200例	JavaScript
7 Java从入门到精通	Java
8 从零开始学MySQL	MySQL

图 11.30 输出编程语言类图书

编程语言类 办公软件类	
1 Word从入门到精通	Word
2 Excel应用技巧大全	Excel
3 Word自学教程	Word
4 PPT从入门到精通	PPT
5 Excel完全自学教程	Excel
6 Excel函数与公式大全	Excel
7 PPT设计思维	PPT
8 Excel表格制作	Excel

图 11.31 输出办公软件类图书

11.6.2 缓存效果

在多个组件之间进行切换的时候，有时需要保持这些组件的状态，将切换后的状态保留在内存中，以避免重复渲染。为了解决这个问题，可以用一个<keep-alive>元素将动态组件包含起来。

下面通过一个实例来说明应用<keep-alive>元素实现组件的缓存效果。

【例 11.7】实现选项卡内容的缓存效果。（**实例位置：资源包\TM\sl\11\07**）

应用动态组件实现文字选项卡的切换，并实现选项卡内容的缓存效果，实现步骤如下。

（1）定义<div>元素，并设置其 id 属性值为 app，在该元素中定义"水果""蔬菜"和"主食"三个选项卡。在选项卡下方定义动态组件，使用<keep-alive>元素将动态组件包含起来。代码如下：

```
<div id="app">
    <div class="tab">
        <ul class="tab-nav" :class="current">
```

185

```
            <li class="fruit" v-on:click="current='fruit'">水果</li>
            <li class="vegetable" v-on:click="current='vegetable'">蔬菜</li>
            <li class="staple" v-on:click="current='staple'">主食</li>
        </ul>
        <keep-alive>
            <component :is="current"></component>
        </keep-alive>
    </div>
</div>
```

（2）编写 CSS 代码，为页面元素设置样式。具体代码如下：

```
<style>
    *{
        margin:0;                                                    /*设置外边距*/
        padding:0;                                                   /*设置内边距*/
        overflow:hidden;                                             /*设置溢出内容隐藏*/
    }
    body{
        font-family:微软雅黑;                                         /*设置字体*/
    }
    .tab{
        width:306px;                                                 /*设置宽度*/
        margin:10px;                                                 /*设置外边距*/
    }
    ul{
        list-style:none;                                             /*设置列表无样式*/
    }
    ul.tab-nav li{
        float:left;                                                  /*设置左浮动*/
        background:#fefefe;                                          /*设置背景颜色*/
        background:-webkit-gradient(linear,left top,left bottom, from(#ffffff), to(#eeeeee));   /*设置背景渐变*/
        border:1px solid #ccc;                                       /*设置边框*/
        padding:5px 0;                                               /*设置内边距*/
        width:100px;                                                 /*设置宽度*/
        text-align:center;                                           /*设置文本居中显示*/
        cursor:pointer;                                              /*设置鼠标光标形状*/
        color:#0000FF;                                               /*设置文字颜色*/
    }
    .submenu{
        width:100px;                                                 /*设置宽度*/
        height:80px;                                                 /*设置高度*/
        border-right:1px solid #999999;                              /*设置右边框*/
    }
    .submenu ul{
        width:80px;                                                  /*设置宽度*/
        margin:0 auto;                                               /*设置外边距*/
    }
    .submenu li{
        width:80px;                                                  /*设置宽度*/
```

```
            height:26px;                                         /*设置高度*/
            line-height:26px;                                    /*设置行高*/
            cursor:pointer;                                      /*设置鼠标光标形状*/
            font-size:14px;                                      /*设置文字大小*/
            text-align:center;                                   /*设置文本居中显示*/
        }
        .submenu li:hover{
            background:#EEEEEE;                                  /*设置背景颜色*/
        }
        .sub div{
            float:left;                                          /*设置左浮动*/
            display:inline-block;                                /*设置行内块元素*/
            font-size:14px;                                      /*设置文字大小*/
        }
        .sub div{
            margin-right:10px;                                   /*设置右外边距*/
        }
        .fruit .fruit,.vegetable .vegetable,.staple .staple{
            border-bottom:none;                                  /*设置无下边框*/
            background:#fff;                                     /*设置背景颜色*/
        }
        .berry .berry,.melon .melon,.citrus .citrus{
            background:#DDDDDD;                                  /*设置背景颜色*/
        }
        .leafy .leafy,.rhizome .rhizome,.shoot .shoot{
            background:#DDDDDD;                                  /*设置背景颜色*/
        }
        .cereal .cereal,.tubers .tubers,.bean .bean{
            background:#DDDDDD;                                  /*设置背景颜色*/
        }
        .tab>div{
            clear:both;                                          /*设置清除浮动*/
            border:1px solid #ccc;                               /*设置边框*/
            border-top:none;                                     /*设置无上边框*/
            width:304px;                                         /*设置宽度*/
            height:100px;                                        /*设置高度*/
            padding-top:20px;                                    /*设置上内边距*/
            text-align:center;                                   /*设置文本居中显示*/
            font-size:14px;                                      /*设置文字大小*/
            margin-top:-1px;                                     /*设置上外边距*/
        }
</style>
```

（3）创建根组件实例，在实例中定义数据和组件，应用 components 选项注册三个局部组件，组件名称分别是 fruit、vegetable 和 staple，在每个组件中再分别定义三个子组件。代码如下：

```
<script src="https://unpkg.com/vue@next"></script>
<script type="text/javascript">
    const vm = Vue.createApp({
        data(){
```

187

```
            return {
                current : 'fruit'
            }
        },
        components : {
            fruit : {
                data : function(){
                    return {
                        subcur : 'berry'
                    }
                },
                template : `<div class="sub">
                    <div class="submenu">
                        <ul :class="subcur">
                            <li class="berry" v-on:click="subcur='berry'">浆果类</li>
                            <li class="melon" v-on:click="subcur='melon'">瓜果类</li>
                            <li class="citrus" v-on:click="subcur='citrus'">柑橘类</li>
                        </ul>
                    </div>
                    <component :is="subcur"></component>
                </div>`,
                components : {                                          //注册子组件
                    berry : {
                        template : '<div>葡萄、猕猴桃、树莓</div>',
                    },
                    melon : {
                        template : '<div>西瓜、哈密瓜、甜瓜</div>',
                    },
                    citrus : {
                        template : '<div>葡萄柚、甜橙、柠檬</div>',
                    }
                }
            },
            vegetable : {
                data : function(){
                    return {
                        subcur : 'leafy'
                    }
                },
                template : `<div class="sub">
                    <div class="submenu">
                        <ul :class="subcur">
                            <li class="leafy" v-on:click="subcur='leafy'">叶菜类</li>
                            <li class="rhizome" v-on:click="subcur='rhizome'">根茎类</li>
                            <li class="shoot" v-on:click="subcur='shoot'">芽苗菜</li>
                        </ul>
                    </div>
                    <component :is="subcur"></component>
                </div>`,
```

```
                components : {                                    //注册子组件
                        leafy : {
                                template : '<div>大白菜、生菜、菠菜</div>',
                        },
                        rhizome : {
                                template : '<div>萝卜、蒜薹、韭菜薹</div>',
                        },
                        shoot : {
                                template : '<div>黄豆芽、绿豆芽、豆苗</div>',
                        }
                }
        },
        staple : {
                data : function(){
                        return {
                                subcur : 'cereal'
                        }
                },
                template : `<div class="sub">
                  <div class="submenu">
                        <ul :class="subcur">
                                <li class="cereal" v-on:click="subcur='cereal'">谷类</li>
                                <li class="tubers" v-on:click="subcur='tubers'">薯类</li>
                                <li class="bean" v-on:click="subcur='bean'">杂豆类</li>
                        </ul>
                  </div>
                  <component :is="subcur"></component>
                 </div>`,
                components : {                                    //注册子组件
                        cereal : {
                                template : '<div>小麦、稻米、玉米</div>',
                        },
                        tubers : {
                                template : '<div>红薯、紫薯、山药</div>',
                        },
                        bean : {
                                template : '<div>红小豆、绿豆、芸豆</div>',
                        }
                }
        }
   }
}).mount('#app');
</script>
```

运行实例，页面中有"水果""蔬菜"和"主食"3 个类别选项卡，如图 11.32 所示。默认会显示"水果"选项卡下"浆果类"栏目的内容。单击"柑橘类"栏目可以显示对应的内容，如图 11.33 所示。单击"主食"选项卡会显示该选项卡对应的内容，如图 11.34 所示。此时再次单击"水果"选项卡，会继续显示之前选择的内容，如图 11.33 所示。

图 11.32 输出"浆果类"内容

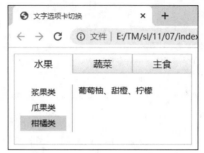
图 11.33 输出"柑橘类"内容

图 11.34 输出"谷类"内容

编程训练（答案位置：资源包\TM\sl\11\编程训练）

【训练7】文字选项卡 应用动态组件实现文字选项卡的切换，单击不同的选项卡可以显示不同的内容。

【训练8】图片的横向选项卡 应用动态组件制作一组切换图片的横向选项卡，实现单击选项卡显示对应图片的效果。

11.7 实践与练习

（答案位置：资源包\TM\sl\11\实践与练习）

综合练习1：实现单机游戏和手机游戏之间的切换 热门游戏列表中有单机游戏和手机游戏两种类型，应用动态组件实现单机游戏和手机游戏之间的切换。运行结果如图 11.35 和图 11.36 所示。

图 11.35 显示单机游戏列表

图 11.36 显示手机游戏列表

综合练习2：纵向图片选项卡 应用动态组件实现一组切换图片的纵向选项卡。运行程序，页面左侧有 4 个选项卡，默认显示第一个选项卡对应的图片，如图 11.37 所示。当鼠标指向不同的选项卡时，页面右侧会显示不同的图片，结果如图 11.38 所示。

图 11.37 显示第一张图片

图 11.38 显示第三张图片

第 12 章

组合 API

使用选项编写组件的逻辑代码在大多数情况下都有效。但是，当使用 Vue 构建大型项目时，组件代码会比较复杂，这可能会导致组件难以阅读和理解，尤其对于一开始没有参与编写这些组件的人。能够将与一个逻辑关注点相关的代码配置在一起会更好，而这正是组合式 API 能够做到的。本章主要介绍组合 API 的使用方法。

本章知识架构及重难点如下。

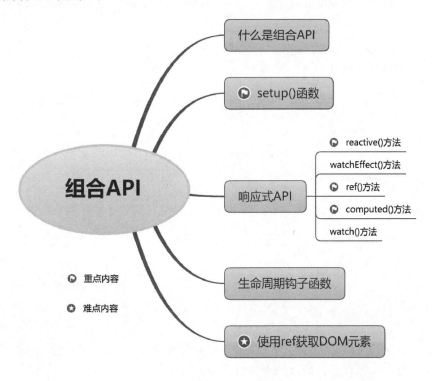

12.1 什么是组合 API

Vue 3.0 中新增了组合 API 的功能，它是一组附加的、基于函数的 API，可以更加灵活地组织组件代码。通过组合 API 可以使用函数而不是声明选项的方式来编写 Vue 组件。因此，使用组合 API 可以将组件代码编写为多个函数，每个函数处理一个特定的功能，不再需要按选项组织代码。

组合 API 可以更好地和 TypeScript 集成，同时，组合 API 可以和现有的基于选项的 API 一起使用。需要注意的是，组合 API 是在选项（data、methods 和 computed）之前进行解析，因此组合 API 无法访问这些选项中定义的属性。

12.2　setup()函数

setup()函数是一个新的组件选项，它是组件内部使用组合 API 的入口。setup()函数在组件实例创建之前、初始化 Prop 之后调用，而且 setup()函数是在 beforeCreate 钩子函数之前调用。

setup()函数可以返回一个对象或函数，对象的属性会合并到组件模板渲染的上下文中。示例代码如下：

```javascript
<script type="text/javascript">
    const vm = Vue.createApp({
        setup(){
            //创建一个响应式对象
            const data = Vue.reactive({
                number: 10
            });
            function add(){
                data.number += 1;
            }
            //返回一个对象，对象中的属性可以在模板中使用
            return {
                data,
                add
            }
        }
    }).mount('#app');
</script>
```

上述代码中，setup()函数返回的是一个对象，该对象有两个属性，一个是响应式对象，另一个是函数。在组件的模板中可以直接使用这两个属性。代码如下：

```html
<div id="app">
    <button v-on:click="add">{{data.number}}</button>
</div>
```

注意

setup()函数中不能使用 this。但是，当和现有的基于选项的 API 一起使用时，在选项中可以通过 this 访问 setup()函数返回的属性。

setup()函数可以接收两个可选的参数。第一个参数是响应式的 props 对象，通过该参数可以访问 props 选项中定义的 Prop。第二个参数是一个上下文（context）对象，该对象是一个 JavaScript 对象，它暴露了 attrs、slots 和 emit 三个属性。其中，attrs 和 slots 是有状态的对象，它们会随着组件的更新而发生变化，但是这两个对象本身并不是响应式的，因此不能对它们进行解构。

由于 setup()函数接收的 props 对象是响应式的，因此在组件外部传入新的 Prop 值时，props 对象会随着更新。示例代码如下：

```html
<div id="app">
    <my-demo :msg="msg"></my-demo>
</div>
<script src="https://unpkg.com/vue@next"></script>
<script type="text/javascript">
    const vm = Vue.createApp({
        data(){
            return {
                msg: '海阔凭鱼跃，天高任鸟飞。'
            }
        }
    });
    vm.component('my-demo', {
        props: ['msg'],                              //传递 Prop
        setup(props){
            Vue.watchEffect(() => {
                console.log(props.msg);
            })
        },
        template: '<p>{{msg}}</p>'
    });
    const app = vm.mount('#app');
</script>
```

运行结果如图 12.1 所示。

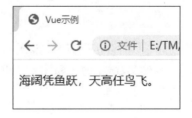

图 12.1　输出文本

在浏览器中打开上述示例的页面后，在控制台中输入 app.msg="会当凌绝顶，一览众山小。"，按 Enter 键后，可以看到页面内容发生了变化。因此，调用 watchEffect()方法或 watch()方法可以监听 props 对象，并对修改做出响应。

12.3　响应式 API

12.3.1　reactive()方法

reactive()方法用于将定义的 JavaScript 对象转换为响应式对象。示例代码如下：

```html
<div id="app">
    <div>姓名：{{data.name}}</div>
    <div>年龄：{{data.age}}</div>
    <p>
        <button v-on:click="data.age = 25">修改年龄</button>
    </p>
</div>
<script src="https://unpkg.com/vue@next"></script>
<script type="text/javascript">
    const vm = Vue.createApp({
        setup(){
            //创建一个响应式对象
            const data = Vue.reactive({
                name: 'Tony',
                age: 20
            });
            //返回一个对象，对象中的属性可以在模板中使用
            return {
                data
            }
        }
    }).mount('#app');
</script>
```

上述代码中，使用 reactive()方法创建了一个响应式对象 data，并以对象的形式返回该对象。当 data 对象发生变化时，视图会自动更新。运行结果如图 12.2 和图 12.3 所示。

图 12.2　输出姓名和年龄

图 12.3　输出修改后的年龄

12.3.2　watchEffect()方法

watchEffect()方法用来监听数据的变化，类似于 Vue 2.x 中的 watch 选项。该方法接收一个函数作为参数，它会立即执行一次该函数，同时会跟踪函数里面用到的所有响应式状态，当状态发生变化时会重新运行该函数。示例代码如下：

```
<div id="app"></div>
<script src="https://unpkg.com/vue@next"></script>
<script type="text/javascript">
    const vm = Vue.createApp({
        setup(){
            //创建一个响应式对象
            const data = Vue.reactive({
                count: 1
            });
            Vue.watchEffect(() => {
                document.body.innerHTML = `计数器：${data.count}`
            });
            setInterval(() => {
                data.count++;
            },1000);
        }
    }).mount('#app');
</script>
```

上述代码中，当响应式对象 data 发生变化时，会重新运行 watchEffect()方法的参数。运行结果如图 12.4 所示。

图 12.4　输出计数器

12.3.3　ref()方法

reactive()方法可以为一个 JavaScript 对象创建响应式代理，如果需要对某个基本数据类型（如数值类型、字符串类型）的数据创建响应式代理对象，可以通过 ref()方法实现。该方法接收一个原始值作为参数，返回一个响应式的对象，该对象只有一个 value 属性指向内部值。示例代码如下：

```
<div id="app">
    <p>{{data}}</p>
</div>
<script src="https://unpkg.com/vue@next"></script>
```

```
<script type="text/javascript">
    const vm = Vue.createApp({
        setup(){
            const data = Vue.ref(100);
            setInterval(() => {
                data.value++;
            },1000);
            return {
                data
            }
        }
    }).mount('#app');
</script>
```

运行结果如图 12.5 所示。

图 12.5 输出不断变化的数字

 说明

如果将 ref()方法创建的响应式代理对象作为属性返回，那么在模板中访问时不需要添加.value。

【例 12.1】更改商品数量。（**实例位置：资源包\TM\sl\12\01**）

实现购物车中更改商品数量的操作。单击"＋"按钮增加商品数量，单击"－"按钮减少商品数量，代码如下：

```
<div id="app">
    商品数量：
    <button v-on:click="data--" :disabled="data===1?true:false">-</button>
        {{data}}
    <button v-on:click="data++">+</button>
</div>
<script src="https://unpkg.com/vue@next"></script>
<script type="text/javascript">
    const vm = Vue.createApp({
        setup(){
            const data = Vue.ref(1);
            return {
                data
            }
        }
    }).mount('#app');
</script>
```

运行结果如图 12.6 所示。

图 12.6　更改商品数量

12.3.4　computed()方法

和 computed 选项的作用一样，computed()方法用于创建计算属性。该方法接收一个 getter 函数，并返回一个不可修改的 ref 对象。示例代码如下：

```html
<div id="app">
    <p>{{newData}}</p>
</div>
<script src="https://unpkg.com/vue@next"></script>
<script type="text/javascript">
    const vm = Vue.createApp({
        setup(){
            const data = Vue.ref(10);
            const newData = Vue.computed(() => data.value + 10);
            return {
                newData
            }
        }
    }).mount('#app');
</script>
```

运行结果如图 12.7 所示。

图 12.7　输出计算后的数值

【例 12.2】转换字符串。（实例位置：资源包\TM\sl\12\02）

将字符串"HTML+CSS+JavaScript"转换为首字母大写，其他字母小写的形式。代码如下：

```html
<div id="app">
    <p>{{newData}}</p>
</div>
<script src="https://unpkg.com/vue@next"></script>
```

```
<script type="text/javascript">
    const vm = Vue.createApp({
        setup(){
            const data = Vue.ref('HTML+CSS+JavaScript');
            const newData = Vue.computed(() => {
                const d = data.value;
                return d.charAt(0).toUpperCase()+d.substr(1).toLowerCase();
            });
            return {
                newData
            }
        }
    }).mount('#app');
</script>
```

运行结果如图 12.8 所示。

图 12.8　转换字符串

12.3.5　watch()方法

watch()方法相当于 Vue 根实例选项对象中的 watch 选项。该方法用于监听特定的数据，并在回调函数中应用。当被监听的数据发生变化时，才会调用回调函数。

watch()方法可以接收两个参数。如果使用该方法监听的是一个 ref 对象，那么第一个参数是需要监听的 ref 对象，第二个参数是当监听的数据发生变化时触发的回调函数。示例代码如下：

```
<div id="app">
    请输入米数：<input type="text" size="6" v-model="data">
</div>
<script src="https://unpkg.com/vue@next"></script>
<script type="text/javascript">
    const vm = Vue.createApp({
        setup(){
            const data = Vue.ref(0);
            Vue.watch(data, () => {
                console.log(data.value + "米 = " + data.value * 100 + "厘米");
            });
            return {
                data
            }
        }
    }).mount('#app');
</script>
```

运行上述代码，当文本框中的数字发生变化时，浏览器控制台会输出单位"米"和"厘米"之间的换算结果，如图 12.9 所示。

```
2米 = 200厘米
```

图 12.9　输出"米"和"厘米"之间的换算结果

如果使用 watch() 方法监听一个响应式对象中的某个属性，那么第一个参数需要使用返回该属性的函数的方式。示例代码如下：

```html
<div id="app">
    <p>商品原价格：{{data.price}}</p>
    请输入新价格：<input type="text" size="6" v-model="data.newprice">
    <p>{{data.text}}</p>
</div>
<script src="https://unpkg.com/vue@next"></script>
<script type="text/javascript">
    const vm = Vue.createApp({
        setup(){
            const data = Vue.reactive({
                price: 399,
                newprice: '',
                text: ''
            });
            Vue.watch(() => data.newprice, (newValue) => {
                data.text = "原价格："+data.price+" 新价格："+newValue;
            });
            return {
                data
            }
        }
    }).mount('#app');
</script>
```

运行结果如图 12.10 所示。

图 12.10　输出商品原价格和新价格

编程训练（答案位置：资源包\TM\sl\12\编程训练）

【**训练 1**】**输出古典四大名著信息**　输出定义的古典四大名著信息，包括序号、书名、作者和主要人物。

【训练 2】更改字符串分隔符 将以"、"为分隔符的字符串"Tony、Kelly、Tom"转换为以"+"为分隔符的字符串，并在字符串尾部添加"Jerry"。

12.4　生命周期钩子函数

与基于选项的 API 相比，组合 API 中的生命周期钩子函数也发生了变化，将选项中的生命周期钩子函数改成了 onXxx()函数的形式。需要注意的是，beforeCreate 和 created 两个钩子函数被删除了，取而代之的是 setup()函数。选项 API 和组合 API 的钩子函数的对应关系如表 12.1 所示。

表 12.1　选项 API 和组合 API 的钩子函数的对应关系

选项 API 钩子函数	组合 API 钩子函数
beforeCreate	没有对应的 onXxx()函数，取而代之的是 setup()函数
created	没有对应的 onXxx()函数，取而代之的是 setup()函数
beforeMount	onBeforeMount
mounted	onMounted
beforeUpdate	onBeforeUpdate
updated	onUpdated
beforeUnmount	onBeforeUnmount
unmounted	onUnmounted

12.5　使用 ref 获取 DOM 元素

在 Vue 3.0 中，使用 ref()方法除了可以对某个原始值创建响应式代理对象，还可以获取模板中的指定 DOM 元素。要获取指定 DOM 元素，首先需要为该元素添加一个 ref 属性，然后在 setup()函数中声明一个名称与 ref 属性值相同的变量，并传入一个空值 null，再通过"变量名.value"的形式就可以获取到该元素。示例代码如下：

```html
<div id="app">
    <div ref="ele"></div>
</div>
<script src="https://unpkg.com/vue@next"></script>
<script type="text/javascript">
    const vm = Vue.createApp({
        setup(){
            //变量名必须和模板中 ref 属性值相同，并传入一个空值 null
            const ele = Vue.ref(null);
```

200

```
                Vue.onMounted(() => {
                        document.body.innerHTML = ele.value.tagName;        //获取指定元素的标签名并显示
                });
                return { ele };
        }
    }).mount('#app');
</script>
```

上述代码中，为 div 元素添加了 ref 属性，属性值为 ele，在 setup()函数中声明了一个名称同样为 ele 的变量，并传入空值 null，这样，通过 ele.value 就可以获取到该 div 元素。运行结果如图 12.11 所示。

图 12.11 输出指定 DOM 元素的标签名

【例 12.3】单击文本改变样式。(**实例位置：资源包\TM\sl\12\03**)

定义一行文本，当单击文本时为文本设置颜色和大小，代码如下：

```
<div id="app">
    <div ref="demo" @click="setStyle">{{ text }}</div>
</div>
<script src="https://unpkg.com/vue@next"></script>
<script type="text/javascript">
    const vm = Vue.createApp({
        setup(){
            const text = Vue.ref('一寸光阴一寸金');
            //变量名必须和模板中 ref 属性值相同，并传入一个空值 null
            const demo = Vue.ref(null);
            const setStyle = () => {
                demo.value.style = "color:blue;font-size:30px";
            };
            return {text, demo, setStyle};
        }
    }).mount('#app');
</script>
```

运行结果如图 12.12 和图 12.13 所示。

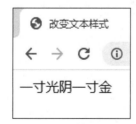

图 12.12 文本初始样式

图 12.13 文本改变后的样式

编程训练（答案位置：资源包\TM\sl\12\编程训练）

【训练 3】设置图片半透明 在页面中定义一张图片，当鼠标移入图片时设置图片半透明，鼠标移出图片时恢复为初始效果。

【训练 4】模拟超链接标记的功能 将文本制作成类似于<a>（超链接）标记的功能，也就是在文本上按下鼠标时，改变文本的颜色，当在文本上松开鼠标时，恢复文本的默认颜色。

12.6 实践与练习

（答案位置：资源包\TM\sl\12\实践与练习）

综合练习 1：实现购物车 显示购物车中的商品信息，实现更改商品数量和统计购物车中的商品总价的功能。运行结果如图 12.14 所示。

图 12.14 实现购物车

综合练习 2：输入框自动获取焦点 在页面中定义一个注册表单，当单击"注册"按钮时，实现内容为空的输入框自动获取焦点的功能。运行结果如图 12.15 所示。

图 12.15 输入框自动获取焦点

第 13 章

过渡和动画效果

Vue.js 内置了一套过渡系统，该系统是 Vue.js 为 DOM 动画效果提供的一个特性。它在插入、更新或者移除 DOM 时可以触发 CSS 过渡和动画，从而产生过渡效果。本章主要讲解 Vue.js 中的过渡效果的使用。

本章知识架构及重难点如下。

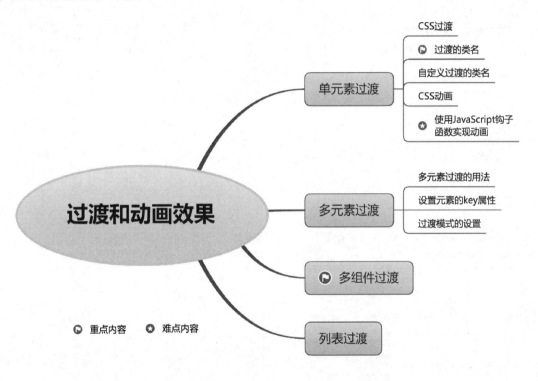

13.1　单元素过渡

13.1.1　CSS 过渡

Vue.js 提供了一个内置的封装组件 transition，该组件可以为其中包含的 DOM 元素实现过渡效果。过渡封装组件的语法格式如下：

```
<transition name = "nameoftransition">
    <div></div>
</transition>
```

上述语法中，nameoftransition 参数用于自动生成 CSS 过渡类名。

在下列情形中，可以为元素和组件添加过渡效果：

☑ 条件渲染（使用 v-if 指令）。

☑ 条件展示（使用 v-show 指令）。

☑ 动态组件。

☑ 组件根节点。

下面通过一个示例来说明 CSS 过渡的基础用法。示例代码如下：

```
<style>
    /*设置 CSS 属性名和持续时间 */
    .effect-enter-active, .effect-leave-active{
        transition: opacity 1s
    }
    .effect-enter-from, .effect-leave-to{
        opacity: 0
    }
</style>
<div id="app">
    <button v-on:click="show = !show">{{show ? '隐藏' : '显示'}}</button><br>
    <transition name="effect">
        <p v-if="show">工欲善其事，必先利其器。</p>
    </transition>
</div>
<script src="https://unpkg.com/vue@next"></script>
<script type="text/javascript">
    const vm = Vue.createApp({
        data(){
            return {
                show : true
            }
        }
    }).mount('#app');
</script>
```

运行结果如图 13.1、图 13.2 所示。

图 13.1　显示文本

图 13.2　隐藏文本

上述代码中，通过单击"隐藏"或"显示"按钮使变量 show 的值在 true 和 false 之间进行切换。show 的值如果为 true 则淡入显示文本，如果为 false 则淡出隐藏文本。

CSS 过渡其实就是一个淡入淡出的效果。当插入或删除包含在 transition 组件中的元素时，Vue.js 将执行以下操作：

- ☑ 自动检测目标元素是否应用了 CSS 过渡或动画，如果是，则在合适的时机添加或删除 CSS 类名。
- ☑ 如果过渡组件提供了 JavaScript 钩子函数，这些钩子函数将在合适的时机被调用。
- ☑ 如果没有找到 JavaScript 钩子，也没有检测到 CSS 过渡或动画，则 DOM 操作（插入或删除）将在下一帧中立即执行。

13.1.2　过渡的类名

Vue.js 在元素显示与隐藏的过渡效果中，提供了 6 个 class 类名来切换。这些类名的具体说明如表 13.1 所示。

表 13.1　class 类名及其说明

class 类名	说明
v-enter-from	定义进入过渡的开始状态。在元素被插入之前生效，在元素被插入之后的下一帧移除
v-enter-active	定义进入过渡生效时的状态。在整个进入过渡的阶段中应用，在元素被插入之前生效，在过渡或动画完成之后移除。这个类可以用来定义进入过渡的过程时间、延迟和曲线函数
v-enter-to	定义进入过渡的结束状态。在元素被插入之后的下一帧生效（与此同时 v-enter-from 被移除），在过渡或动画完成之后移除
v-leave-from	定义离开过渡的开始状态。在离开过渡被触发时立刻生效，下一帧被移除
v-leave-active	定义离开过渡生效时的状态。在整个离开过渡的阶段中应用，在离开过渡被触发时立刻生效，在过渡或动画完成之后移除。这个类可以用来定义离开过渡的过程时间、延迟和曲线函数
v-leave-to	定义离开过渡的结束状态。在离开过渡被触发之后的下一帧生效（与此同时 v-leave-from 被移除），在过渡或动画完成之后移除

如果没有为<transition>设置一个名字，则 v-是这些类名的默认前缀。如果为<transition>设置了一个名字，如<transition name="my">，则 v-enter-from 会替换为 my-enter-from。

【例 13.1】切换图片的过渡效果。（实例位置：**资源包\TM\sl\13\01**）

在页面中设计一个切换图片的过渡效果，当单击页面中的图片时会切换为另一张图片，在切换时有一个过渡效果。关键代码如下：

```
<style>
    /* 设置过渡属性 */
    .effect-enter-active, .effect-leave-active{
        transition: all .5s ease;
    }
    .effect-enter-from, .effect-leave-to{
        opacity: 0;
    }
</style>
<div id="app">
```

```
    <transition name="effect">
        <img v-if="show" src="images/1.jpg" v-on:click="show = !show">
        <img v-if="!show" src="images/2.jpg" v-on:click="show = !show">
    </transition>
</div>
<script src="https://unpkg.com/vue@next"></script>
<script type="text/javascript">
    const vm = Vue.createApp({
        data(){
            return {
                show : true
            }
        }
    }).mount('#app');
</script>
```

运行结果如图 13.3 和图 13.4 所示。

图 13.3　显示第一张图片

图 13.4　显示第二张图片

13.1.3　自定义过渡的类名

除了使用普通的类名（如*-enter-from、*-leave-from 等），Vue.js 也允许自定义过渡类名。自定义过渡类名可以通过以下 6 个属性进行定义：

☑　enter-from-class。

☑　enter-active-class。

☑　enter-to-class。

☑　leave-from-class。

☑　leave-active-class。

☑　leave-to-class。

自定义过渡的类名的优先级高于普通的类名。通过自定义过渡类名可以使过渡系统和其他第三方 CSS 动画库（如 animate.css）相结合，实现更丰富的动画效果。

下面通过一个实例来了解自定义过渡类名的使用。该实例需要应用第三方 CSS 动画库文件 animate.css。

【例 13.2】 实现文字显示和隐藏的动画效果。（**实例位置：资源包\TM\sl\13\02**）

页面中有一个按钮和一行文字，每次单击按钮都会使文字在显示和隐藏之间进行切换，在隐藏文字时使用向右弹出的动画效果，在显示文字时使用向上弹跳的动画效果。关键代码如下：

```
<style>
    .container{
        width: 500px;                                    /*设置宽度*/
        margin: 20px auto;                               /*设置元素外边距*/
        text-align: center;                              /*设置文本居中显示*/
    }
    p{
        font: 30px "微软雅黑";                           /*设置字体和字体大小*/
        margin:50px auto;                                /*设置元素外边距*/
        font-weight: 500;                                /*设置字体粗细*/
        color: blue;                                     /*设置文字颜色*/
    }
</style>
<div id="app">
    <div class="container">
        <button v-on:click="show = !show">{{show ? '隐藏' : '显示'}}</button>
        <transition name="effect" enter-active-class="animated bounceInUp"
                    leave-active-class="animated bounceOutRight">
            <p v-if="show">锲而不舍，金石可镂。</p>
        </transition>
    </div>
</div>
<script src="https://unpkg.com/vue@next"></script>
<script type="text/javascript">
    const vm = Vue.createApp({
        data(){
            return {
                show : true
            }
        }
    }).mount('#app');
</script>
```

运行实例，当单击"隐藏"按钮时，文本会以向右弹出的动画形式进行隐藏，同时按钮文字变为"显示"，结果如图 13.5 所示。再次单击该按钮，文本会以向上弹跳的动画形式进行显示，同时按钮文字变为"隐藏"，结果如图 13.6 所示。

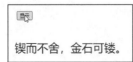

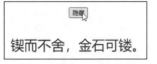

图 13.5　隐藏文本的动画效果　　　图 13.6　显示文本的动画效果

13.1.4 CSS 动画

CSS 动画的用法和 CSS 过渡类似。不同的是在动画中，在节点插入 DOM 后不会立即删除 v-enter-from 类名，而是在 animationend 事件触发时删除。下面通过一个实例来了解一下 CSS 动画的应用。

【例 13.3】图片的旋转动画效果。（**实例位置：资源包\TM\sl\13\03**）

页面中有一个"隐藏图片"按钮和一张图片。每次单击按钮都会以旋转的动画形式隐藏或显示图片，同时按钮文字会在"显示图片"和"隐藏图片"之间进行切换。关键代码如下：

```
<style>
    .container{
        width: 500px;
        margin: 20px auto;
    }
    button{
        margin-bottom: 30px;
    }
    /*设置 animation 属性的参数*/
    .effect-enter-active{
        animation: effect 1s reverse
    }
    .effect-leave-active{
        animation: effect 1s
    }
    /*设置元素的旋转*/
    @keyframes effect {
        0% {
            transform: rotate(0);
        }
        50% {
            transform: rotate(180deg);
        }
        100% {
            transform: rotate(360deg);
        }
    }
</style>
<div id="app">
    <div class="container">
        <button v-on:click="show = !show">{{show ? '隐藏图片' : '显示图片'}}</button><br>
        <transition name="effect">
            <img :src="url" v-if="show">
        </transition>
    </div>
</div>
<script src="https://unpkg.com/vue@next"></script>
<script type="text/javascript">
    const vm = Vue.createApp({
```

```
            data(){
                return {
                    url : 'scenery.jpg',
                    show : true
                }
            }
    }).mount('#app');
</script>
```

运行实例，当单击"隐藏图片"按钮时，图片会以旋转的动画形式进行隐藏，结果如图 13.7 所示。再次单击该按钮，图片会以旋转的动画形式进行显示，结果如图 13.8 所示。

图 13.7　隐藏图片时的旋转效果

图 13.8　显示图片的旋转效果

13.1.5　使用 JavaScript 钩子函数实现动画

设置元素的过渡效果还有一种方式，就是使用 JavaScript 钩子函数。在钩子函数中可以直接操作 DOM 元素。在<transition>元素的属性中声明钩子函数，代码如下：

```
<transition
    v-on:before-enter="beforeEnter"
    v-on:enter="enter"
    v-on:after-enter="afterEnter"
    v-on:enter-cancelled="enterCancelled"
    v-on:before-leave="beforeLeave"
    v-on:leave="leave"
    v-on:after-leave="afterLeave"
    v-on:leave-cancelled="leaveCancelled"
>
</transition>
<script src="https://unpkg.com/vue@next"></script>
<script type="text/javascript">
    const vm = Vue.createApp({
        data(){
            return {
                // ...
            }
        },
        methods: {
```

```
        //设置进入过渡之前的组件状态
        beforeEnter: function(el) {
            // ...
        },
        //设置进入过渡完成时的组件状态
        enter: function(el, done) {
            // ...
            done()
        },
        //设置进入过渡完成之后的组件状态
        afterEnter: function(el) {
            // ...
        },
        enterCancelled: function(el) {
            // ...
        },
        //设置离开过渡之前的组件状态
        beforeLeave: function(el) {
            // ...
        },
        //设置离开过渡完成时的组件状态
        leave: function(el, done) {
            // ...
            done()
        },
        //设置离开过渡完成之后的组件状态
        afterLeave: function(el) {
            // ...
        },
        leaveCancelled: function(el) {
            // ...
        }
    }
}).mount('#app');
</script>
```

这些钩子函数可以结合 CSS 过渡或动画使用，也可以单独使用。<transition>元素还可以添加 v-bind:css="false"，它的作用是直接跳过 CSS 检测，避免 CSS 在过渡过程中的影响。

注意

> 当只使用 JavaScript 过渡时，在 enter 和 leave 钩子函数中必须使用 done 进行回调。否则，它们将被同步调用，过渡会立即完成。

下面通过一个实例来了解使用 JavaScript 钩子函数实现元素过渡的效果。

【例 13.4】实现图片显示和隐藏的动画效果。（**实例位置：资源包\TM\sl\13\04**）

页面中有一个"显示图片"按钮和一张图片，每次单击按钮会实现图片显示和隐藏的动画效果。显示图片使用旋转的效果，隐藏图片使用缩放动画的效果，同时按钮文字会在"显示图片"和"隐藏图片"之间进行切换。关键代码如下：

```
<style>
    .container{
        width: 500px;                           /*设置宽度*/
        margin: 20px auto;                      /*设置元素外边距*/
        text-align: center;                     /*设置文本居中显示*/
    }
    button{
        margin-bottom: 50px;
    }
    /*设置缩放转换 */
    @keyframes scaling {
        0% {
            transform: scale(1);
        }
        50% {
            transform: scale(1.2);
        }
        100% {
            transform: scale(0);
        }
    }
    /*创建旋转动画*/
    @-webkit-keyframes rotate{
        0%{
            -webkit-transform:rotateZ(0) scale(0);
        }50%{
            -webkit-transform:rotateZ(360deg) scale(0.5);
        }100%{
            -webkit-transform:rotateZ(720deg) scale(1);
        }
    }
</style>
<div id="app">
    <div class="container">
        <button v-on:click="show = !show">{{show ? '隐藏图片' : '显示图片'}}</button><br>
        <transition
        v-on:enter="enter"
        v-on:leave="leave"
        v-on:after-leave="afterLeave"
        >
            <img :src="url" v-if="show">
        </transition>
    </div>
</div>
<script src="https://unpkg.com/vue@next"></script>
<script type="text/javascript">
    const vm = Vue.createApp({
        data(){
```

```
                return {
                        url : 'banner.jpg',
                        show : false
                }
        },
        methods: {
                enter: function (el, done) {
                        el.style.opacity = 1;
                        el.style.animation= 'rotate 2s linear';            //实现旋转效果
                        done();
                },
                leave: function (el, done) {
                        el.style.animation= 'scaling 1.5s';                //实现缩放效果
                        setTimeout(function(){
                                done();
                        }, 1500)
                },
                //在 leave 函数中触发回调后执行 afterLeave 函数
                afterLeave: function (el) {
                        el.style.opacity = 0;
                }
        }
}).mount('#app');
</script>
```

运行实例，当单击"显示图片"按钮时，图片会以旋转的形式进行显示，结果如图 13.9 所示。再次单击该按钮，图片会以缩放动画的形式进行隐藏，结果如图 13.10 所示。

图 13.9　旋转显示图片

图 13.10　缩放隐藏图片

编程训练（答案位置：资源包\TM\sl\13\编程训练）

【训练 1】实现显示和隐藏文章内容的过渡效果　在页面中定义一个文章标题，单击文章标题实现向下显示文章内容的过渡效果，再次单击文章标题实现向上隐藏文章内容的过渡效果。

【训练 2】实现文字显示和隐藏时的动画效果　定义一个"切换显示"按钮和一行文字，单击按钮实现文字显示和隐藏时的动画效果。以缩放的形式显示文字，以旋转动画的形式隐藏文字。

13.2　多元素过渡

13.2.1　多元素过渡的用法

两个或两个以上元素的过渡就是多元素过渡。最常见的多元素过渡是一个列表和描述这个列表为空的元素之间的过渡。在实现多元素过渡的效果时可以使用 v-if 和 v-else 指令。示例代码如下：

```html
<style>
    ol,li{
        padding: 0;                                    /*设置内边距*/
    }
    ol{
        list-style: none;                              /*设置列表无样式*/
    }
    li{
        line-height: 26px;                             /*设置行高*/
    }
    /*设置过渡属性 */
    .effect-enter-from,.effect-leave-to{
        opacity:0;
    }
    .effect-enter-active,.effect-leave-active{
        transition:opacity .6s;
    }
</style>
<div id="app">
    <button @click="clearArr">清空</button>
    <transition name="effect">
        <ol v-if="items.length > 0">
            <li v-for="item in items">{{item}}</li>
        </ol>
        <p v-else>内容为空</p>
    </transition>
</div>
<script src="https://unpkg.com/vue@next"></script>
<script type="text/javascript">
    const vm = Vue.createApp({
        data(){
            return {
                items: [
                    '白日依山尽，',
                    '黄河入海流。',
                    '欲穷千里目，',
                    '更上一层楼。'
```

```
                    ]
                }
        },
        methods: {
        clearArr: function(){
                this.items.splice(0);                                    //清空数组
            }
            }
    }).mount('#app');
</script>
```

运行上述代码，当单击"清空"按钮时，列表内容会被清空。在页面内容发生变化时会有一个过渡的效果，结果如图 13.11、图 13.12 所示。

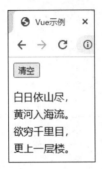

图 13.11　输出列表

图 13.12　清空列表

13.2.2　设置元素的 key 属性

当有相同标签名的多个元素进行切换时，需要通过 key 属性设置唯一的值来标记以让 Vue 区分它们。示例代码如下：

```
<style>
    /* 设置过渡属性 */
    .effect-enter-from,.effect-leave-to{
        opacity:0;
    }
    .effect-enter-active,.effect-leave-active{
        transition:opacity .6s;
    }
</style>
<div id="app">
    <button @click="show=!show">切换</button>
    <transition name="effect">
        <p v-if="show" key="one">一寸光阴一寸金，</p>
        <p v-else key="two">寸金难买寸光阴。</p>
    </transition>
</div>
<script src="https://unpkg.com/vue@next"></script>
<script type="text/javascript">
```

```
const vm = Vue.createApp({
    data(){
        return {
            show : true
        }
    }
}).mount('#app');
</script>
```

运行上述代码，单击"切换"按钮，下方的内容会发生变化，在变化时会有一个过渡的效果，结果如图 13.13 和图 13.14 所示。

图 13.13　切换之前　　　　　　　　　　图 13.14　切换之后

在一些场景中，可以将同一个元素的 key 属性绑定到一个动态属性，通过设置不同的状态来代替 v-if 和 v-else。将上述代码进行修改，代码如下：

```
<style>
    /*设置过渡属性 */
    .effect-enter-from,.effect-leave-to{
        opacity:0;
    }
    .effect-enter-active,.effect-leave-active{
        transition:opacity .6s;
    }
</style>
<div id="app">
    <button @click="show=!show">切换</button>
    <transition name="effect">
        <p v-bind:key="show">
            {{show?'一寸光阴一寸金，':'寸金难买寸光阴。'}}
        </p>
    </transition>
</div>
<script src="https://unpkg.com/vue@next"></script>
<script type="text/javascript">
    const vm = Vue.createApp({
        data(){
            return {
                show : true
            }
        }
    }).mount('#app');
</script>
```

如果有两个以上具有相同标签名的元素需要进行切换，可以为多个元素使用多个条件判断指令。示例代码如下：

```
<style>
    /*设置过渡属性 */
    .effect-enter-from,.effect-leave-to{
        opacity:0;
    }
    .effect-enter-active,.effect-leave-active{
        transition:opacity .6s;
    }
</style>
<div id="app">
    <button @click="toggle">切换</button>
    <transition name="effect">
        <p v-if="index===0" key="one">慈母手中线，游子身上衣。</p>
        <p v-else-if="index===1" key="two">临行密密缝，意恐迟迟归。</p>
        <p v-else key="three">谁言寸草心，报得三春晖！</p>
    </transition>
</div>
<script src="https://unpkg.com/vue@next"></script>
<script type="text/javascript">
    const vm = Vue.createApp({
        data(){
            return {
                index : 0
            }
        },
        methods : {
            toggle : function(){
                this.index = (++this.index) % 3;
            }
        }
    }).mount('#app');
</script>
```

运行上述代码，每次单击"切换"按钮都会切换不同的内容，在页面内容发生变化时会有一个过渡的效果，结果如图 13.15、图 13.16 和图 13.17 所示。

图 13.15　初始效果

图 13.16　第一次切换

图 13.17　第二次切换

上述示例代码可以重写为绑定了动态属性的单个元素过渡。修改后的代码如下：

```
<style>
```

```
    /*设置过渡属性*/
    .effect-enter-from,.effect-leave-to{
        opacity:0;
    }
    .effect-enter-active,.effect-leave-active{
        transition:opacity .6s;
    }
</style>
<div id="app">
    <button @click="toggle">切换</button>
    <transition name="effect">
        <p v-bind:key="getState">
            {{text}}
        </p>
    </transition>
</div>
<script src="https://unpkg.com/vue@next"></script>
<script type="text/javascript">
    const vm = Vue.createApp({
        data(){
            return {
                index: 0,                        //数组索引
                arr: ['one','two','three']       //定义数组
            }
        },
        methods : {
            toggle : function(){
                this.index = (++this.index) % 3;
            }
        },
        computed: {
            getState: function(){                //获取指定索引的数组元素
                return this.arr[this.index];
            },
            text: function(){
                switch (this.getState) {
                    case 'one': return '慈母手中线，游子身上衣。'
                    case 'two': return '临行密密缝，意恐迟迟归。'
                    case 'three': return '谁言寸草心，报得三春晖！'
                }
            }
        },
    }).mount('#app');
</script>
```

13.2.3　过渡模式的设置

使用<transition>组件实现过渡效果，在默认情况下，元素的进入和离开是同时发生的。这种情况

并不能满足所有需求，所以 Vue.js 提供了如下两种过渡模式：

☑ in-out：新元素先进行过渡，完成之后当前元素过渡离开。

☑ out-in：当前元素先进行过渡，完成之后新元素过渡进入。

例如，应用 out-in 模式实现文字切换时的过渡效果，代码如下：

```
<style>
    /*设置过渡属性*/
    .effect-enter-from,.effect-leave-to{
        opacity:0;
    }
    .effect-enter-active,.effect-leave-active{
        transition:opacity .6s;
    }
</style>
<div id="app">
    <transition name="effect" mode="out-in">
        <div @click="show = !show" :key="show">
            <p v-if="show">不积跬步，无以至千里；</p>
            <p v-else>不积小流，无以成江海。</p>
        </div>
    </transition>
</div>
<script src="https://unpkg.com/vue@next"></script>
<script type="text/javascript">
    const vm = Vue.createApp({
        data(){
            return {
                show : true
            }
        }
    }).mount('#app');
</script>
```

运行上述代码，每次单击页面中的文字都会切换为另一行文字。在切换时有一个过渡效果，而且在当前的文字完成过渡效果之后才会显示新的文字。结果如图 13.18、图 13.19 所示。

图 13.18　显示切换之前的文字

图 13.19　显示切换之后的文字

13.3　多组件过渡

多个组件的过渡不需要为每个组件设置 key 属性，只需要使用动态组件即可。例如，实现两个组件切换时的过渡效果，代码如下：

```
<style>
    label{
        margin-right:10px;
    }
    /*设置过渡属性*/
    .effect-enter-from,.effect-leave-to{
        opacity:0;
    }
    .effect-enter-active,.effect-leave-active{
        transition:opacity .6s;
    }
</style>
<div id="app">
    <button @click="toggle">切换</button>
    <transition name="effect" mode="out-in">
        <component :is="cName"></component>
    </transition>
</div>
<script src="https://unpkg.com/vue@next"></script>
<script type="text/javascript">
    const vm = Vue.createApp({
        data(){
            return {
                cName : 'interest'
            }
        },
        components : {
            interest : {                                           //定义组件 interest
                template : `<p>
                    <p>请选择兴趣爱好：</p>
                    <input type="checkbox" id="book" value="看书">
                    <label for="book">看书</label>
                    <input type="checkbox" id="music" value="听音乐">
                    <label for="music">听音乐</label>
                    <input type="checkbox" id="travel" value="旅游">
                    <label for="travel">旅游</label>
                </p>`
            },
            sport : {                                              //定义组件 sport
                template : `<p>
                    <p>请选择运动项目：</p>
                    <input type="checkbox" id="run" value="跑步">
                    <label for="run">跑步</label>
                    <input type="checkbox" id="basketball" value="打篮球">
                    <label for="basketball">打篮球</label>
                    <input type="checkbox" id="football" value="踢足球">
                    <label for="football">踢足球</label>
                </p>`
```

```
            }
        },
        methods : {
            toggle : function(){                                      //切换组件名称
                this.cName = this.cName === 'interest' ? 'sport' : 'interest';
            }
        }
    }).mount('#app');
</script>
```

运行上述代码，每次单击"切换"按钮都会在两个组件之间进行切换，在页面内容发生变化时都会有一个过渡的效果，结果如图 13.20、图 13.21 所示。

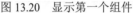

图 13.20　显示第一个组件　　　　　　图 13.21　显示第二个组件

【例 13.5】实现切换图书类别选项卡的过渡效果。（实例位置：资源包\TM\sl\13\05）

页面中有"HTML5+CSS3""JavaScript""Java Web""Android"和"Java"5 个图书类别选项卡，单击不同的类别选项卡，右侧会显示不同的图片，在内容发生变化时会有一个过渡的效果。实现步骤如下。

（1）定义<div>元素，并设置其 id 属性值为 app，在该元素中定义 5 个图书类别选项卡。在选项卡下方的 div 元素中应用 transition 组件，在其内部定义动态组件，将数据对象中的 current 属性绑定到<component>元素的 is 属性。代码如下：

```
<div id="app">
    <div class="tab">
        <div class="box">
            <ul class="menus" :class="current">
                <li class="htmlcss" v-on:click="current='htmlcss'">HTML5+CSS3</li>
                <li class="JavaScript" v-on:click="current='JavaScript'">JavaScript</li>
                <li class="Javaweb" v-on:click="current='Javaweb'">Java Web</li>
                <li class="Android" v-on:click="current='Android'">Android</li>
                <li class="Java" v-on:click="current='Java'">Java</li>
            </ul>
            <div class="right">
                <div class="scroll">
                    <transition name="effect" mode="out-in">
                        <component :is="current"></component>
                    </transition>
                </div>
            </div>
        </div>
    </div>
```

```
            </div>
    </div>
```

（2）编写 CSS 代码，为页面元素设置样式，通过在过渡类名中设置过渡属性使元素在显示和隐藏的切换过程中实现过渡效果。关键代码如下：

```
<style>
    /*设置过渡属性*/
    .effect-enter-from,.effect-leave-to{
        opacity:0;
    }
    .effect-enter-active,.effect-leave-active{
        transition:opacity .3s;
    }
</style>
```

（3）创建根组件实例，在实例中定义数据和组件，应用 components 选项注册 5 个局部组件，组件名称分别是 htmlcss、JavaScript、Javaweb、Android 和 Java。代码如下：

```
<script src="https://unpkg.com/vue@next"></script>
<script type="text/javascript">
    const vm = Vue.createApp({
        data(){
            return {
                current : 'htmlcss'
            }
        },
        components : {
            htmlcss : {                                    //定义组件 htmlcss
                template : `<div>
                    <div class="tab_right">
                        <img src="images/htmlcss.png">
                    </div>
                </div>`
            },
            JavaScript : {                                 //定义组件 JavaScript
                template : `<div>
                    <div class="tab_right">
                        <img src="images/JavaScript.png">
                    </div>
                </div>`
            },
            Javaweb : {                                    //定义组件 Javaweb
                template : `<div>
                    <div class="tab_right">
                        <img src="images/Javaweb.png">
                    </div>
                </div>`
            },
            Android : {                                    //定义组件 Android
```

```
            template : `<div>
                    <div class="tab_right">
                        <img src="images/Android.png">
                    </div>
                </div>`
        },
        Java : {                                                    //定义组件 Java
            template : `<div>
                    <div class="tab_right">
                        <img src="images/Java.png">
                    </div>
                </div>`
        }
    }
}).mount('#app');
</script>
```

运行实例，页面中有 5 个图书类别选项卡，单击不同的选项卡可以显示不同的图片，在内容发生变化时有一个过渡的效果。结果如图 13.22 和图 13.23 所示。

图 13.22　输出"HTML5+CSS3"选项卡的内容

图 13.23　输出"JavaScript"选项卡的内容

编程训练（答案位置：资源包\TM\sl\13\编程训练）

【训练 3】实现横向选项卡文字切换的过渡效果　页面中有 3 个选项卡，当单击不同的选项卡时，页面下方会显示不同的文字描述，在内容发生变化时实现过渡的效果。

【训练 4】实现横向选项卡切换图片的过渡效果　制作一组用于切换图片的横向选项卡，在切换图片时实现过渡的效果。

13.4　列表过渡

实现列表过渡需要在<transition-group>组件中使用 v-for 指令，<transition-group>组件的特点如下：

☑　与<transition>组件不同，它会以一个真实元素呈现，默认为一个<span>元素。通过设置 tag 属性可以将其更换为其他元素。

☑　过渡模式不可用，因为不再相互切换特有的元素。

☑　列表中的每个元素都需要提供唯一的 key 属性值。

例如，页面中有一个"插入头像"按钮和一个"移除头像"按钮，单击按钮可以向头像列表中插入或移除一个头像，在插入或移除时有一个过渡效果。关键代码如下：

```html
<style>
    .list-item {
        display: inline-block;                    /*设置行内块元素*/
        margin-right: 15px;                       /*设置右外边距*/
    }
    /*插入过程和移除过程的过渡效果*/
    .effect-enter-active,.effect-leave-active{
        transition: all 1s;
    }
    /*开始插入、移除结束时的状态*/
    .effect-enter-from, .effect-leave-to {
        opacity: 0;
        transform: translateY(30px);
    }
</style>
<div id="app">
    <div>
        <button v-on:click="add">插入头像</button>
        <button v-on:click="remove">移除头像</button>
        <transition-group name="effect" tag="p">
        <span v-for="item in items" :key="item" class="list-item">
            <img :src="'images/'+item+'.gif'">
        </span>
        </transition-group>
    </div>
</div>
<script src="https://unpkg.com/vue@next"></script>
<script type="text/javascript">
    const vm = Vue.createApp({
        data(){
            return {
                items: [1,2,3,4,5]
            }
        },
        methods: {
            //生成随机数索引
            ran: function (n) {
                return Math.floor(Math.random() * n)
            },
            //在随机位置添加随机数
            add: function () {
                this.items.splice(this.ran(this.items.length), 0, this.ran(5) + 1)
            },
            //在随机位置移除随机数
```

```
        remove: function () {
                this.items.splice(this.ran(this.items.length), 1)
        }
    }
}).mount('#app');
</script>
```

运行实例，当单击"插入头像"按钮时，会在下方的随机位置插入一个新的头像，结果如图 13.24 所示。当单击"移除头像"按钮时，会在下方的随机位置移除一个头像，结果如图 13.25 所示。

图 13.24　插入一个头像

图 13.25　移除一个头像

13.5　实践与练习

（答案位置：资源包\TM\sl\13\实践与练习）

综合练习 1：广告图片的轮播效果　以元素过渡的内容为基础，实现电子商城中广告图片的轮播效果。每隔 3 秒切换一张广告图片，在切换图片时有一个过渡效果。运行结果如图 13.26 所示。

图 13.26　图片轮播效果

综合练习 2：为古诗设置过渡效果　循环输出《望庐山瀑布》的四句古诗，在每一句古诗的内容发生变化时有一个过渡的效果。运行结果如图 13.27~图 13.30 所示。

图 13.27　第一句古诗

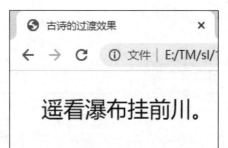

图 13.28　第二句古诗

图 13.29　第三句古诗

图 13.30　第四句古诗

第 14 章

渲 染 函 数

Vue.js 使用了虚拟 DOM 机制，通过虚拟 DOM 来更新 DOM 节点，提高了渲染效率。在介绍组件时，组件模板是定义在选项对象的 template 选项中的，但是在一些场景中需要使用 JavaScript 来创建 HTML，这时可以使用渲染函数（render()函数）。本章主要讲解 Vue.js 中用于实现虚拟 DOM 的渲染函数的用法。

本章知识架构及重难点如下。

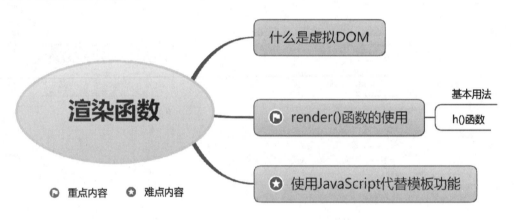

14.1　什么是虚拟 DOM　

对元素和文本的操作，实际上就是对 DOM 节点的操作。将元素节点添加到当前的 DOM 树中，或者删除 DOM 树中的某个元素节点，都会引起浏览器对网页的重新渲染。随着单页应用程序的广泛应用，页面跳转和更新等操作都是在同一个页面中完成的，这样就会更加频繁地操作 DOM，对网页的重新渲染就会比较耗时。为了解决 DOM 渲染效率的问题，Vue.js 采用了虚拟 DOM 机制。

虚拟 DOM 并不是真正意义上的 DOM。简单来说，虚拟 DOM 就是用 JavaScript 来模拟 DOM。当 DOM 前后发生变化时，让 JavaScript 来对这种变化进行比较，比较之后，只更新需要改变的 DOM，不需要改变的地方不处理，用这种方法来提高渲染效率。

虚拟 DOM 实际上是一个 JavaScript 对象。和正常的 DOM 对象相比，JavaScript 对象更简单，处理速度更快，DOM 树的结构可以很容易地用 JavaScript 对象来表示。

例如，在 HTML 中创建 DOM 结构，代码如下：

```
<ul id="menu">
    <li class="item">电影</li>
    <li class="item">音乐</li>
    <li class="item">读书</li>
</ul>
```

将上述代码中的 DOM 树的结构用对应的 JavaScript 对象来表示，代码如下：

```
var ele = {
    tag: 'ul',                                                      //节点标签名
    props : {                                                       //节点的属性
        id: 'menu'
    },
    children: [                                                     //节点的子节点
        {tag: 'li', props: {class: 'item'}, children: ['电影']},
        {tag: 'li', props: {class: 'item'}, children: ['音乐']},
        {tag: 'li', props: {class: 'item'}, children: ['读书']}
    ]
}
```

上述代码中，ele 即创建的用于表示 DOM 树结构的 JavaScript 对象。使用 JavaScript 对象来表示 DOM 树的结构，当数据发生变化时直接修改这个 JavaScript 对象，然后将修改后和修改前的 JavaScript 对象进行对比，记录需要对页面执行的 DOM 操作，再将其应用到真正的 DOM 树，从而实现视图的更新。

14.2　render()函数的使用

14.2.1　基本用法

假设要实现一个锚点的应用。锚点（anchor）是网页中超链接的一种。使用锚点可以在文档中设置标记，这些标记通常放在文档的特定主题位置或页面的顶部，然后可以创建到这些锚点的链接，这些链接可以帮助用户快速浏览指定位置。例如，生成两个带锚点的标题，代码如下：

```
<div id="app">
    <h1>
        <a href="#music">
            音乐频道
        </a>
    </h1>
    <h2>
        <a href="#read">
            读书频道
        </a>
    </h2>
</div>
```

```
<div style="margin-top: 300px;"></div>
<a id="music">
    音乐频道内容
</a>
<div style="margin-top: 50px;"></div>
<a id="read">
    读书频道内容
</a>
<div style="margin-top: 1000px;"></div>
```

将这个功能封装为组件，代码如下：

```
<div id="app">
    <anchor :level="1">
        <a href="#music">音乐频道</a>
    </anchor>
    <anchor :level="2" title="read">
        <a href="#read">读书频道</a>
    </anchor>
</div>
<div style="margin-top: 300px;"></div>
<a id="music">
    音乐频道内容
</a>
<div style="margin-top: 50px;"></div>
<a id="read">
    读书频道内容
</a>
<div style="margin-top: 1000px;"></div>
<script src="https://unpkg.com/vue@next"></script>
<script type="text/javascript">
    const vm = Vue.createApp({});
    vm.component('anchor', {                        //定义全局组件
        template: `
            <div>
                <h1 v-if="level===1">
                    <a :href="'#'+title">
                        <slot></slot>
                    </a>
                </h1>
                <h2 v-if="level===2">
                    <a :href="'#'+title">
                        <slot></slot>
                    </a>
                </h2>
                <h3 v-if="level===3">
                    <a :href="'#'+title">
                        <slot></slot>
                    </a>
                </h3>
```

```
                <h4 v-if="level===4">
                    <a :href="'#'+title">
                        <slot></slot>
                    </a>
                </h4>
                <h5 v-if="level===5">
                    <a :href="'#'+title">
                        <slot></slot>
                    </a>
                </h5>
                <h6 v-if="level===6">
                    <a :href="'#'+title">
                        <slot></slot>
                    </a>
                </h6>
            </div>
        `,
        props: {                                                    //传递 Prop
            level: {
                type: Number,
                required: true
            },
            title: {
                type: String,
                default: ''
            }
        }
    });
    vm.mount('#app');
</script>
```

上述代码中，考虑到标题元素（<h1>~<h6>）可以变化，将标题的级别定义成组件的 Prop，根据传递的动态属性 level 可以在不同级别的标题中插入锚点元素。这样写的缺点是：组件的模板代码冗长，大部分代码都是重复的。

下面使用 render()函数来改写上面的代码，代码如下：

```
<div id="app">
    <anchor :level="1">
        <a href="#music">音乐频道</a>
    </anchor>
    <anchor :level="2" title="read">
        <a href="#read">读书频道</a>
    </anchor>
</div>
<div style="margin-top: 300px;"></div>
<a id="music">
    音乐频道内容
</a>
<div style="margin-top: 50px;"></div>
```

```
<a id="read">
    读书频道内容
</a>
<div style="margin-top: 1000px;"></div>
<script src="https://unpkg.com/vue@next"></script>
<script type="text/javascript">
    const vm = Vue.createApp({});
    vm.component('anchor', {                              //定义全局组件
        render(){
            const {h} = Vue
            return h(
                'h' + this.level,
                {},
                this.$slots.default()
            )
        },
        props: {                                          //传递 Prop
            level: {
                type: Number,
                required: true
            },
            title: {
                type: String,
                default: ''
            }
        }
    });
    vm.mount('#app');
</script>
```

上述代码中，使用 render()函数创建虚拟 DOM，通过拼接字符串（'h' + this.level）的形式来构造标题元素，将组件的子节点存储在组件实例的$slots.default()中，这样就简化了代码。

14.2.2 h()函数

在 render()函数中，使用 h()函数可以构建虚拟 DOM 的模板，它返回的是一个 JavaScript 对象。这个对象所包含的信息会告诉 Vue.js 页面中需要渲染什么节点，包括其子节点的描述信息。这样的节点被称为虚拟节点 (virtual node，常简写为 VNode)。虚拟 DOM 是由 Vue 组件树建立起来的整个 VNode 树的统称。

h()函数可以接收 3 个参数，示例代码如下：

```
h(
    //----------第一个参数，必选----------//
    // {String | Object | Function}
    // 一个 HTML 标签，组件选项对象，或者是一个函数
    'div',
```

```
//---------- 第二个参数，可选----------//
// {Object}
// 一个包含模板相关属性的数据对象
{

},

//---------- 第三个参数，可选----------//
// {String | Array}
//子虚拟节点，由 h()函数构建
//或简单的使用字符串来生成的文本节点
[
    '文本',
    h('h1', 'Hello world'),
    h(MyComponent, {
        someProp: 'foobar'
    })
]
)
```

第一个参数是必选的，它表示要创建的元素节点的名字或组件。它可以是一个 HTML 标签，也可以是一个组件选项对象，或者是一个函数。第二个参数是可选的，它表示元素的属性集合。它是一个包含模板相关属性的数据对象，在 template 中使用。第三个参数也是可选的，它表示子节点的信息。它可以是字符串文本，也可以是由 h()函数构建的子虚拟节点。

在此之前，要想在模板中绑定样式或监听事件，就要在组件的标签上使用相应的指令。而在 render() 函数中，这些都写在包含属性的数据对象中。例如，定义一个绑定了样式且监听 click 事件的简单组件，当单击文本时为文本添加样式，使用 template 方式的代码如下：

```
<style type="text/css">
    .style{
        width: 300px;                                    /*设置宽度*/
        height:100px;                                    /*设置高度*/
        line-height:100px;                               /*设置行高*/
        text-align:center;                               /*设置文本居中显示*/
        font-size:20px;                                  /*设置文字大小*/
        background:#6666FF;                              /*设置背景颜色*/
        color: #FFFFFF;                                  /*设置文字颜色*/
    }
</style>
<div id="app">
    <ele></ele>
</div>
<script src="https://unpkg.com/vue@next"></script>
<script type="text/javascript">
    const vm = Vue.createApp({});
    vm.component('ele', {                                //定义全局组件
        template: `
            <div id="demo"
```

```
                :class="{style:isStyle}"
                @click="addStyle">成功永远属于马上行动的人</div>
        `,
        data: function () {
            return {
                isStyle: false
            }
        },
        methods: {
            addStyle: function () {
                this.isStyle = true;
            }
        }
    });
    vm.mount('#app');
</script>
```

运行结果如图 14.1 和图 14.2 所示。

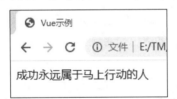

图 14.1 文本初始效果

图 14.2 为文本添加样式

使用 render()函数进行改写，代码如下：

```
<style type="text/css">
    .style{
        width: 300px;                          /*设置宽度*/
        height:100px;                          /*设置高度*/
        line-height:100px;                     /*设置行高*/
        text-align:center;                     /*设置文本居中显示*/
        font-size:20px;                        /*设置文字大小*/
        background:#6666FF;                    /*设置背景颜色*/
        color: #FFFFFF;                        /*设置文字颜色*/
    }
</style>
<div id="app">
    <ele></ele>
</div>
<script src="https://unpkg.com/vue@next"></script>
<script type="text/javascript">
    const vm = Vue.createApp({});
    vm.component('ele', {                       //定义全局组件
        render(){
```

```
                    return Vue.h(
                        'div',
                        {
                            class: {                              //动态绑定 class
                                'style': this.isStyle
                            },
                            id: 'demo',
                            onClick: this.addStyle                 //绑定 click 事件
                        },
                        '成功永远属于马上行动的人'
                    )
                },
                data: function () {
                    return {
                        isStyle: false
                    }
                },
                methods: {
                    addStyle: function () {
                        this.isStyle = true;
                    }
                }
            });
            vm.mount('#app');
</script>
```

虽然两种写法不同，但结果是相同的。由上例可知，使用 template 方式明显比使用 render()函数方式可读性更好，代码更简洁。所以要在合适的情况下使用 render()函数。

14.3　使用 JavaScript 代替模板功能

在 template 中可以使用 Vue 内置的一些指令实现某些功能，如 v-if、v-for。但是在 render()函数中无法使用这些指令，要实现某些功能可以使用原生 JavaScript 方式。

例如，在 render()函数中使用原生 if…else 语句来判断输入的值是否为一个正整数，代码如下：

```
<div id="app">
    请输入年龄： <input v-model="num" size="6">
    <ele :num="num"></ele>
</div>
<script src="https://unpkg.com/vue@next"></script>
<script type="text/javascript">
    const vm = Vue.createApp({
        data(){
            return {
                num : ''
```

```
                }
            }
        });
        vm.component('ele', {
            render(){
                //判断输入是否为正整数
                if(!/^[1-9]*[1-9][0-9]*$/.test(this.num)){
                    return Vue.h('p', {
                        style:{
                            color: 'red'
                        }
                    },'请输入正整数！')
                }else{
                    return Vue.h('p', {
                        style:{
                            color: 'green'
                        }
                    },'输入正确！')
                }
            },
            props: {
                num: {
                    type: String,
                    required: true
                }
            }
        });
        vm.mount('#app');
</script>
```

运行结果如图 14.3 和图 14.4 所示。

图 14.3　提示输入正整数

图 14.4　提示输入正确

【例 14.1】实现文本的放大和缩小。（**实例位置：资源包\TM\sl\14\01**）

在 render()函数中使用原生 JavaScript 进行判断，根据判断结果实现文本的放大和缩小。单击"放大"按钮实现文本的放大效果，单击"缩小"按钮实现文本的缩小效果。代码如下：

```
<div id="app">
    <ele :show="show">读书百遍，其义自见。</ele>
    <button @click="show = !show">{{!show?'放大':'缩小'}}</button>
```

```
</div>
<script src="https://unpkg.com/vue@next"></script>
<script type="text/javascript">
    const vm = Vue.createApp({
        data(){
            return {
                show: false
            }
        }
    });
    vm.component('ele', {
        render(){
            if(this.show){
                return Vue.h('p', {
                    style:{
                        color: 'blue',
                        fontSize: '26px'
                    }
                },this.$slots.default())
            }else{
                return Vue.h('p', {
                    style:{
                        color: 'blue',
                        fontSize: '16px'
                    }
                },this.$slots.default())
            }
        },
        props: {
            show: {
                type: Boolean,
                default: false
            }
        }
    });
    vm.mount('#app');
</script>
```

运行上述代码，结果如图 14.5 和图 14.6 所示。

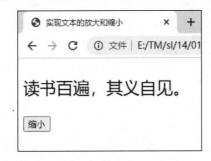

图 14.5　放大文本

图 14.6　缩小文本

235

在使用 v-if 的模板中可以通过原生 JavaScript 中的 if 和 else 语句实现逻辑判断。对于 v-for 指令，可以使用对应的 for 循环来实现。例如，在 render() 函数中使用 for 语句渲染一个列表，代码如下：

```
<div id="app">
    <ele :items="items"></ele>
</div>
<script src="https://unpkg.com/vue@next"></script>
<script type="text/javascript">
    const vm = Vue.createApp({
        data(){
            return {
                items: [
                    '空山不见人，','但闻人语响。','返景入深林，','复照青苔上。'
                ]
            }
        }
    });
    vm.component('ele', {
        render(){
            var nodes = [];
            for(var i = 0; i < this.items.length; i++){
            nodes.push(Vue.h('p', this.items[i]));
            }
            return Vue.h('div', nodes);
        },
        props: {
            items: {
                type: Array
            }
        }
    });
    vm.mount('#app');
</script>
```

运行结果如图 14.7 所示。

图 14.7　渲染列表

在 render() 函数中也不能使用 v-model 指令。如果要实现相应的功能需要自己编写业务逻辑。例如，实现与 v-model 指令相同的功能，将单行文本框的值和组件中的属性值进行绑定。代码如下：

```
<div id="app">
```

```
        <ele></ele>
    </div>
    <script src="https://unpkg.com/vue@next"></script>
    <script type="text/javascript">
        const vm = Vue.createApp({});
        vm.component('ele', {
            render(){
                var self = this;
                return Vue.h('div',[
                    Vue.h('input', {
                        value: this.value,
                        oninput: function (event) {
                            self.value = event.target.value;
                        }
                    }),
                    Vue.h('p','输入的值：' + this.value)
                ])
            },
            data(){
                return {
                    value: ''
                }
            }
        });
        vm.mount('#app');
    </script>
```

　　运行上述代码，当单行文本框中的内容发生变化时，value 属性值也会相应进行更新。结果如图 14.8 所示。

图 14.8　单行文本框数据绑定

　　对于事件处理中的事件修饰符和按键修饰符，也需要使用对应的方法来实现。常用修饰符对应的实现方法如表 14.1 所示。

表 14.1　常用修饰符对应的实现方法

修 饰 符	对应的实现方法
.stop	event.stopPropagation()
.prevent	event.preventDefault()
.self	if(event.target !== event.currentTarget) return
.enter	if(event.keyCode !== 13) return
.ctrl、.alt、.shift	if(!event.ctrlKey) return

编程训练（答案位置：资源包\TM\sl\14\编程训练）

【训练 1】通过单击按钮切换图片　在 render()函数中通过判断实现切换图片的效果。

【训练 2】显示列表内容　判断列表中是否有内容，如果有内容就对列表进行渲染，否则提示"暂无内容"。

14.4　实践与练习

（答案位置：资源包\TM\sl\14\实践与练习）

综合练习 1：实现列表的显示和隐藏　在 render()函数中使用 for 语句对列表进行渲染，通过单击按钮实现列表的显示和隐藏。运行结果如图 14.9 和图 14.10 所示。

图 14.9　隐藏列表内容　　　　　　　　　　图 14.10　显示列表内容

综合练习 2：模拟在线聊天　模拟在线聊天的发送内容功能。在文本框中输入聊天内容，按回车键发送。运行结果如图 14.11 和图 14.12 所示。

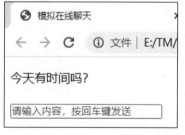

图 14.11　无聊天内容　　　　　　　　　图 14.12　显示聊天内容

第 **3** 篇

高级应用

本篇进一步详解 Vue.js 的高级应用部分，涵盖使用 Vue Router 实现路由、使用 axios 实现 Ajax 请求、Vue CLI、状态管理等内容。学习完本篇，读者可以熟练地使用 Vue.js 开发 Web 前端应用程序。

高级应用

使用Vue Router实现路由 —— 学习使用路由实现页面跳转的方法

使用axios实现Ajax请求 —— 学习使用axios实现本地与服务器端通信的方法

Vue CLI —— 学习使用脚手架快速构建项目，并实现一些项目的初始配置

状态管理 —— 学习实现组件之间数据共享的方法

第 15 章

使用 Vue Router 实现路由

在单页 Web 应用中，整个项目只有一个 HTML 文件，不同视图（组件的模板）的内容都是在同一个页面中渲染的。当用户切换页面时，页面之间的跳转都是在浏览器端完成的，这时就需要使用前端路由。本章主要讲解 Vue.js 官方的路由管理器 Vue Router 的使用。

本章知识架构及重难点如下。

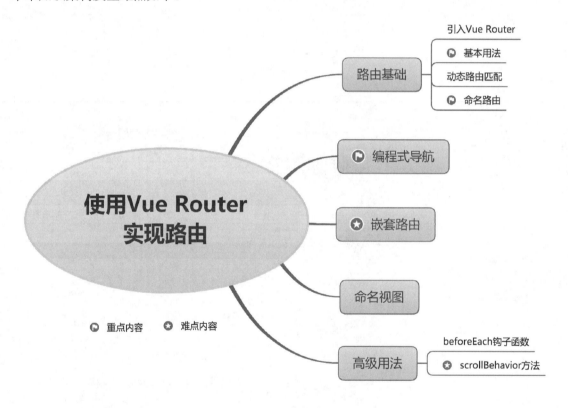

15.1 路 由 基 础

路由实际上就是一种映射关系。例如，多个选项卡之间的切换就可以使用路由功能来实现。在切换时，根据鼠标的单击事件显示不同的页面内容，这相当于事件和事件处理程序之间的映射关系。

15.1.1　引入 Vue Router

在使用 Vue Router 之前需要在页面中进行引入，可以使用 CDN 方式引入 Vue Router。代码如下：

```
<script src="https://unpkg.com/vue-router@next"></script>
```

如果在项目中使用 Vue Router，则可以使用 npm 方式进行安装。在命令提示符窗口中输入如下命令：

```
npm install vue-router@next --save
```

说明

在安装 Vue Router 时，安装支持 Vue 3.0 版本的 Vue Router 需要使用 vue-router@next，安装支持 Vue 2.x 版本的 Vue Router 需要使用 vue-router。

15.1.2　基本用法

使用 Vue.js 创建的应用程序可以由多个组件组成，而 Vue Router 的作用是将每个路径映射到对应的组件，并通过路由进行组件之间的切换。

Vue.js 路由的思想是通过不同的 URL 访问不同的内容。要想通过路由实现组件之间的切换，需要使用 Vue Router 提供的 router-link 组件，该组件用于设置一个导航链接，通过设置 to 属性链接到一个目标地址，从而切换不同的 HTML 内容。

下面是一个实现路由的简单示例，实现步骤如下。

（1）使用 router-link 组件设置导航链接，代码如下：

```
<div>
    <!-- 使用 router-link 组件设置导航 -->
    <!-- 通过 to 属性设置目标地址 -->
    <!-- <router-link>默认被渲染成<a>标签 -->
    <router-link to="/homepage">首页 </router-link>
    <router-link to="/course">课程 </router-link>
    <router-link to="/read">读书</router-link>
</div>
```

说明

如果要将<router-link>渲染成其他标签，可以使用 v-slot API 完全定制<router-link>。例如，将<router-link>渲染成<button>标签，代码如下：

```
<router-link to="/course" custom v-slot="{navigate}">
    <button @click="navigate" @keypress.enter="navigate">课程</button>
</router-link>
```

（2）通过<router-link>指定组件在何处渲染，代码如下：

```
<router-view></router-view>
```

当单击链接时，会在<router-link>所在的位置渲染组件的模板内容。

（3）定义路由组件，代码如下：

```
const homepage = {
    template: '<p>首页内容</p>'
};
const course = {
    template: '<p>课程页面内容</p>'
};
const read = {
    template: '<p>读书页面内容</p>'
};
```

（4）定义路由，将前面设置的链接和定义的组件一一对应，代码如下：

```
//定义路由，每个路由映射一个组件
const routes = [
    { path: '/homepage', component: homepage },
    { path: '/course', component: course },
    { path: '/read', component: read }
];
```

（5）创建 VueRouter 实例，将上一步定义的路由配置作为选项传递进来，代码如下：

```
//创建 VueRouter 实例，传入路由配置
const router = VueRouter.createRouter({
    //提供要使用的 history 实现，这里使用 hash history
    history: VueRouter.createWebHashHistory(),
    routes                                          //相当于 routes: routes 的缩写
});
```

（6）创建应用程序实例，调用 use()方法，传入上一步创建的 router 对象，使整个应用程序具备路由功能，代码如下：

```
const vm = Vue.createApp({});
vm.use(router);                                     //调用应用程序实例的 use()方法，传入创建的 router 对象
vm.mount('#app');
```

到这里就完成了路由的配置。完整代码如下：

```
<div id="app">
    <div>
        <!-- 使用 router-link 组件设置导航 -->
        <!-- 通过 to 属性设置目标地址 -->
        <!-- <router-link>默认被渲染成<a>标签 -->
        <router-link to="/homepage">首页 </router-link>
        <router-link to="/course">课程 </router-link>
        <router-link to="/read">读书</router-link>
    </div>
    <!-- 路由出口，路由匹配到的组件渲染的位置 -->
```

```
        <router-view></router-view>
</div>
<script src="https://unpkg.com/vue@next"></script>
<script src="https://unpkg.com/vue-router@next"></script>
<script type="text/javascript">
        //定义路由组件，可以使用 import 从其他文件引入
        const homepage = {
                template: '<p>首页内容</p>'
        };
        const course = {
                template: '<p>课程页面内容</p>'
        };
        const read = {
                template: '<p>读书页面内容</p>'
        };
        //定义路由，每个路由映射一个组件
        const routes = [
                { path: '/homepage', component: homepage },
                { path: '/course', component: course },
                { path: '/read', component: read }
        ];
        //创建 VueRouter 实例，传入路由配置
        const router = VueRouter.createRouter({
                //提供要使用的 history 实现，这里使用 hash history
                history: VueRouter.createWebHashHistory(),
                routes                                  //相当于 routes: routes 的缩写
        });
        const vm = Vue.createApp({});
        vm.use(router);                                 //调用应用程序实例的 use()方法，传入创建的 router 对象
        vm.mount('#app');
</script>
```

上述代码中，<router-link>会被渲染成<a>标签。例如，第一个<router-link>会被渲染成<a href="#/homepage">首页</a>。当单击第一个<router-link>对应的标签时，由于 to 属性的值是/homepage，因此实际的路径地址就是当前 URL 路径后加上#/homepage。这时，Vue 会找到定义的路由 routes 中 path 为/homepage 的路由，并将对应的组件 homepage 渲染到<router-view>中。运行结果如图 15.1、图 15.2、图 15.3 所示。

图 15.1　单击"首页"链接

图 15.2　单击"课程"链接

图 15.3　单击"读书"链接

15.1.3 动态路由匹配

在实际开发中，经常需要将匹配到的所有路由全部映射到同一个组件。例如，对于所有不同 ID 的新闻，都需要使用同一个组件 News 来渲染。那么，可以在路由路径中使用动态路径参数来满足这个需求。示例代码如下：

```html
<div id="app">
    <div>
        <!-- 使用 router-link 组件设置导航 -->
        <router-link to="/news/1">新闻 1 </router-link>
        <router-link to="/news/2">新闻 2 </router-link>
    </div>
    <!-- 路由出口，路由匹配到的组件渲染的位置 -->
    <router-view></router-view>
</div>
<script src="https://unpkg.com/vue@next"></script>
<script src="https://unpkg.com/vue-router@next"></script>
<script type="text/javascript">
    const News = {
        template: '<p>新闻 ID：{{ $route.params.id }}</p>'
    }
    const routes = [
        //动态路径参数，以冒号开头
        { path: '/news/:id', component: News }
    ]
    //创建 VueRouter 实例，传入路由配置
    const router = VueRouter.createRouter({
        //提供要使用的 history 实现，这里使用 hash history
        history: VueRouter.createWebHashHistory(),
        routes                                   //相当于 routes: routes 的缩写
    });
    const vm = Vue.createApp({});
    vm.use(router);                              //调用应用程序实例的 use()方法，传入创建的 router 对象
    vm.mount('#app');
</script>
```

上述代码中，:id 即为设置的动态路径参数。这时，像/news/1、/news/2 这样的路径都会映射到相同的组件。当匹配到一个路由时，通过$route.params 的方式可以获取参数值，并且可以在每个组件内使用。运行结果如图 15.4、图 15.5 所示。

图 15.4 单击"新闻 1"链接　　　　图 15.5 单击"新闻 2"链接

在同一个路由中可以有多个路径参数，它们将映射到$route.params 中的相应字段。例如，路径为"/user/:username/post/:id"，匹配路径为"/user/tom/post/10"，则通过$route.params 获取的值为：

```
{ "username": "tom", "id": "10" }
```

15.1.4　命名路由

在某些时候，在进行路由跳转时，通过一个名称来标识路由会更方便一些。可以在创建 VueRouter 实例时，在 routes 配置中为某个路由设置名称。示例代码如下：

```
const routes = [
    {
        path: '/news',
        name: 'news',                        //为路由设置名称
        component: News
    }
]
```

在设置了路由的名称后，要想链接到该路径，可以将<router-link>的 to 属性设置成一个对象，同时需要使用 v-bind 指令。代码如下：

```
<router-link :to="{ name : 'news'}">新闻</router-link>
```

这样，当单击"新闻"链接时，会跳转到/news 路径的路由。

15.2　编程式导航

定义导航链接除了使用<router-link>创建<a>标签，还可以使用 router 实例的 push()方法实现导航的功能。在 Vue 实例内部，通过$router 可以访问路由实例，因此通过调用 this.$router.push 即可实现页面的跳转。

该方法的参数可以是一个字符串路径，还可以是一个描述跳转目标地址的对象。示例代码如下：

```
//跳转到字符串表示的路径
this.$router.push('music')
//跳转到指定路径
this.$router.push({ path: 'music' })
//跳转到指定命名的路由
this.$router.push({ name: 'user' })
//跳转到带有查询参数的指定路径
this.$router.push({ path: 'music', query: { id: '5' }})
//跳转到带有查询参数的指定命名的路由
this.$router.push({ name: 'user', params: { id: '1' }})
```

【例 15.1】实现新闻类别选项卡。（实例位置：资源包\TM\sl\15\01）

　　实现切换新闻类别选项卡的效果。页面中有"最新""热门"和"推荐"3个新闻类别选项卡，单击不同的类别选项卡，页面下方会显示不同的新闻信息。实现步骤如下。

　　（1）定义<div>元素，并设置其 id 属性值为 app，在该元素中定义一个 id 属性值为 tabBox 的 div 元素，然后在该元素中添加一个 ul 列表和一个 div 元素，ul 列表用于显示 3 个选项卡，将选项卡对应的文本内容渲染到 div 元素的 router-view 中。代码如下：

```html
<div id="app">
    <div class="tabBox">
        <ul class="tab" :class="current">
            <li class="newest" v-on:click="show('newest')">最新</li>
            <li class="hot" v-on:click="show('hot')">热门</li>
            <li class="recommend" v-on:click="show('recommend')">推荐</li>
        </ul>
        <div class="option">
            <router-view></router-view>
        </div>
    </div>
</div>
```

　　（2）编写 CSS 代码，为页面元素设置样式，具体代码请参考本书所附资源包。

　　（3）首先定义 3 个组件，然后定义路由，接着创建 router 实例，最后在创建的根组件实例中定义数据和方法。在定义的 show 方法中，通过 push()方法跳转到指定名称的路由，从而实现选项卡下方文本内容的切换。代码如下：

```html
<script src="https://unpkg.com/vue@next"></script>
<script src="https://unpkg.com/vue-router@next"></script>
<script type="text/javascript">
    const newest = {                                    //最新新闻组件
        template : `<div>
            <ul class="newslist">
                <li>C 语言零起点 金牌入门<span class="top">【置顶】</span>
                    <span class="time">2023-05-01</span>
                </li>
                <li>每月 18 日会员福利日 代金券 疯狂送<span class="top">【置顶】</span>
                    <span class="time">2023-05-01</span>
                </li>
                <li>明日之星-明日科技 璀璨星途带你飞<span class="top">【置顶】</span>
                    <span class="time">2023-05-01</span>
                </li>
                <li>写给初学前端工程师的一封信<span class="top">【置顶】</span>
                    <span class="time">2023-05-01</span>
                </li>
                <li>Java 零起点金牌入门<span class="top">【置顶】</span>
                    <span class="time">2023-05-02</span>
                </li>
                <li>从小白到大咖 你需要百炼成钢<span class="top">【置顶】</span>
                    <span class="time">2023-05-02</span>
                </li>
```

```
                </ul>
            </div>`
};
const hot = {                                          //热门新闻组件
    template : `<div>
        <ul class="newslist">
            <li>外星人登陆地球，编程大系约你来战<span class="top">【置顶】</span>
                <span class="time">2023-05-02</span>
            </li>
            <li>全部技能，看大咖如何带你飞起<span class="top">【置顶】</span>
                <span class="time">2023-05-02</span>
            </li>
            <li>HTML5+CSS3 2023 新版力作<span class="top">【置顶】</span>
                <span class="time">2023-05-02</span>
            </li>
            <li>玩转 Java 就这 3 件事<span class="top">【置顶】</span>
                <span class="time">2023-05-02</span>
            </li>
            <li>C#精彩编程 200 例隆重上市<span class="top">【置顶】</span>
                <span class="time">2023-05-02</span>
            </li>
            <li>每天编程一小时，全民实现编程梦<span class="top">【置顶】</span>
                <span class="time">2023-05-02</span>
            </li>
        </ul>
    </div>`
};
const recommend = {                                    //推荐新闻组件
    template : `<div>
        <ul class="newslist">
            <li>晒作品 赢学分 换豪礼<span class="top">【置顶】</span>
                <span class="time">2023-05-01</span>
            </li>
            <li>最新上线电子书，海量编程图书<span class="top">【置顶】</span>
                <span class="time">2023-05-02</span>
            </li>
            <li>程序设计互联网+图书，轻松圆您编程梦<span class="top">【置顶】</span>
                <span class="time">2023-05-02</span>
            </li>
            <li>八年锤炼，打造经典<span class="top">【置顶】</span>
                <span class="time">2023-05-02</span>
            </li>
            <li>专业讲师精心打造精品课程<span class="top">【置顶】</span>
                <span class="time">2023-05-01</span>
            </li>
            <li>让学习创造属于你的生活<span class="top">【置顶】</span>
                <span class="time">2023-05-01</span>
            </li>
        </ul>
```

```
            </div>`
};
const routes = [
        {                                               //默认渲染 newest 组件
                path: '',
                component: newest,
        },
        {
                path: '/newest',
                name: 'newest',
                component: newest
        },
        {
                path: '/hot',
                name: 'hot',
                component: hot
        },
        {
                path: '/recommend',
                name: 'recommend',
                component: recommend
        }
];
const router = VueRouter.createRouter({
        history: VueRouter.createWebHashHistory(),
        routes
});
const vm = Vue.createApp({
        data(){
                return {
                        current: 'newest'
                }
        },
        methods: {
                show: function(v){
                        switch (v){
                                case 'newest':
                                        this.current = 'newest';
                                        this.$router.push({name: 'newest'});        //跳转到名称是 newest 的路由
                                        break;
                                case 'hot':
                                        this.current = 'hot';
                                        this.$router.push({name: 'hot'});        //跳转到名称是 hot 的路由
                                        break;
                                case 'recommend':
                                        this.current = 'recommend';
                                        this.$router.push({name: 'recommend'}); //跳转到名称是 recommend 的路由
                                        break;
                        }
```

```
        }
    },
});
vm.use(router);                                        //调用应用程序实例的 use()方法，传入创建的 router 对象
vm.mount('#app');
</script>
```

运行上述代码，当单击不同的选项卡时，下方会显示对应的文本内容。结果如图 15.6 和图 15.7 所示。

最新	热门	推荐	
C语言零起点 金牌入门 【置顶】			2023-05-01
每月18日会员福利日 代金券 疯狂送 【置顶】			2023-05-01
明日之星-明日科技 璀璨星途带你飞 【置顶】			2023-05-01
写给初学前端工程师的一封信 【置顶】			2023-05-01
Java 零起点金牌入门 【置顶】			2023-05-02
从小白到大咖 你需要百炼成钢 【置顶】			2023-05-02

图 15.6　默认显示最新新闻内容

最新	热门	推荐	
外星人登陆地球，编程大系约你来战 【置顶】			2023-05-02
全部技能，看大咖如何带你飞起 【置顶】			2023-05-02
HTML5+CSS3 2023新版力作 【置顶】			2023-05-02
玩转Java就这3件事 【置顶】			2023-05-02
C#精彩编程200例隆重上市 【置顶】			2023-05-02
每天编程一小时，全民实现编程梦 【置顶】			2023-05-02

图 15.7　显示热门新闻内容

编程训练（答案位置：资源包\TM\sl\15\编程训练）

【训练 1】实现横向选项卡文字切换效果　页面中有 3 个横向选项卡，当单击不同的选项卡时，页面下方会显示不同的文字描述。

【训练 2】实现右侧选项卡切换图片效果　页面右侧有 4 个选项卡，当单击某个选项卡时，左侧会显示对应的图片。

15.3　嵌套路由

二级导航菜单一般是由嵌套的组件组合而成的。使用简单的路由不能实现这种需求，这时就需要使用嵌套路由实现导航功能。使用嵌套路由时，URL 中各段动态路径会按某种结构对应嵌套的各层组件。

在前面的示例中，<router-view>是最顶层的出口，该出口用于渲染最高级路由匹配到的组件。同样，一个被渲染的组件的模板中可以包含嵌套的<router-view>。要在嵌套的出口中渲染组件，需要在定义路由时配置 children 参数。

例如有这样一个应用，代码如下：

```
<div id="app">
    <router-view></router-view>
</div>
<script type="text/javascript">
    const Music = {
```

```
            template: '<div>音乐</div>'
        }
        const routes = [
            {
                    path: '/music',
                    name: 'music',
                    component: Music
            }
        ]
        //创建 VueRouter 实例，传入路由配置
        const router = VueRouter.createRouter({
            history: VueRouter.createWebHashHistory(),
            routes                                        //相当于 routes: routes 的缩写
        });
</script>
```

上述代码中，<router-view>是最顶层的出口，它会渲染一个最高级路由匹配到的组件。同样，在组件的内部也可以包含嵌套的<router-view>。例如，在 Music 组件的模板中添加一个<router-view>，代码如下：

```
const Music = {
    template: `<div>
            <span>音乐</span>
            <router-view></router-view>
    </div>`
}
```

如果要在嵌套的出口中渲染组件，需要在定义路由时配置 children 参数。代码如下：

```
const routes = [
    {
            path: '/music',
            name: 'music',
            component: Music,
            children: [{
                    // /music/pop 匹配成功后，popMusic 会被渲染在 Music 的<router-view>中
                    path: '/pop',
                    component: popMusic
            },{
                    // /music/rock 匹配成功后，rockMusic 会被渲染在 Music 的<router-view>中
                    path: '/rock',
                    component: rockMusic
            }]
    }
]
```

注意

如果访问的路由不存在，则渲染组件的出口不会显示任何内容。这时可以提供一个空的路由。

在上述示例代码中添加一个空路由，代码如下：

```
const routes = [
    {
        path: '/music',
        name: 'music',
        component: Music,
        children: [{
            // /music 匹配成功后，popMusic 会被渲染在 Music 的<router-view>中
            path: '',
            component: popMusic
        },{
            // /music/pop 匹配成功后，popMusic 会被渲染在 Music 的<router-view>中
            path: '/pop',
            component: popMusic
        },{
            // /music/rock 匹配成功后，rockMusic 会被渲染在 Music 的<router-view>中
            path: '/rock',
            component: rockMusic
        }]
    }
]
```

下面通过一个实例来了解嵌套路由的应用。

【例 15.2】企业各部门的切换。（实例位置：资源包\TM\sl\15\02）

某企业按职能划分为研发中心和营销中心，每个中心下面又包括不同的部门。使用嵌套路由实现企业各部门切换的效果，实现步骤如下。

（1）编写 HTML 代码，首先定义<div>元素，并设置其 id 属性值为 app，在该元素中应用<router-link>组件定义两个一级导航链接，并应用<router-view>渲染两个一级导航链接对应的组件内容。代码如下：

```
<div id="app">
    <div class="nav">
        <ul>
            <li>
                <router-link to="/development">研发中心</router-link>
            </li>
            <li>
                <router-link to="/marketing">营销中心</router-link>
            </li>
        </ul>
    </div>
    <div class="content">
        <router-view></router-view>
    </div>
</div>
```

（2）编写 CSS 代码，为页面元素设置样式。具体代码如下：

```
<style type="text/css">
```

```css
body{
        font-family:微软雅黑;                            /*设置字体*/
}
a{
        text-decoration:none;                           /*设置超链接无下画线*/
}
.nav{
        width:300px;                                    /*设置宽度*/
        height:30px;                                    /*设置高度*/
        line-height:30px;                               /*设置行高*/
        background:blue;                                /*设置背景颜色*/
}
ul{
        list-style:none;                                /*设置列表无样式*/
}
.nav ul li{
        float:left;                                     /*设置左浮动*/
        margin-left:20px;                               /*设置左外边距*/
}
.nav ul li a{
        color: white;                                   /*设置文字颜色*/
}
.content{
        clear:both;                                     /*清除浮动*/
}
.content ul li{
        float:left;                                     /*设置左浮动*/
        margin-left:20px;                               /*设置左外边距*/
        font-size:14px;                                 /*设置文字大小*/
}
h3{
        clear:both;                                     /*清除浮动*/
        margin-left:30px;                               /*设置左外边距*/
        padding-top:20px;                               /*设置上内边距*/
}
</style>
```

（3）定义两个一级导航链接对应的组件，在组件的模板中定义二级导航链接，然后定义嵌套路由，最后创建 VueRouter 实例和根组件实例。代码如下：

```html
<script src="https://unpkg.com/vue@next"></script>
<script src="https://unpkg.com/vue-router@next"></script>
<script type="text/javascript">
    const Development = {                               //定义 Development 组件
        template : `<div>
            <ul>
                <li><router-link to="/development/design">设计部</router-link></li>
                <li><router-link to="/development/technology">技术部</router-link></li>
            </ul>
            <router-view></router-view>
```

```
        </div>`
}
const Marketing = {                                              //定义 Marketing 组件
    template : `<div>
        <ul>
            <li><router-link to="/marketing/market">市场部</router-link></li>
            <li><router-link to="/marketing/sale">销售部</router-link></li>
            <li><router-link to="/marketing/logistics">物流部</router-link></li>
        </ul>
        <router-view></router-view>
        </div>`
}
const routes = [
    {                                                            //默认渲染 Development 组件
        path: '',
        component: Development,
    },
    {
        path: '/development',
        component: Development,
        children:[                                               //定义子路由
            {
                path: "design",
                component: {
                    template: '<h3>Tony、Kelly</h3>'
                }
            },
            {
                path: "technology",
                component: {
                    template: '<h3>Tom、Jerry</h3>'
                }
            }
        ]
    },
    {
        path: '/marketing',
        component: Marketing,
        children:[                                               //定义子路由
            {
                path: "market",
                component: {
                    template: '<h3>John、Alice</h3>'
                }
            },
            {
                path: "sale",
                component: {
                    template: '<h3>Rose、Jack</h3>'
```

```
                                    }
                                },
                                {
                                    path: "logistics",
                                    component: {
                                        template: '<h3>Smith、Jenny</h3>'
                                    }
                                }
                            ]
                        }
                    ]
            const router = VueRouter.createRouter({
                history: VueRouter.createWebHashHistory(),
                routes
            });
            const vm = Vue.createApp({});
            vm.use(router);                        //调用应用程序实例的 use()方法，传入创建的 router 对象
            vm.mount('#app');
        </script>
```

运行上述代码，当单击"研发中心"中的"设计部"链接时，URL 路由为/development/design，结果如图 15.8 所示；当单击"营销中心"中的"市场部"链接时，URL 路由为/marketing/market，结果如图 15.9 所示。

图 15.8　渲染/development/design 对应的组件

图 15.9　渲染/marketing/market 对应的组件

编程训练（答案位置：资源包\TM\sl\15\编程训练）

【训练 3】蔬菜和水果的分类展示　使用嵌套路由实现蔬菜和水果的分类展示效果。

【训练 4】使用嵌套路由实现乐器的分类切换　乐器分为民族乐器和西洋乐器两大类，每个大类又分为多个小类。使用嵌套路由实现乐器的分类切换效果。

15.4　命 名 视 图

有些页面布局分为顶部、左侧导航栏和主显示区三个部分。这就需要将每个部分定义为一个视图。为了在界面中同时展示多个视图，需要为每个视图（router-view）设置一个名称，通过名称渲染对应的组件。在界面中可以有多个单独命名的视图，而不是只有一个单独的出口。如果没有为 router-view 设

置名称，那么它的名称默认为 default。例如，在页面中设置三个视图，代码如下：

```
<router-view class="top"></router-view>
<router-view class="left" name="left"></router-view>
<router-view class="main" name="main"></router-view>
```

一个视图需要使用一个组件进行渲染，因此对于同一个路由，多个视图就需要使用多个组件进行渲染。为上述三个视图应用组件进行渲染的代码如下：

```
const routes = [
    {
        path: '/',
        components: {
            default: Top,
            left: Left,
            main: Main
        }
    }
]
//创建 VueRouter 实例，传入路由配置
const router = VueRouter.createRouter({
    history: VueRouter.createWebHashHistory(),
    routes
});
```

下面是一个应用多视图的示例，实现"首页"和"关于我们"两个栏目之间的切换。代码如下：

```
<style>
    body{
        font-family:微软雅黑;                    /*设置字体*/
        font-size: 14px;                        /*设置文字大小*/
    }
    a{
        text-decoration:none;                   /*设置超链接无下画线*/
    }
    ul{
        list-style:none;                        /*设置列表无样式*/
        width:300px;                            /*设置宽度*/
        height:30px;                            /*设置高度*/
        line-height:30px;                       /*设置行高*/
        background:green;                       /*设置背景颜色*/
    }
    ul li{
        float:left;                             /*设置左浮动*/
        margin-left:20px;                       /*设置左外边距*/
    }
    ul li a{
        color: white;                           /*设置文字颜色*/
    }
    .left{
        float: left;                            /*设置左浮动*/
```

```
            width: 100px;                           /*设置宽度*/
            height: 50px;                           /*设置高度*/
            padding-top:10px;                       /*设置上内边距*/
            text-align: center;                     /*设置文本居中显示*/
            border-right: 1px solid #666666;        /*设置右边框*/
        }
        .main{
            float: left;                            /*设置左浮动*/
            width: 200px;                           /*设置宽度*/
            padding-left: 20px;                     /*设置左内边距*/
        }
</style>
<div id="app">
    <ul>
        <li>
            <router-link to="/homepage">首页</router-link>
        </li>
        <li>
            <router-link to="/about">关于我们</router-link>
        </li>
    </ul>
    <router-view class="left" name="left"></router-view>
    <router-view class="main" name="main"></router-view>
</div>
<script src="https://unpkg.com/vue@next"></script>
<script src="https://unpkg.com/vue-router@next"></script>
<script type="text/javascript">
    const HomeLeft = {                              //定义 HomeLeft 组件
        template: '<div>行业资讯</div>'
    };
    const HomeRight = {                             //定义 HomeRight 组件
        template: `<div>
            <div>大数据时代·掌握数据分析技能</div>
            <div>编程超级魔卡强势来袭</div>
        </div>`
    };
    const AboutLeft = {                             //定义 AboutLeft 组件
        template: `<div>
            <div>公司简介</div>
            <div>特色项目</div>
        </div>`
    };
    const AboutRight = {                            //定义 AboutRight 组件
        template: '<div>明日学院，是吉林省明日科技有限公司倾力打造的在线实用技能学习平台。</div>'
    };
    const routes = [{
        path: ",
        //默认渲染的组件
        components: {
```

```
                left: HomeLeft,
                main: HomeRight
            }
    },{
        path: '/homepage',
        // /homepage 匹配成功后渲染的组件
        components: {
            left: HomeLeft,
            main: HomeRight
        }
    },{
        path: '/about',
        // /about 匹配成功后渲染的组件
        components: {
            left: AboutLeft,
            main: AboutRight
        }
    }];
    //创建 VueRouter 实例，传入路由配置
    const router = VueRouter.createRouter({
        history: VueRouter.createWebHashHistory(),
        routes
    });
    const vm = Vue.createApp({});
    vm.use(router);                        //调用应用程序实例的 use()方法，传入创建的 router 对象
    vm.mount('#app');
</script>
```

运行结果如图 15.10、图 15.11 所示。

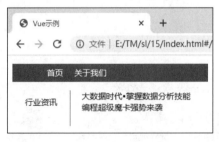

图 15.10　展示"首页"栏目内容

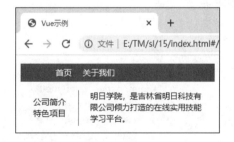

图 15.11　展示"关于我们"栏目内容

15.5　高　级　用　法

15.5.1　beforeEach 钩子函数

beforeEach是Vue Router提供的一个钩子函数，该函数会在路由即将发生改变之前触发。使用

beforeEach钩子函数，可以在路由发生变化时进行一些特殊的处理。该函数的语法如下：

```
beforeEach((to, from, next) => {
    // ...
})
```

参数说明：

☑ to：即将进入的目标路由对象。

☑ from：当前导航即将离开的路由对象。

☑ next：调用该方法后进入下一个钩子。

在设置网页标题时经常会用到 beforeEach 钩子函数。因为单页应用只有一个固定的 HTML，当使用路由切换到不同页面时，HTML 标题并不会发生变化。这时就可以使用 beforeEach 钩子函数来设置网页的标题。

【例 15.3】设置网页标题。（实例位置：资源包\TM\sl\15\03）

设置"注册"和"登录"两个链接，在切换路由时，实现设置网页标题的效果。当单击某个链接时，网页的标题也会随着变化。实现步骤如下。

（1）定义<div>元素，并设置其 id 属性值为 app，在该元素中定义一个 class 属性值为 middle-box 的 div 元素，然后在该元素中使用<router-link>组件定义"注册"和"登录"两个链接，并将对应的组件模板渲染到 router-view 中。下面应用<template>标签分别定义两个组件的模板。代码如下：

```
<div id="app">
    <div class="middle-box">
        <span>
            <router-link to="/">注册</router-link>
            <router-link to="/login">登录</router-link>
        </span>
        <router-view></router-view>
    </div>
</div>
<template id="reg">
    <div>
        <form id="form" name="form" method="post" action=""  autocomplete="off">
            <div class="form-group">
                <label for="name">用户名：</label>
                <input name="name" id="name" type="text"   class="form-control" placeholder="用户名" >
            </div>
            <div class="form-group">
                <label for="password">密 码：</label>
                <input name="password" id="password" type="password" class="form-control" placeholder="密码">
            </div>
            <div class="form-group">
                <label for="passwords">确认密码：</label>
                <input name="passwords" id="passwords" type="password" class="form-control"
                    placeholder="确认密码">
            </div>
            <div class="form-group">
                <div class="agreement">
```

```
                    <input type="checkbox" checked="checked">阅读并同意<a href="#">《注册协议》</a>
                </div>
            </div>
            <button type="submit" id="send" class="btn-primary">注 册</button>
        </form>
    </div>
</template>
<template id="log">
    <div>
        <form id="form" name="form" method="post" action=""   autocomplete="off">
            <div class="form-group">
                <label>账 号：</label>
                <input name="username" id="username" type="text"   class="form-control" placeholder="用户名" >
            </div>
            <div class="form-group">
                <label>密 码：</label>
                <input name="password" id="password" type="password" class="form-control" placeholder="密码">
            </div>
            <!--滑块区域-->
            <div class="form-group">
                <div class="drag-out">
                    <span>按住滑块，拖动到最右侧</span>
                    <div class="drag-area">》</div>
                    <div class="drag-code"></div>
                </div>
            </div>
            <button type="submit" id="login" class="btn-primary">登 录</button>
        </form>
    </div>
</template>
```

（2）编写 CSS 代码，为页面元素设置样式，关键代码如下：

```
.router-link-exact-active{
    width:80px;                                          /*设置宽度*/
    height: 40px;                                        /*设置高度*/
    line-height: 40px;                                   /*设置行高*/
    color:#66CCFF;                                       /*设置文字颜色*/
    border-bottom:5px solid #66CCFF;                     /*设置下边框*/
}
```

说明

router-link-exact-active 是为当前路由对应的导航链接自动添加的 class 类名。在实现导航栏时，可以使用该类名高亮显示当前页面对应的导航菜单项。类名中加 exact 表示精确匹配，不加 exact 的类名表示模糊匹配。例如，为嵌套路由中的导航菜单项设置高亮显示可以使用 router-link-active 类。

（3）先定义 Register 和 Login 两个组件，然后定义路由，在定义路由时通过 meta 字段设置每个页面的标题。接着创建 router 实例，再使用 beforeEach 钩子函数，当使用路由切换到不同页面时设置网页的标题，最后挂载根实例并使用路由功能。代码如下：

```
<script src="https://unpkg.com/vue@next"></script>
<script src="https://unpkg.com/vue-router@next"></script>
<script type="text/javascript">
    const Register = {                              //定义 Register 组件
        template : "#reg"
    }
    const Login = {                                 //定义 Login 组件
        template : "#log"
    }
    const routes = [
        {                                           //默认渲染 Register 组件
            path: ",
            component: Register,
            meta: {
                title: '注册页面'
            }
        },
        {
            path: '/register',
            name: 'register',
            component: Register,
            meta: {
                title: '注册页面'
            }
        },
        {
            path: '/login',
            name: 'login',
            component: Login,
            meta: {
                title: '登录页面'
            }
        }
    ];
    //创建 VueRouter 实例，传入路由配置
    const router = VueRouter.createRouter({
        history: VueRouter.createWebHashHistory(),
        routes
    });
    router.beforeEach((to, from, next) => {
        document.title = to.meta.title;
        next();
    })
    const vm = Vue.createApp({});
    vm.use(router);                                 //调用应用程序实例的 use()方法，传入创建的 router 对象
    vm.mount('#app');
</script>
```

运行上述代码，页面中有"注册"和"登录"两个链接，当单击不同的链接时，网页的标题也会随着变化。结果如图 15.12 和图 15.13 所示。

图 15.12　显示注册页面

图 15.13　显示登录页面

15.5.2　scrollBehavior 方法

在单页应用中使用路由功能，如果在切换到新的路由之前页面中出现了滚动条，那么在默认情况下，切换路由之后的页面并不会滚动到顶部。如果想要使页面滚动到顶部，或者保持原来的滚动位置，需要使用 Vue Router 提供的 scrollBehavior 方法。该方法可以自定义路由切换时页面如何滚动。scrollBehavior 方法的语法如下：

```
scrollBehavior (to, from, savedPosition) {
    //return 期望滚动到哪个位置
}
```

参数说明：

☑　to：即将进入的目标路由对象。

☑　from：当前导航即将离开的路由对象。

☑　savedPosition：当导航通过浏览器的前进或后退按钮触发时才可用。

scrollBehavior 方法会返回一个滚动位置对象，用于指定新页面的滚动位置。该对象的两个位置属性是 top 和 left，top 属性指定沿 Y 轴滚动后的位置，left 属性指定沿 X 轴滚动后的位置。

下面是一个路由切换时使页面滚动到顶部的示例，代码如下：

```
<style>
    p{
        margin-top: 200px;                              /*设置上外边距*/
    }
</style>
<div id="app">
```

```
    <p>
        <router-link to="/">课程</router-link>
        <router-link to="/read">读书</router-link>
    </p>
    <router-view></router-view>
</div>
<script src="https://unpkg.com/vue@next"></script>
<script src="https://unpkg.com/vue-router@next"></script>
<script type="text/javascript">
    const Course = {
        template : '<div style="height: 1500px">课程页面</div>'
    }
    const Read = {
        template : '<div style="height: 1500px">读书页面</div>'
    }
    const routes = [
        {
            path: '/',
            component: Course
        },{
            path: '/read',
            component: Read
        }
    ];

    //创建 VueRouter 实例，传入路由配置
    const router = VueRouter.createRouter({
        history: VueRouter.createWebHashHistory(),
        routes,
        //跳转页面后置顶
        scrollBehavior(to,from,savedPosition){
            if(savedPosition){
                return savedPosition;
            }else{
                return {top:0,left:0}
            }
        }
    });
    const vm = Vue.createApp({});
    vm.use(router);                        //调用应用程序实例的 use()方法，传入创建的 router 对象
    vm.mount('#app');
</script>
```

上述代码中，单击"课程"或"读书"超链接，在页面内容切换的同时，页面会自动滚动到顶部。而当导航通过浏览器的"前进"或"后退"按钮触发时，页面的滚动条不会发生变化。

15.6 实践与练习

（答案位置：资源包\TM\sl\15\实践与练习）

综合练习 1：实现文字选项卡和内容的切换 应用嵌套路由实现文字选项卡和内容的切换效果。页面中有"散文""小说"和"传记"3 个类别选项卡，单击不同选项卡下的子栏目可以显示对应的内容。运行结果如图 15.14 和图 15.15 所示。

图 15.14 显示"抒情散文"内容

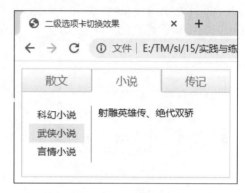

图 15.15 显示"武侠小说"内容

综合练习 2：切换不同类别的图书商品 实现一个通过选项卡切换不同类别图书商品的效果。页面中有 3 个选项卡，分别代表不同类别的图书商品。当单击不同的选项卡时，页面下方会显示对应的图书商品信息。结果如图 15.16 和图 15.17 所示。

图 15.16 展示"200 例系列"图书

图 15.17 展示"零基础系列"图书

第 16 章

使用 axios 实现 Ajax 请求

在实际项目开发中，前端页面中所需的数据通常要从服务器端获取，这就需要实现本地与服务器端的通信，Vue 推荐使用 axios 来实现 Ajax 请求。本章主要介绍 Vue.js 使用 axios 来请求数据的方法。本章知识架构及重难点如下。

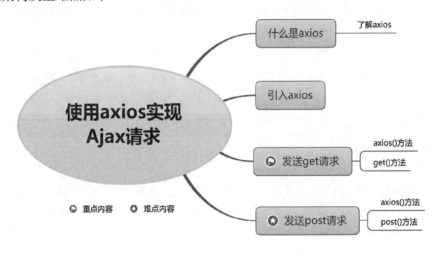

16.1 什么是 axios

在实际开发过程中，浏览器通常需要和服务器端进行数据交互。而 Vue.js 并未提供与服务器端通信的接口。从 Vue.js 2.0 版本之后，官方推荐使用 axios 来实现 Ajax 请求。axios 是一个基于 promise 的 HTTP 客户端，它的主要特点如下：

☑ 从浏览器中创建 XMLHttpRequest。

☑ 从 node.js 发出 HTTP 请求。

☑ 支持 Promise API。

☑ 拦截请求和响应。

☑ 转换请求和响应数据。

☑ 取消请求。

☑ 自动转换 JSON 数据。

☑ 客户端支持防止 CSRF/XSRF。

16.2　引入 axios

在使用 axios 之前需要在页面中进行引入，可以使用 CDN 方式引入 axios。代码如下：

```
<script src="https://unpkg.com/axios/dist/axios.min.js"></script>
```

如果在项目中使用 axios，则可以使用 npm 方式进行安装。在命令提示符窗口中输入如下命令：

```
npm install axios --save
```

或者使用 yarn 安装，命令如下：

```
yarn add axios –save
```

16.3　发送 get 请求

get 请求主要从服务器上获取数据，传递的数据量比较小。使用 axios 发送 get 请求主要有两种格式，第一种是使用 axios()方法，格式如下：

```
axios(options)
```

options 参数用于设置发送请求的配置选项。示例代码如下：

```
axios({
    method: 'get',                          //请求方式
    url:'/book',                            //请求的 URL
    params:{type:'Vue',number:10}           //传递的参数
})
```

第二种是使用 axios 的 get()方法，格式如下：

```
axios.get(url[,options])
```

参数说明：

☑　url：请求的服务器 URL。

☑　options：发送请求的配置选项。

示例代码如下：

```
axios.get('/book',{
    params:{                                //传递的参数
        type : 'Vue',
        number : 10
```

```
        }
    })
```

使用 axios 发送 get 请求时，如果有要发送的数据，可以在配置选项中使用 params 字段指定要发送的数据。另外，还可以采用查询字符串的形式将数据附加在 URL 后面。例如，上述代码可以修改为：

```
axios.get('/book?type=Vue&number=10')
```

使用 axios 无论发送 get 请求还是 post 请求，在发送请求后都需要使用回调函数对请求的结果进行处理。如果请求成功，需要使用.then 方法处理请求的结果；如果请求失败，需要使用.catch 方法处理请求的结果。示例代码如下：

```
axios.get('/book',{
    params:{                                    //传递的参数
        type : 'Vue',
        number : 10
    }
}).then(function(response){
    console.log(response.data);
}).catch(function(error){
    console.log(error);
})
```

注意

这两个回调函数都有各自独立的作用域，如果在函数内部访问 Vue 实例，则不能直接使用 this 关键字。为了解决这个问题，需要在回调函数的后面添加.bind(this)。

【例 16.1】读取 JSON 文件。（实例位置：资源包\TM\sl\16\01）

使用 axios 发送 get 请求，读取 JSON 文件中的数据，并输出读取结果。关键代码如下：

```
<div id="app">
    <button v-on:click="ReqJSON">获取 JSON 数据</button>
    <!--通过<div>标签输出请求内容-->
    <div v-html="message"></div>
</div>
<script src="https://unpkg.com/vue@next"></script>
<script src="https://unpkg.com/axios/dist/axios.min.js"></script>
<script type="text/javascript">
    const vm = Vue.createApp({
        data(){
            return {
                message: ''
            }
        },
        methods: {
            ReqJSON: function(){
                axios({
                    method: 'get',
```

```
                  url:'data.json'
            }).then(function(response){
                let str = "";
                let data = JSON.stringify(response.data);        //转换为 JSON 字符串
                data = JSON.parse(data);                         //转换为 JavaScript 对象
                for(let i in data){
                    str += data[i].title + ": " + data[i].value + "<br>";
                }
                this.message=str;                                //获取服务器返回的数据
            }.bind(this));
        }
    }
});
vm.mount('#app');
</script>
```

运行上述代码，单击"获取 JSON 数据"按钮读取 JSON 数据，结果如图 16.1 所示。

图 16.1　读取 JSON 数据

说明

需要在服务器环境中运行 axios 代码，否则会抛出异常。推荐使用 Apache 作为 Web 服务器。本书中使用的是 phpStudy 集成开发工具。在 phpStudy 中集成了 PHP、Apache 和 MySQL 等服务器软件。安装 phpStudy 后，将本章实例文件夹"16"存储在网站根目录（通常为 phpStudy 安装目录下的 WWW 文件夹）下，在地址栏中输入"http://localhost/16/01/index.html"，然后按 Enter 键运行该实例。

16.4　发送 post 请求

post 请求主要是向服务器传递数据，传递的数据量比较大。使用 axios 发送 post 请求同样有两种格式，第一种是使用 axios()方法，格式如下：

```
axios(options)
```

options 参数用于设置发送请求的配置选项。示例代码如下：

```
axios({
    method:'post',                                      //请求方式
    url:'/book',                                        //请求的 URL
    data:{                                              //发送的数据
        type:'Vue',
        number:10
    }
})
```

第二种是使用 axios 的 post()方法，格式如下：

```
axios.post(url,data[,options])
```

参数说明：

☑ url：请求的服务器 URL。

☑ data：发送的数据。

☑ options：发送请求的配置选项。

示例代码如下：

```
axios.post('book.php', {
    type:'Vue',
    number:10
})
```

说明

　　使用 axios 发送 post 请求来传递数据时，数据传递的方式有很多种。可以将传递的数据写成对象的形式，如"{type:'Vue',number:10}"。还可以将传递的数据写成字符串的形式，如"type=Vue&number=10"。

【例 16.2】验证用户登录。（**实例位置：资源包\TM\sl\16\02**）

在用户登录表单中，使用 axios 检测用户登录是否成功。实现步骤如下。

（1）定义<div>元素，并设置其 id 属性值为 app，在该元素中定义用户登录表单，应用 v-model 指令对用户名文本框和密码框进行数据绑定，当单击"登录"按钮时调用 login()方法，代码如下：

```
<div id="app">
    <div class="title">用户登录</div>
    <form ref="myform">
        <div class="one">
            <label for="type">用户名：</label>
            <input type="text" v-model="username" ref="uname">
        </div>
        <div class="one">
            <label for="type">密码：</label>
            <input type="password" v-model="pwd" ref="upwd">
        </div>
        <div class="two">
            <input type="button" value="登录" @click="login">
```

```
            <input type="reset" value="重置">
        </div>
    </form>
</div>
```

（2）编写 CSS 代码，为页面元素设置样式，代码如下：

```
<style type="text/css">
    body{
        font-family:微软雅黑;                                    /*设置字体*/
        font-size:14px;                                          /*设置文字大小*/
    }
    .title{
        font-size:18px;                                          /*设置文字大小*/
        line-height:50px;                                        /*设置行高*/
        margin-left:130px;                                       /*设置左外边距*/
    }
    .one{
        margin:10px 0;                                           /*设置外边距*/
    }
    .one label{
        width:100px;                                             /*设置宽度*/
        float:left;                                              /*设置左浮动*/
        text-align:right;                                        /*设置文字右侧显示*/
        height:20px;                                             /*设置高度*/
        line-height:20px;                                        /*设置行高*/
    }
    .two{
        padding-left:120px;                                      /*设置左内边距*/
    }
</style>
```

（3）创建根组件实例，在实例中定义数据和方法，在定义的 login 方法中，首先判断用户输入的用户名和密码是否为空，如果不为空就使用 axios 发送 post 请求，根据服务器返回的响应判断登录是否成功。代码如下：

```
<script src="https://unpkg.com/vue@next"></script>
<script src="https://unpkg.com/axios/dist/axios.min.js"></script>
<script type="text/javascript">
    const vm = Vue.createApp({
        data(){
            return {
                username: '',
                pwd: ''
            }
        },
        methods: {
            login: function(){
                if (this.username == "") {
```

```
                    alert("请输入用户名");
                    this.$refs.uname.focus();                    //用户名文本框获得焦点
                } else if (this.pwd == "") {
                    alert("请输入密码");
                    this.$refs.upwd.focus();                     //密码框获得焦点
                } else {
                    var data = new FormData()
                    data.append('username', this.username)
                    data.append('pwd', this.pwd)
                    axios.post('index.php',data).then(function(response){
                        if(response.data){                       //根据服务器返回的响应判断登录结果
                            alert("登录成功！");
                            this.$refs.myform.submit();          //提交表单
                        }else{
                            alert("您输入的用户名或密码不正确！");
                        }
                    }.bind(this)).catch(function(error){
                        alert(error);
                    });
                }
            }
        }
    });
    vm.mount('#app');
</script>
```

运行上述代码，在表单中输入正确的用户名"tony"和密码"123456"，单击"登录"按钮后会显示登录成功的提示，如图 16.2 所示。

图 16.2　输出登录结果

16.5　实践与练习

（答案位置：资源包\TM\sl\16\实践与练习）

综合练习 1：检测注册用户名是否被占用　在用户注册表单中，使用 axios 检测输入的用户名是否被占用。如果输入的用户名已经存在，右侧会提示"该用户名已存在！"，结果如图 16.3 所示。如果输入的用户名不存在，右侧会提示"该用户名可以注册！"，结果如图 16.4 所示。

图 16.3　提示用户名已存在　　　　　　　　　　图 16.4　提示用户名可以注册

综合练习 2：显示用户的留言信息　在用户留言表单中，使用 axios 发送 post 请求，将服务器返回的响应数据显示在页面中，留言信息包括用户名、留言内容和留言日期。运行结果如图 16.5 所示。

图 16.5　显示用户的留言信息

第 17 章

Vue CLI

在开发大型项目时，需要考虑项目的组织结构、项目构建和部署等问题。如果手动完成这些配置工作，工作效率会非常低。为此，Vue.js 官方提供了一款脚手架生成工具 Vue CLI，通过该工具可以快速构建项目，并实现一些项目的初始配置。本章主要讲解脚手架工具 Vue CLI 的使用。

本章知识架构及重难点如下。

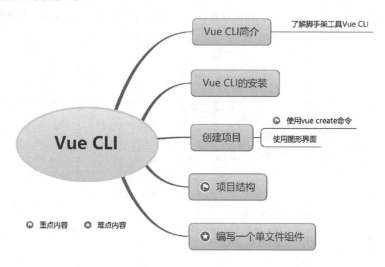

17.1 Vue CLI 简介

Vue CLI 是一个基于 Vue.js 进行快速开发的完整系统。新版本的 Vue CLI 的包名由原来的 vue-cli 改成了 @vue/cli。

Vue CLI 有几个独立的部分，下面分别进行介绍。

1. CLI

CLI 是全局安装的 npm 包，提供了一些 vue 命令。通过 vue create 命令可以快速搭建一个新项目，通过 vue serve 命令可以构建新想法的原型，通过 vue ui 命令可以使用图形化界面来管理项目。

2. CLI 服务

CLI 服务（@vue/cli-service）是一个开发环境依赖，它是一个 npm 包，本地安装在 @vue/cli 创建的每个项目中。CLI 服务构建于 webpack 和 webpack-dev-server 之上，包含以下内容：

- ☑ 加载其他 CLI 插件的核心服务。
- ☑ 一个为绝大部分应用优化过的内部 webpack 配置。
- ☑ 项目内部的 vue-cli-service 命令，提供 serve、build 和 inspect 命令。

3. CLI 插件

CLI 插件是向 Vue 项目提供可选功能的 npm 包。在项目内部运行 vue-cli-service 命令时，它会自动解析并加载 package.json 文件中列出的所有 CLI 插件。CLI 插件可以作为项目创建过程的一部分，也可以后期加入项目中。

17.2　Vue CLI 的安装

Vue CLI 是应用 node 编写的命令行工具，需要进行全局安装。如果想安装它的最新版本，需要在命令提示符窗口中输入如下命令：

```
npm install -g @vue/cli
```

说明

> 如果想安装 @vue/cli 的指定版本，可以在上述命令的最后添加"@"符号，在"@"符号后添加要安装的版本号。例如，要安装 @vue/cli 5.0.6 版本，输入如下命令：
>
> ```
> npm install -g @vue/cli@5.0.6
> ```

安装完成之后，可以在命令行中执行如下命令来检查版本是否正确，并验证 Vue CLI 是否安装成功：

```
vue --version
```

如果在窗口中显示了 Vue CLI 的版本号，则表示安装成功，如图 17.1 所示。

图 17.1　显示 Vue CLI 的版本号

注意

Vue CLI 需要计算机连接互联网才能安装成功。

说明

@vue/cli 需要 Node.js 8.9 或更高版本（推荐 8.11.0+）。

17.3　创 建 项 目

使用 Vue CLI 创建项目有两种方式，一种是使用 vue create 命令进行创建，另一种是通过 vue ui 命令启动图形界面进行创建。

17.3.1　使用 vue create 命令

在命令提示符窗口中，选择好项目的存储目录。使用 vue create 命令创建一个名称是 myapp 的项目，输入如下命令：

```
vue create myapp
```

执行命令后，会提示选择一个 preset（预设）。一共有 3 个选项，前两个选项是默认设置，适合快速创建一个项目的原型。第 3 个选项"Manually select features"需要手动对项目进行配置。这里使用方向键↓选择"Manually select features"选项，如图 17.2 所示。

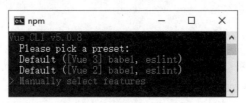

图 17.2　选择一个 preset

按 Enter 键，此时会显示项目的配置选项。这些配置选项的说明如表 17.1 所示。

表 17.1　配置选项及其说明

选　　项	说　　明
Babel	转码器，用于将 ES6 代码转换为 ES5 代码
TypeScript	微软开发的开源编程语言，编译出来的 JavaScript 可运行于任何浏览器
Progressive Web App （PWA） Support	支持渐进式 Web 应用程序
Router	路由管理
Vuex	Vue 的状态管理，详细介绍请参看第 18 章
CSS Pre-processors	CSS 预处理器（如 Less）
Linter / Formatter	代码风格检查和格式校验
Unit Testing	单元测试
E2E Testing	端到端测试

通过键盘中的上下方向键进行移动，应用空格键进行选择，这里保持默认的 Babel 和 Linter /

Formatter 的选中状态,如图 17.3 所示。

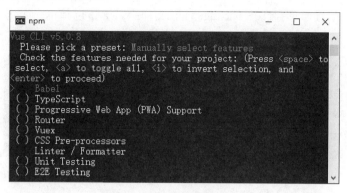

图 17.3　项目的配置选项

按 Enter 键,此时会提示选择项目中使用的 Vue 的版本,这里选择默认的 3.x 版本,如图 17.4 所示。

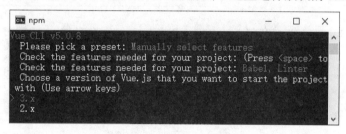

图 17.4　选择 Vue 的版本

按 Enter 键,此时会提示选择代码格式和校验选项的配置。第一个选项是指 ESLint 仅用于错误预防,后三个选项是选择 ESLint 和哪一种代码规范一起使用。这里选择默认选项,如图 17.5 所示。

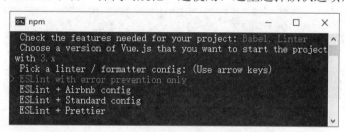

图 17.5　选择代码格式和校验选项

按 Enter 键,此时会提示选择代码检测方式,这里选择默认选项“Lint on save”(保存时检测),如图 17.6 所示。

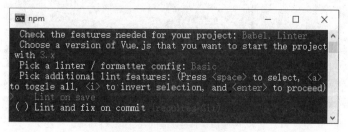

图 17.6　选择代码检测方式

按 Enter 键，此时会提示选择配置信息的存放位置。第一个选项是指在专门的配置文件中存放配置信息，第二个选项是将配置信息存储在 package.json 文件中。这里选择第一个选项，如图 17.7 所示。

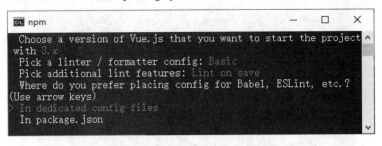

图 17.7　选择配置信息的存放位置

按 Enter 键，此时会询问是否保存当前的配置。如果选择了保存，以后再创建项目时，就会出现保存过的配置，直接选择该配置即可。输入 y 表示保存，如图 17.8 所示。

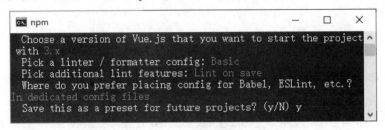

图 17.8　是否保存当前的配置

按 Enter 键，此时会提示为当前配置定义一个名字，如图 17.9 所示。

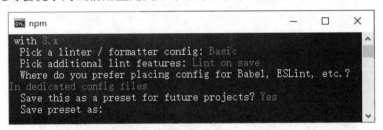

图 17.9　提示输入当前配置的名字

输入名字后按 Enter 键开始创建项目。创建完成后的效果如图 17.10 所示。

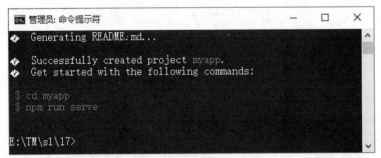

图 17.10　项目创建完成

根据提示在命令提示符窗口中输入命令 cd myapp 切换到项目目录，然后输入命令 npm run serve 运行项目。项目运行后，在浏览器中访问 http://localhost:8080/，生成的页面如图 17.11 所示。

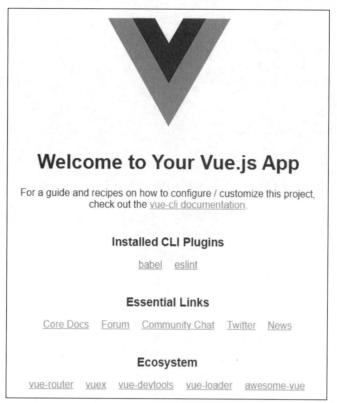

图 17.11　项目生成的初始页面

说明

　　要终止项目的运行，在命令提示符窗口中按 Ctrl+C 组合键即可。

接下来做一个简单的修改。打开 src/App.vue 文件，将传递给组件的 msg 属性的值修改为 "快使用 Vue CLI 构建你的项目吧"，代码如下：

```
<template>
    <img alt="Vue logo" src="./assets/logo.png">
    <HelloWorld msg="快使用 Vue CLI 构建你的项目吧"/>
</template>

<script>
    import HelloWorld from './components/HelloWorld.vue'

    export default {
        name: 'App',
        components: {
            HelloWorld
```

```
        }
    }
</script>
<style>
    #app {
        font-family: Avenir, Helvetica, Arial, sans-serif;
        -webkit-font-smoothing: antialiased;
        -moz-osx-font-smoothing: grayscale;
        text-align: center;
        color: #2c3e50;
        margin-top: 60px;
    }
</style>
```

保存文件后，浏览器会自动刷新页面，结果如图 17.12 所示。

图 17.12　修改后的页面

在应用 Vue CLI 脚手架创建项目之后，可以根据实际的需求对项目中的文件进行修改，从而构建比较复杂的应用。

17.3.2　使用图形界面

使用图形界面创建项目需要使用 vue ui 命令。在命令提示符窗口中输入 vue ui 命令，按 Enter 键后，会在浏览器窗口中打开创建 Vue 项目的图形界面管理程序。在管理程序中可以创建新项目、管理项目、配置插件和执行任务等。通过图形界面创建新项目的界面如图 17.13 所示。

图 17.13　使用图形界面创建项目

根据图形界面中的提示，就可以分步完成项目的创建。

17.4　项目结构

前面通过 Vue CLI 创建的项目在创建完成后，在当前目录下会自动生成项目文件夹 myapp。项目目录结构如图 17.14 所示。

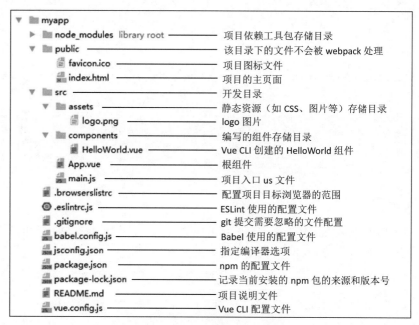

图 17.14　项目目录结构

下面对几个关键的文件代码进行解析，包括 src 文件夹下的 App.vue 文件和 main.js 文件、public 文件夹下的 index.html 文件。

1．App.vue 文件

该文件是一个单文件组件，在文件中包含了模板代码、组件代码和 CSS 样式规则。代码如下：

```
<template>
    <img alt="Vue logo" src="./assets/logo.png">
    <HelloWorld msg="Welcome to Your Vue.js App"/>
</template>

<script>
    import HelloWorld from './components/HelloWorld.vue'

    export default {
        name: 'App',
        components: {
            HelloWorld
        }
    }
</script>
<style>
    #app {
    font-family: Avenir, Helvetica, Arial, sans-serif;
    -webkit-font-smoothing: antialiased;
    -moz-osx-font-smoothing: grayscale;
    text-align: center;
    color: #2c3e50;
    margin-top: 60px;
}
</style>
```

在上述代码中，使用 import 语句引入了 HelloWorld 组件，并且在<template>元素中使用了该组件。

 说明

> App 组件是项目的根组件。在实际开发中，可以修改代码中的 import 语句，将引入的组件替换为其他组件即可。

2．main.js 文件

该文件是程序入口的 JavaScript 文件，主要用于加载公共组件和项目需要用到的各种插件，并创建 Vue 的根实例。代码如下：

```
import { createApp } from 'vue'
import App from './App.vue'

createApp(App).mount('#app')
```

在上述代码中，使用 import 语句引入 createApp。与 HTML 文件中使用<script>标签引入 Vue 的 js 文件不同，使用 Vue CLI 创建的项目，引入模块都采用这种方式。

3．index.html 文件

该文件为项目的主文件，文件中有一个 id 属性值为 app 的 div 元素，组件实例会自动挂载到该元素上。代码如下：

```html
<!DOCTYPE html>
<html lang="">
<head>
    <meta charset="utf-8">
    <meta http-equiv="X-UA-Compatible" content="IE=edge">
    <meta name="viewport" content="width=device-width,initial-scale=1.0">
    <link rel="icon" href="<%= BASE_URL %>favicon.ico">
    <title><%= htmlWebpackPlugin.options.title %></title>
  </head>
<body>
    <noscript>
        <strong>We're sorry but <%= htmlWebpackPlugin.options.title %> doesn't work properly without
            JavaScript enabled. Please enable it to continue.</strong>
    </noscript>
    <div id="app"></div>
    <!-- built files will be auto injected -->
</body>
</html>
```

17.5　编写一个单文件组件

将一个组件的 HTML、JavaScript 和 CSS 应用各自的标签写在一个文件中，这样的文件即为单文件组件。单文件组件是 Vue 自定义的一种文件，以.vue 作为文件的扩展名。

下面以之前创建的项目 myapp 为基础，通过一个实例来说明如何在应用中使用单文件组件。

【例 17.1】输出电影信息。（实例位置：资源包\TM\sl\17\01）

在项目中使用单文件组件定义电影信息，包括电影图片、电影名称和电影简介。具体步骤如下。

（1）在 src/assets 文件夹下新建 images 文件夹，并存入一张图片 ald.jpg。

（2）在 src/components 文件夹下创建 MyMovie.vue 文件，代码如下：

```html
<template>
    <div>
        <img :src="imgUrl">
        <div class="movie_name">电影名称：{{name}}</div>
        <div class="movie_des">电影简介：{{intro}}</div>
    </div>
```

```
</template>
<script>
    export default {
        data: function () {
            return {
                imgUrl: require('@/assets/images/ald.jpg'),
                name: '阿拉丁',
                intro: '超越原版动画的真人电影'
            }
        }
    }
</script>
<style scoped>
    body{
        font-family:微软雅黑;                    /*设置字体*/
    }
    img{
        width:300px;                            /*设置宽度*/
    }
    .movie_name{
        padding-left:10px;                      /*设置左内边距*/
        font-size:18px;                         /*设置文字大小*/
        color: #333333;                         /*设置文字颜色*/
        margin-top:8px;                         /*设置上外边距*/
    }
    .movie_des{
        padding-left:10px;                      /*设置左内边距*/
        font-size:14px;                         /*设置文字大小*/
        margin-top:5px;                         /*设置上外边距*/
    }
</style>
```

📝 说明

在默认情况下，单文件组件中的 CSS 样式是全局样式。如果需要使 CSS 样式仅在当前组件中生效，需要设置<style>标签的 scoped 属性。

（3）打开 App.vue 文件，将 HelloWorld 组件替换为 MyMovie 组件。修改后的代码如下：

```
<template>
    <MyMovie />
</template>

<script>
    import MyMovie from '@/components/MyMovie'

    export default {
        name: 'App',
        components: {
```

```
              MyMovie
        }
    }
</script>
```

说明

import 语句中的 "@" 表示 src 目录，该字符可以简化路径。引入的 MyMovie 组件可以不写扩展名.vue，因为项目内置的 webpack 可以自动添加扩展名.vue。

运行项目，在浏览器中访问 http://localhost:8080/，输出结果如图 17.15 所示。

图 17.15　输出电影信息

17.6　实践与练习

（答案位置：资源包\TM\sl\17\实践与练习）

综合练习 1：实现购物车功能　使用 Vue CLI 可以快速构建一个项目，极大地提高了开发效率。本练习以单文件组件的内容和 Vue CLI 工具的使用为基础，实现电子商务网站中的购物车功能，结果如图 17.16 所示。

综合练习 2: 实现右侧选项卡切换图片效果　　页面右侧有 4 个选项卡, 当单击某个选项卡时, 左侧会显示对应的图片。运行结果如图 17.17 和图 17.18 所示。

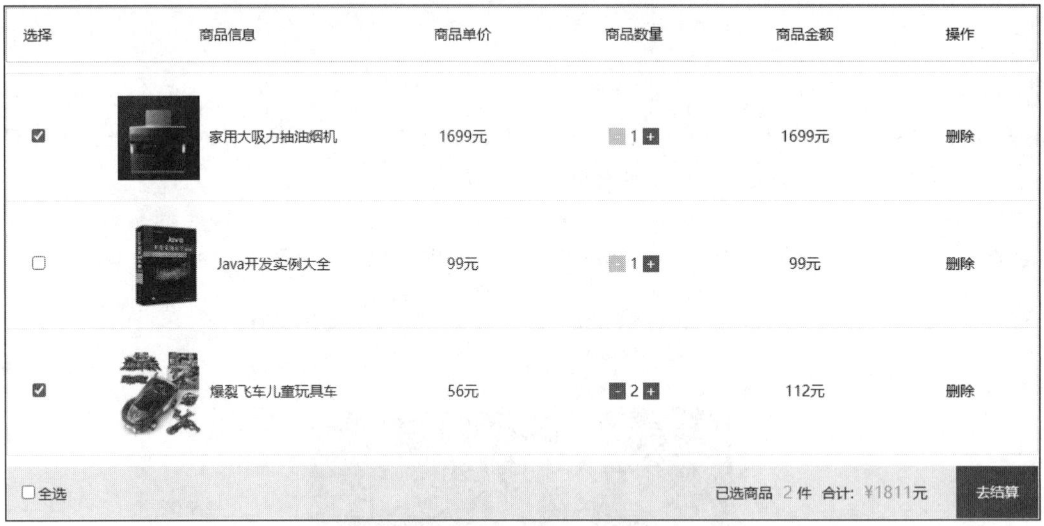

选择	商品信息	商品单价	商品数量	商品金额	操作
☑	家用大吸力抽油烟机	1699元	▬ 1 ＋	1699元	删除
☐	Java开发实例大全	99元	▬ 1 ＋	99元	删除
☑	爆裂飞车儿童玩具车	56元	▬ 2 ＋	112元	删除
☐全选				已选商品 2 件 合计: ￥1811元	去结算

图 17.16　购物车效果

图 17.17　默认显示图一

图 17.18　显示图二

第18章

状 态 管 理

在 Vue.js 的组件化开发中，经常会遇到需要将当前组件的状态传递给其他组件的情况。父子组件之间进行通信时，通常会采用 Prop 的方式实现数据传递。在一些比较大型的应用中，单页面中可能会包含大量的组件，数据结构也会比较复杂。当通信双方不是父子组件甚至不存在任何联系时，一个状态需要共享给多个组件就会变得非常麻烦。为了解决这种问题，就需要引入状态管理这种设计模式。而 Vuex 就是一个专门为 Vue.js 设计的状态管理模式。本章主要介绍如何在项目中使用 Vuex。

本章知识架构及重难点如下。

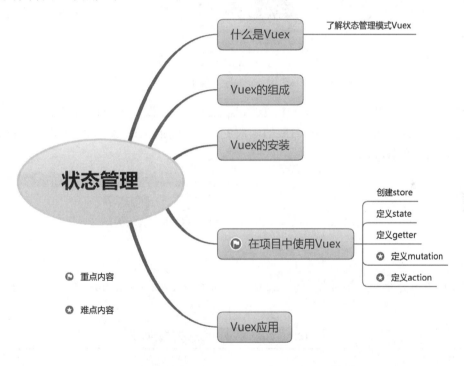

18.1　什么是 Vuex

在实际开发过程中，多个网页经常需要共享一些数据。例如，用户登录网站后，网站中的多个页面需要共享登录用户名。实现数据共享最好的方法就是使用 Vuex 保存数据的状态。Vuex 是一个专门为 Vue.js 应用程序开发的状态管理模式。它采用集中式存储来管理应用程序中所有组件的状态。在通常情况下，每个组件拥有自己的状态。有时需要使某个组件的状态变化影响其他组件，使它们也进行相应的修改。这时可以使用 Vuex 保存需要管理的状态值，状态值一旦被修改，所有引用该值的组件就会自动进行更新。应用 Vuex 实现状态管理的流程如图 18.1 所示。

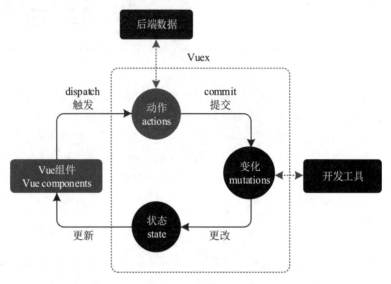

图 18.1　Vuex 的流程图

由图 18.1 可以看出，用户在 Vue 组件中通过 dispatch 方法触发一个 action，在 action 中通过 commit 方法提交一个 mutation，通过 mutation 对应的函数更改一个新的 state 值，Vuex 就会将新的 state 值渲染到组件中，从而实现界面的更新。

18.2　Vuex 的组成

Vuex 主要由五部分组成，分别为 state、getters、mutations、actions 和 modules。它们的含义如表 18.1 所示。

表 18.1　Vuex 的核心构成及其说明

核 心 构 成	说　　明
state	存储项目中需要多组件共享的数据或状态
getters	从 state 中派生出状态，即对状态进行一些处理，类似于 Vue 实例中的 computed 选项
mutations	存储更改 state 状态的方法，是 Vuex 中唯一修改 state 的方式，但不支持异步操作，类似于 Vue 实例中的 methods 选项
actions	可以通过提交 mutations 中的方法来改变状态，支持异步操作
modules	store 的子模块，内容相当于 store 的一个实例

18.3 Vuex 的安装

在使用 Vuex 之前需要对其进行安装，可以使用 CDN 方式安装。代码如下：

```
<script src="https://unpkg.com/vuex@next"></script>
```

如果使用模块化开发，则可以使用 npm 方式进行安装。在命令提示符窗口中输入如下命令：

```
npm install vuex@next --save
```

或者使用 yarn 安装，命令如下：

```
yarn add vuex@next --save
```

说明

　　在安装 Vuex 时，安装支持 Vue 3.0 版本的 Vuex 需要使用 vuex@next，安装支持 Vue 2.x 版本的 Vuex 需要使用 vuex。

如果使用 Vue CLI 创建项目，可以选择手动对项目进行配置，在项目的配置选项中应用空格键选择 Vuex。这样，在创建项目后会自动安装 Vuex，无须再进行单独安装。

18.4 在项目中使用 Vuex

在 Vuex 中增加了 store（仓库）这个概念。Vuex 应用的核心就是 store，用于存储和处理整个应用需要共享的数据或状态信息。下面通过一个简单的例子来介绍如何在 Vue CLI 脚手架工具中使用 Vuex。

18.4.1 创建 store

首先应用 Vue CLI 脚手架工具创建一个项目，在创建项目时需要选择配置选项列表中的 Vuex 选项，这样在项目创建完成后会自动安装 Vuex，而且在项目的 src 文件夹下会自动生成 main.js 文件，在 store 文件夹下会自动生成 index.js 文件，这两个文件实现了创建 store 的基本工作。

store 文件夹下的 index.js 文件实现了创建 store 的基本代码。在该文件中，首先引入了 createStore，然后调用该方法创建 store 实例并使用 export default 进行导出。代码如下：

```
import { createStore } from 'vuex'

export default createStore({
    state: {
```

```
    },
    getters: {
    },
    mutations: {
    },
    actions: {
    },
    modules: {
    }
})
```

在 main.js 文件中，首先引入 Vue.js 和根组件 App.vue，然后通过 import store from './store'引入创建的 store，并在 Vue 根实例中通过调用 use()方法使用 store 实例，将该实例作为插件安装。这样，在整个应用程序中就可以应用 Vuex 的状态管理功能。代码如下：

```
import { createApp } from 'vue'
import App from './App.vue'
import store from './store'

createApp(App).use(store).mount('#app')
```

因为在 Vue 根实例中使用了 store 实例，所以该 store 实例会应用到根组件下的所有子组件中，并且子组件可以通过 this.$store 来访问创建的 store 实例。

18.4.2 定义 state

在 store 实例的 state 中可以定义需要共享的数据。修改 index.js 文件，在 state 中定义共享数据的初始状态。代码如下：

```
import { createStore } from 'vuex'

export default createStore({
    state: {
        name: "电热水器",
        price: 1999
    },
    getters: {
    },
    mutations: {
    },
    actions: {
    },
    modules: {
    }
})
```

在 components 文件夹下创建单文件组件 MyDemo.vue，在组件中通过 this.$store.state 来获取定义的数据。代码如下：

```
<template>
    <div>
        <h3>商品名称：{{name}}</h3>
        <h3>商品价格：{{price}}</h3>
    </div>
</template>

<script>
    export default {
        name: 'MyDemo',
         data(){
            return {
                name: this.$store.state.name,
                price: this.$store.state.price
            }
        }
    }
</script>
```

由于 Vuex 的状态存储是响应式的，所以要从 store 实例中读取状态还可以使用计算属性。代码如下：

```
<template>
    <div>
        <h3>商品名称：{{name}}</h3>
        <h3>商品价格：{{price}}</h3>
    </div>
</template>

<script>
    export default {
        name: 'MyDemo',
        computed: {
            name(){                                    //获取 state 中的 name 数据
                return this.$store.state.name;
            },
            price(){                                   //获取 state 中的 price 数据
                return this.$store.state.price;
            }
        }
    }
</script>
```

修改根组件 App.vue，在根组件中引入子组件 MyDemo。代码如下：

```
<template>
    <MyDemo/>
</template>

<script>
    import MyDemo from './components/MyDemo.vue'
```

```
export default {
    name: 'App',
    components: {
        MyDemo
    }
}
</script>
```

运行项目，在浏览器中会显示定义的 state 的值，输出结果如图 18.2 所示。

图 18.2　输出定义的 state 的值

当一个组件需要获取多个状态时，如果将这些状态都声明为计算属性，就会变得非常烦琐。这时可以使用 mapState 辅助函数来生成计算属性。使用 mapState 辅助函数的代码如下：

```
<template>
    <div>
        <h3>商品名称：{{name}}</h3>
        <h3>商品价格：{{price}}</h3>
    </div>
</template>

<script>
    import {mapState} from 'vuex'                    //引入 mapState
    export default {
        name: 'MyDemo',
        computed: mapState({
            name: state => state.name,
            price: state => state.price,
        })
    }
</script>
```

当映射的计算属性名称和对应的状态名称相同时，mapState 辅助函数的参数也可以是一个字符串数组。因此，上述代码可以简写为：

```
<template>
    <div>
        <h3>商品名称：{{name}}</h3>
```

```
        <h3>商品价格：{{price}}</h3>
    </div>
</template>

<script>
    import {mapState} from 'vuex'                    //引入 mapState
    export default {
        name: 'MyDemo',
        computed: mapState([
            'name',                                  //this.name 映射为 this.$store.state.name
            'price'                                  //this.price 映射为 this.$store.state.price
        ])
    }
</script>
```

如果需要将 mapState 函数中定义的计算属性与普通的计算属性混合使用，则需要使用对象展开运算符的方式。上述代码可以修改为：

```
<template>
    <div>
        <h3>商品名称：{{name}}</h3>
        <h3>商品价格：{{price}}</h3>
    </div>
</template>

<script>
    import {mapState} from 'vuex'                    //引入 mapState
    export default {
        name: 'MyDemo',
        computed: {
            ...mapState([
                'name',                              //this.name 映射为 this.$store.state.name
                'price'                              //this.price 映射为 this.$store.state.price
            ])
        }
    }
</script>
```

说明

在实际开发中，经常采用对象展开运算符的方式来简化代码。

18.4.3　定义 getter

如果需要从 state 中派生出一些状态，就需要使用 getter，如对某个数值进行计算、对字符串进行格式化、对数组进行过滤等操作。getter 相当于 Vue 中的 computed 计算属性，getter 的返回值会根据它的依赖被缓存起来，只有当它的依赖值发生改变时才会被重新计算。getter 会接收 state 作为第一个参数。

修改 index.js 文件，定义 getter，对 state 中的 price 的值进行处理。代码如下：

```
import { createStore } from 'vuex'

export default createStore({
    state: {
        name: "电热水器",
        price: 1999
    },
    getters: {
        memberPrice(state){
            return state.price -= 200              //对 state 进行处理
        }
    },
    mutations: {
    },
    actions: {
    },
    modules: {
    }
})
```

在 MyDemo.vue 文件的计算属性中应用 this.$store.getters.memberPrice 获取定义的 getter。代码如下：

```
<template>
    <div>
        <h3>商品名称：{{name}}</h3>
        <h3>商品会员价：{{memberPrice}}</h3>
    </div>
</template>

<script>
    import {mapState} from 'vuex'                      //引入 mapState
    export default {
        name: 'MyDemo',
        computed: {
            ...mapState([
                'name'                                 //this.name 映射为 this.$store.state.name
            ]),
            memberPrice(){
                return this.$store.getters.memberPrice;    //访问 getter
            }
        }
    }
</script>
```

重新运行项目，输出结果如图 18.3 所示。

图 18.3 输出定义的 state 和 getter 的值

在组件中访问定义的 getter 也可以通过 mapGetters 辅助函数的形式，将 store 中的 getter 映射到局部计算属性。上述代码可以修改为：

```html
<template>
    <div>
        <h3>商品名称：{{name}}</h3>
        <h3>商品会员价：{{memberPrice}}</h3>
    </div>
</template>

<script>
    import {mapState,mapGetters} from 'vuex'          //引入 mapState 和 mapGetters
    export default {
        name: 'MyDemo',
        computed: {
            ...mapState([
                'name'                                 //this.name 映射为 this.$store.state.name
            ]),
            ...mapGetters([
                'memberPrice'                          //this.memberPrice 映射为 this.$store.getters.memberPrice
            ])
        }
    }
</script>
```

18.4.4　定义 mutation

如果需要更改 state 中的状态，最常用的方法就是提交 mutation。每个 mutation 都有一个字符串的事件类型（type）和一个回调函数（handler）。这个回调函数可以更改状态，并且它会接收 state 作为第一个参数。

在 store 实例的 mutations 中定义更改 state 状态的函数，然后在组件中应用 commit 方法提交到对应的 mutation，实现 state 状态的更改。修改 index.js 文件，在 mutations 中定义 risePrice 函数和 reducePrice 函数，实现更改 state 状态的操作。代码如下：

```javascript
import { createStore } from 'vuex'
```

```
export default createStore({{
    state: {
        name: "电热水器",
        price: 1999
    },
    mutations: {
        risePrice(state){                                    //state 为参数
            state.price += 200;                              //价格上涨 200
        },
        reducePrice(state){
            state.price -= 200;                              //价格下调 200
        }
    },
    actions: {
    },
    modules: {
    }
})
```

修改 MyDemo.vue 文件，添加"上涨价格"按钮和"下调价格"按钮，在 methods 选项中定义单击按钮执行的方法，在方法中通过 commit 方法提交到对应的 mutation 函数，实现更改状态的操作。代码如下：

```
<template>
    <div>
        <h3>商品名称：{{name}}</h3>
        <h3>商品价格：{{price}}</h3>
        <button v-on:click="rise">上涨价格</button>
        <button v-on:click="reduce">下调价格</button>
    </div>
</template>

<script>
    import {mapState} from 'vuex'                            //引入 mapState
    export default {
        name: 'MyDemo',
        computed: {
            ...mapState([
                'name',                                      //this.name 映射为 this.$store.state.name
                'price'                                      //this.price 映射为 this.$store.state.price
            ])
        },
        methods: {
            rise(){
                this.$store.commit('risePrice');             //提交到对应的 mutation 函数
            },
            reduce(){
                this.$store.commit('reducePrice');           //提交到对应的 mutation 函数
```

```
            }
        }
    }
</script>
```

重新运行项目，每次单击浏览器中的"上涨价格"按钮，都会对定义的商品价格进行上涨，输出结果如图 18.4 所示。每次单击浏览器中的"下调价格"按钮，都会对定义的商品价格进行下调，输出结果如图 18.5 所示。

图 18.4　上涨商品价格

图 18.5　下调商品价格

在组件中可以使用 commit 方法提交 mutation，还可以使用 mapMutations 辅助函数将组件中的 methods 映射为 store.commit 调用。在实际开发中通常使用这种简化的写法。MyDemo.vue 文件的代码可以修改为：

```
<template>
    <div>
        <h3>商品名称：{{name}}</h3>
        <h3>商品价格：{{price}}</h3>
        <button v-on:click="rise">上涨价格</button>
        <button v-on:click="reduce">下调价格</button>
    </div>
</template>

<script>
    import {mapState,mapMutations} from 'vuex'        //引入 mapState 和 mapMutations
    export default {
        name: 'MyDemo',
        computed: {
            ...mapState([
                'name',                                //this.name 映射为 this.$store.state.name
                'price'                                //this.price 映射为 this.$store.state.price
            ])
        },
        methods: {
            ...mapMutations({
                rise: 'risePrice',                     //this.rise()映射为 this.$store.commit('risePrice')
                reduce: 'reducePrice'                  //this.reduce()映射为 this.$store.commit('reducePrice')
            })
        }
```

```
    }
</script>
```

如果要在修改状态时传递值，只需要在 mutation 中加上一个参数，这个参数又称为 mutation 的载荷（payload），在使用 commit 的时候传递值就可以。

修改 index.js 文件，在 mutations 的 risePrice 和 reducePrice 函数中添加第二个参数。定义 mutation 的代码修改如下：

```
mutations: {
    risePrice(state,n){
        state.price += n;                        //价格上涨 n
    },
    reducePrice(state,n){
        state.price -= n;                        //价格下调 n
    }
}
```

修改 MyDemo.vue 文件，在单击"上涨价格"按钮和"下调价格"按钮调用方法时分别传递一个参数 300。代码如下：

```
<button v-on:click="rise(300)">上涨价格</button>
<button v-on:click="reduce(300)">下调价格</button>
```

重新运行项目，每次单击浏览器中的"上涨价格"按钮，商品价格都会上涨 300，输出结果如图 18.6 所示。每次单击浏览器中的"下调价格"按钮，商品价格都会下调 300，输出结果如图 18.7 所示。

图 18.6　商品价格上涨 300

图 18.7　商品价格下调 300

在大多数情况下，为了使定义的 mutation 更具有可读性，可以将载荷（payload）设置为一个对象。将定义 mutation 的代码修改如下：

```
mutations: {
    risePrice(state,obj){
        state.price += obj.num;
    },
    reducePrice(state,obj){
        state.price -= obj.num;
    }
}
```

在组件中调用方法时将传递的参数修改为对象，代码如下：

```
<button v-on:click="rise({num:300})">上涨价格</button>
<button v-on:click="reduce({num:300})">下调价格</button>
```

实现效果同样如图 18.6 和图 18.7 所示。

18.4.5 定义 action

action 和 mutation 的功能类似。不同之处在于以下两点：

☑ action 提交的是 mutation，而不是直接更改状态。

☑ action 可以异步更改 state 中的状态。

修改 index.js 文件，在 actions 中定义两个方法，在方法中应用 commit 方法来提交 mutation。代码如下：

```
import { createStore } from 'vuex'

export default createStore({
    state: {
        name: "电热水器",
        price: 1999
    },
    mutations: {
        risePrice(state,obj){
            state.price += obj.num;
        },
        reducePrice(state,obj){
            state.price -= obj.num;
        }
    },
    actions: {
        risePriceAsync(context,obj){
            setTimeout(function(){
                context.commit('risePrice',obj);
            },1000);
        },
        reducePriceAsync(context,obj){
            setTimeout(function(){
                context.commit('reducePrice',obj);
            },1000);
        }
    },
    modules: {
    }
})
```

上述代码中，action 函数将上下文对象 context 作为第一个参数，context 与 store 实例具有相同的方法和属性，因此可以调用 context.commit 提交一个 mutation。而在 MyDemo.vue 组件中，action 需要应用 dispatch 方法进行触发，并且同样支持载荷方式和对象方式。代码如下：

```html
<template>
    <div>
        <h3>商品名称：{{name}}</h3>
        <h3>商品价格：{{price}}</h3>
        <button v-on:click="rise">上涨价格</button>
        <button v-on:click="reduce">下调价格</button>
    </div>
</template>

<script>
    import {mapState} from 'vuex'                    //引入 mapState
    export default {
        name: 'MyDemo',
        computed: {
            ...mapState([
                'name',                               //this.name 映射为 this.$store.state.name
                'price'                               //this.price 映射为 this.$store.state.price
            ])
        },
        methods: {
            rise(){
                this.$store.dispatch('risePriceAsync',{
                    num:300
                });
            },
            reduce(){
                this.$store.dispatch('reducePriceAsync',{
                    num:300
                });
            }
        }
    }
</script>
```

重新运行项目，单击浏览器中的"上涨价格"和"下调价格"按钮同样可以实现调整商品价格的操作。不同的是，单击按钮后，需要经过 1 秒才能更改商品的价格。

在组件中可以使用 dispatch 方法触发 action；还可以通过 mapActions 辅助函数将组件中的 methods 映射为 store.dispatch 调用，在实际开发中通常使用这种简化的写法。MyDemo.vue 文件的代码可以修改为：

```html
<template>
    <div>
        <h3>商品名称：{{name}}</h3>
        <h3>商品价格：{{price}}</h3>
        <button v-on:click="rise({num:300})">上涨价格</button>
        <button v-on:click="reduce({num:300})">下调价格</button>
```

```
        </div>
    </template>

<script>
    import {mapState,mapActions} from 'vuex'              //引入 mapState 和 mapActions
    export default {
        name: 'MyDemo',
        computed: {
            ...mapState([
                'name',                                   //this.name 映射为 this.$store.state.name
                'price'                                   //this.price 映射为 this.$store.state.price
            ])
        },
        methods: {
            ...mapActions({
                //this.rise()映射为 this.$store.dispatch('risePriceAsync')
                rise: 'risePriceAsync',
                //this.reduce()映射为 this.$store.dispatch('reducePriceAsync')
                reduce: 'reducePriceAsync'
            })
        }
    }
</script>
```

18.5　Vuex 应用

在实际开发中，多个组件之间的数据共享得到广泛应用。例如，在电子商务网站的管理系统中，经常会执行添加商品或删除商品的操作。用户在添加或删除商品之后，系统会对操作的结果进行保存。但是在刷新页面的情况下，Vuex 中的状态信息会进行初始化，这样可能会导致系统中的商品信息丢失，因此会选择一种浏览器端的存储方式解决这个问题。比较常用的解决方案就是使用 localStorage 来保存操作后的结果，保存在 store 中的状态信息也要同步使用 localStorage。下面通过一个实例来实现添加商品和删除商品的功能。

【例 18.1】添加商品和删除商品。（**实例位置：资源包\TM\sl\18\01**）

实现向商品列表中添加商品以及从商品列表中删除商品的操作。关键步骤如下。

（1）创建项目，然后在 assets 目录中创建 css 文件夹和 images 文件夹，分别用来存储 CSS 文件和图片文件。

（2）在 views 目录中创建商品列表文件 ShopList.vue。在<template>标签中应用 v-for 指令循环输出商品列表中的商品信息，在<script>标签中引入 mapState 和 mapMutations 辅助函数，实现组件中的计算属性、方法以及 store 中的 state、mutation 之间的映射。代码如下：

```
<template>
    <div class="main">
        <a href="javascript:void(0)" @click="show">添加商品</a>
        <div class="title">
            <span class="name">商品信息</span>
            <span class="price">单价</span>
            <span class="num">数量</span>
            <span class="action">操作</span>
        </div>
        <div class="goods" v-for="(item,index) in list" :key="index">
            <span class="name">
                <img :src="item.img">
                {{item.name}}
            </span>
            <span class="price">{{item.price}}</span>
            <span class="num">
                {{item.num}}
            </span>
            <span class="action">
                <a href="javascript:void(0)" @click="del(index)">删除</a>
            </span>
        </div>
    </div>
</template>
<script>
    import {mapState,mapMutations} from 'vuex'
    export default {
        computed: {
            ...mapState([
                'list'                          //this.list 映射为 this.$store.state.list
            ])
        },
        methods: {
            ...mapMutations([
                'del'                           //this.del()映射为 this.$store.commit('del')
            ]),
            show: function () {
                this.$router.push({name:'add'});    //跳转到添加商品页面
            }
        }
    }
</script>
<style src="@/assets/css/style.css" scoped></style>
```

（3）在 views 目录中创建添加商品文件 AddGoods.vue。在<template>标签中创建添加商品信息的表单元素，应用 v-model 指令对表单元素进行数据绑定。在<script>标签中引入 mapMutations 辅助函数，实现组件中的方法和 store 中的 mutation 之间的映射。代码如下：

```
<template>
    <div class="container">
        <div class="title">添加商品信息</div>
        <div class="one">
            <label>商品名称：</label>
            <input type="text" v-model="name">
        </div>
        <div class="one">
            <label>商品图片：</label>
            <select v-model="url">
                <option value="">请选择图片</option>
                <option v-for="item in imgArr" :key="item">{{item}}</option>
            </select>
        </div>
        <div class="one">
            <label>商品价格：</label>
            <input type="text" v-model="price" size="10">元
        </div>
        <div class="one">
            <label>商品数量：</label>
            <input type="text" v-model="num" size="10">
        </div>
        <div class="two">
            <input type="button" value="添加" @click="add">
            <input type="reset" value="重置">
        </div>
    </div>
</template>
<script>
    import {mapMutations} from 'vuex'
    export default {
        data: function () {
            return {
                name: '',                                    //商品名称
                url: '',                                     //商品图片 URL
                price: '',                                   //商品价格
                num: '',                                     //商品数量
                imgArr: ['machine.jpg','car.jpg','JavaScript.png']  //商品图片 URL 数组
            }
        },
        methods: {
            ...mapMutations(
                //this.addMutation()映射为 this.$store.commit('add')
                addMutation: 'add'
            ),
            add: function () {
                var newShop = {                              //新增商品对象
                    img: require('@/assets/images/'+this.url),
```

```
                            name: this.name,
                            price: this.price,
                            num: this.num
                    };
                    this.addMutation(newShop);                    //执行方法
                    this.$router.push({name: 'shop'});            //跳转到浏览商品页面
                }
            },
    }
</script>
<style src="@/assets/css/add.css" scoped></style>
```

（4）修改根组件 App.vue，使用 router-view 渲染路由组件的模板，代码如下：

```
<template>
    <div>
            <router-view/>
    </div>
</template>
```

（5）修改 store 文件夹下的 index.js 文件，在 store 实例中分别定义 state 和 mutation。当添加商品或删除商品后，应用 localStorage.setItem 存储商品列表信息，代码如下：

```
import { createStore } from 'vuex'

export default createStore({
    state: {
        list : localStorage.getItem('list')?JSON.parse(localStorage.getItem('list')):[{
                img : require("@/assets/images/machine.jpg"),
                name : "家用大吸力抽油烟机",
                num : 2,
                price : 1699
        },{
                img : require("@/assets/images/car.jpg"),
                name : "爆裂飞车儿童玩具车",
                num : 3,
                price : 56
        }]
    },
    mutations: {
        add: function (state, newShop) {
            state.list.push(newShop);                              //添加到商品数组
            localStorage.setItem('list',JSON.stringify(state.list));  //存储商品列表
        },
        del: function (state, index) {
            state.list.splice(index, 1);                           //删除商品
            localStorage.setItem('list',JSON.stringify(state.list));  //存储商品列表
        }
    }
})
```

（6）修改 router 文件夹下的 index.js 文件，应用 import 引入路由组件，并创建 router 实例，再使用 export default 进行导出。代码如下：

```
import { createRouter, createWebHistory } from 'vue-router'
import ShopList from '@/views/ShopList.vue'                        //引入组件
import AddGoods from '@/views/AddGoods.vue'                        //引入组件

const routes = [
    {
        path: '/',
        name: 'shop',
        component: ShopList
    },
    {
        path: '/add',
        name: 'add',
        component: AddGoods
    }
]

const router = createRouter({
    history: createWebHistory(process.env.BASE_URL),
    routes
})

export default router
```

运行程序，页面中输出一个商品信息列表，如图 18.8 所示。单击"添加商品"超链接，跳转到添加商品页面，如图 18.9 所示。在表单中输入商品信息，单击"添加"按钮，跳转到商品信息列表页面，页面中显示了添加后的商品列表，结果如图 18.10 所示。单击商品列表页面中的某个"删除"超链接可以删除指定的商品信息，如图 18.11 所示。

商品信息	单价	数量	操作
家用大吸力抽油烟机	1699	2	删除
爆裂飞车儿童玩具车	56	3	删除

添加商品

图 18.8　页面初始效果

图 18.9　输入商品信息

303

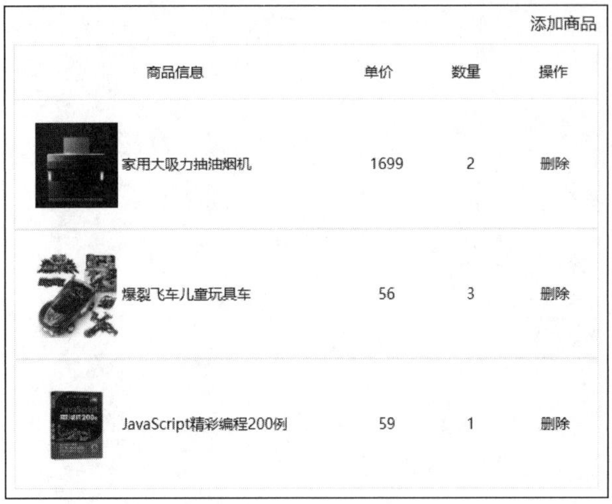
添加商品
商品信息
单价
数量
操作
家用大吸力抽油烟机
1699
2
删除
爆裂飞车儿童玩具车
56
3
删除
JavaScript精彩编程200例
59
1
删除

图 18.10 添加商品

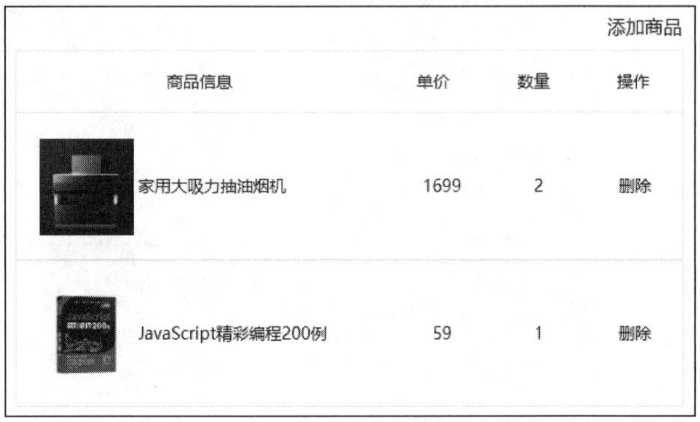
添加商品
商品信息
单价
数量
操作
家用大吸力抽油烟机
1699
2
删除
JavaScript精彩编程200例
59
1
删除

图 18.11 删除商品

18.6 实践与练习

（答案位置：资源包\TM\sl\18\实践与练习）

综合练习 1：保存用户登录状态 以 Vuex 为基础，在电子商务网站中，实现保存用户登录状态的功能。用户登录页面的效果如图 18.12 所示。在登录表单中输入用户名 abc、密码 123456，单击“登录”按钮后会提示用户登录成功。用户登录成功后会跳转到首页，在首页中会显示登录用户的欢迎信息，如图 18.13 所示。

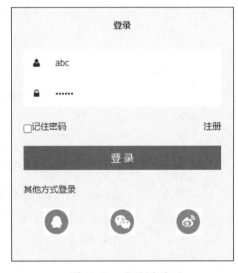

登录
abc
••••••
记住密码
注册
登录
其他方式登录

图 18.12 登录页面

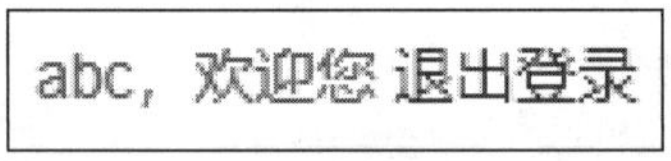
abc，欢迎您 退出登录

图 18.13 显示登录用户欢迎信息

综合练习 2：应用柱形图显示投票结果 在投票类的网站中，使用柱形图来分析投票结果是比较常用的一种方式。设计一个应用柱形图显示投票结果的功能。在页面中输出 3 个以柱形图表示的投票选项，每个选项的最上方都有一个图片按钮，每单击一次图片按钮，对应的投票数就会加 1，而且柱形图的高度会随着投票数的增加而变化。在刷新页面的情况下，投票结果会保持不变。运行结果如图 18.14 和图 18.15 所示。

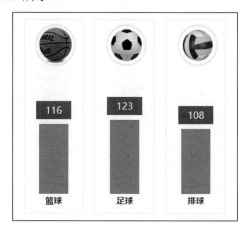
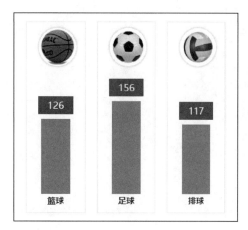

图 18.14　初始效果　　　　　　　　　　　图 18.15　投票后的效果

第 **4** 篇

项目开发

本篇使用 Vue.js 技术开发一个具有时代气息的购物类网站——51 购商城，带领读者体验 Vue.js 开发项目的实际过程。

项目开发 ——— 51购商城 ——— 设计一个功能相对完整的电子商务网站，体验使用Vue.js实现Web前端页面的开发过程

第 19 章

51 购商城

网络购物已经不再是什么新鲜事物，当今无论是企业，还是个人，都可以很方便地在网上交易商品。例如在淘宝上开网店，在微信上做微店等。本章将设计并制作一个综合的电子商城项目——51 购商城。循序渐进，由浅入深，使网站的界面布局和购物功能具有更好的用户体验。

本章知识架构及重难点如下。

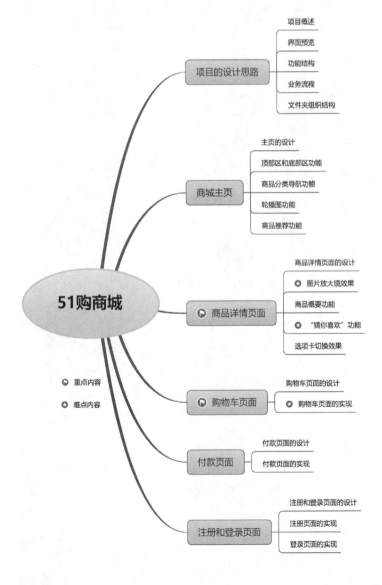

19.1　项目的设计思路

19.1.1　项目概述

从整体设计上看，51 购商城具有通用电子商城的购物功能流程，如商品的推荐、商品详情的展示、购物车等功能。网站的功能具体划分如下。

1. 商城主页

商城主页（首页）是用户访问网站的入口页面，介绍重点的推荐商品和促销商品等信息，具有分类导航功能，方便用户搜索商品。

2. 商品详情页面

商品详情页面全面详细地展示某一种商品的信息，包括商品本身的介绍（如商品产地等）、购买商品后的评价、相似商品的推荐等内容。

3. 购物车页面

用户对某种商品产生消费意愿后，可以将商品添加到购物车中。购物车页面详细记录了已添加商品的价格和数量等内容。

4. 付款页面

付款页面真实模拟付款流程，其中包含用户常用收货地址、付款方式的选择和物流的挑选等内容。

5. 注册和登录页面

注册和登录页面含有用户注册或登录时提交的表单信息的验证，如账户密码不能为空的验证、数字验证和邮箱验证等。

19.1.2　界面预览

下面展示几个主要的页面效果。

1. 主页界面效果

主页界面效果如图 19.1 所示。用户可以浏览商品分类信息、选择商品和搜索商品等。

2. 付款页面效果

付款页面的效果如图 19.2 所示。用户选择完商品，加入购物车后，则进入付款页面。付款页面包含收货地址、物流方式和支付方式等内容，符合通用电商网站的付款流程。

图 19.1　51 购商城主页界面

310

图 19.2　付款页面效果

19.1.3　功能结构

　　51 购商城从功能上划分，由主页、商品、购物车、付款、注册和登录 6 个功能组成。其中，注册和登录的页面布局基本相似，可以当作一个功能。详细的功能结构如图 19.3 所示。

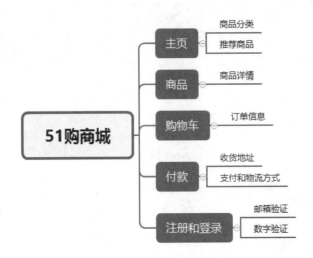

图 19.3　网站功能结构

19.1.4　业务流程

在开发 51 购商城之前，需要了解该网站的业务流程。根据 51 购商城的功能结构，设计出如图 19.4 所示的系统业务流程。

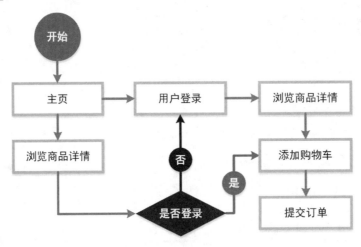

图 19.4　系统业务流程

19.1.5　文件夹组织结构

设计规范合理的文件夹组织结构，可以方便日后的维护和管理。51 购商城首先新建 shop 作为项目根文件夹，然后在资源存储文件夹 assets 中新建 css 文件夹、fonts 文件夹、images 文件夹和 js 文件夹，分别保存 CSS 样式类文件、字体资源文件、图片资源文件和 JavaScript 文件，最后新建各个功能页面的组件存储文件夹。具体文件夹组织结构如图 19.5 所示。

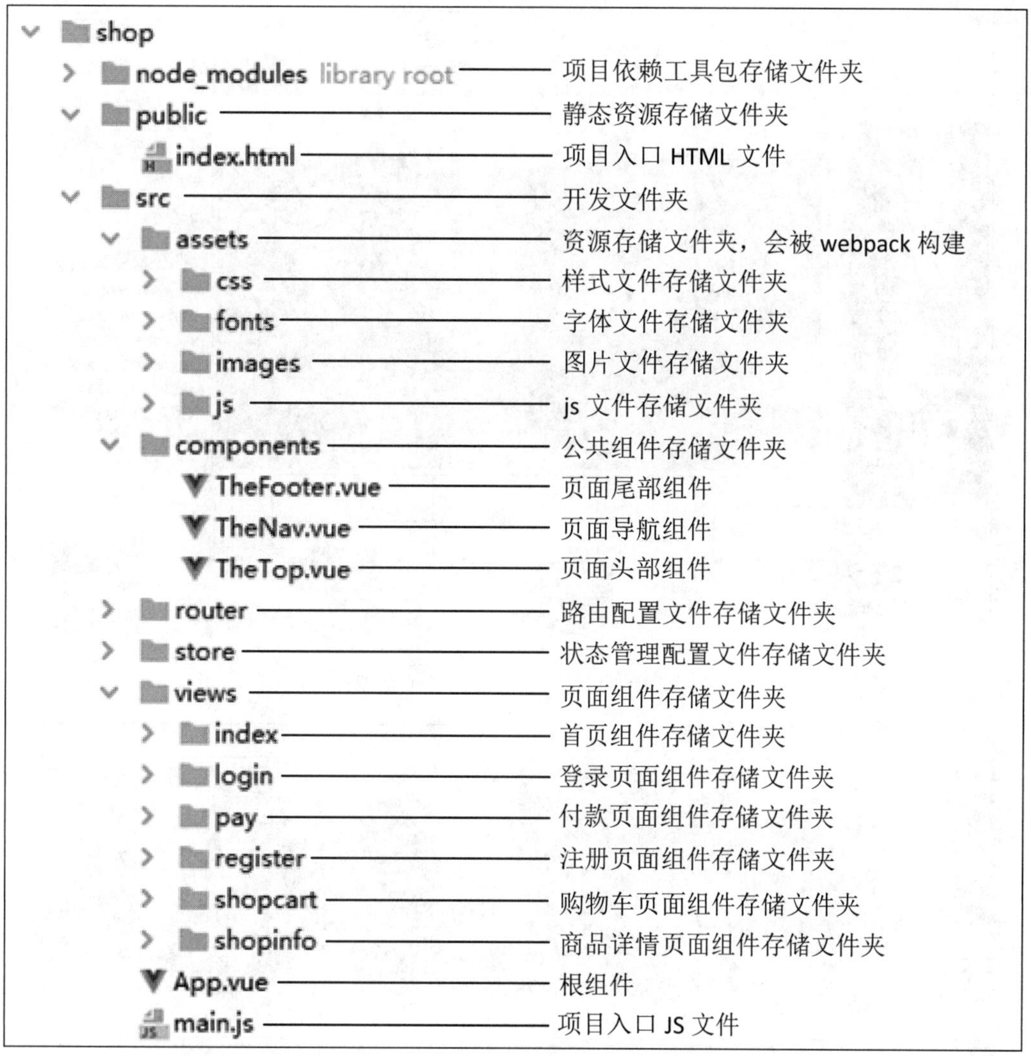

```
shop
  node_modules library root —————— 项目依赖工具包存储文件夹
  public ————————————————————— 静态资源存储文件夹
    index.html ————————————————— 项目入口 HTML 文件
  src ————————————————————————— 开发文件夹
    assets ——————————————————— 资源存储文件夹，会被 webpack 构建
      css ————————————————————— 样式文件存储文件夹
      fonts ——————————————————— 字体文件存储文件夹
      images —————————————————— 图片文件存储文件夹
      js —————————————————————— js 文件存储文件夹
    components ——————————————— 公共组件存储文件夹
      TheFooter.vue ————————————— 页面尾部组件
      TheNav.vue ————————————————— 页面导航组件
      TheTop.vue ————————————————— 页面头部组件
    router ——————————————————— 路由配置文件存储文件夹
    store ———————————————————— 状态管理配置文件存储文件夹
    views ———————————————————— 页面组件存储文件夹
      index ——————————————————— 首页组件存储文件夹
      login ——————————————————— 登录页面组件存储文件夹
      pay ————————————————————— 付款页面组件存储文件夹
      register ———————————————— 注册页面组件存储文件夹
      shopcart ———————————————— 购物车页面组件存储文件夹
      shopinfo ———————————————— 商品详情页面组件存储文件夹
    App.vue —————————————————— 根组件
    main.js —————————————————— 项目入口 JS 文件
```

图 19.5　51 购商城的文件夹组织结构

19.2　商 城 主 页

19.2.1　主页的设计

在越来越重视用户体验的今天，主页的设计非常重要和关键。视觉效果优秀的界面设计和方便个性化的使用体验会让用户印象深刻，流连忘返。因此，51 购商城的主页特别设计了推荐商品和促销活动两个功能，为用户推荐最新最好的商品和活动。主页的界面效果如图 19.6 和图 19.7 所示。

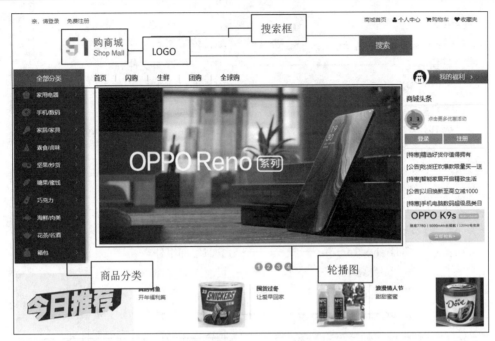

图 19.6　主页顶部区的各个功能

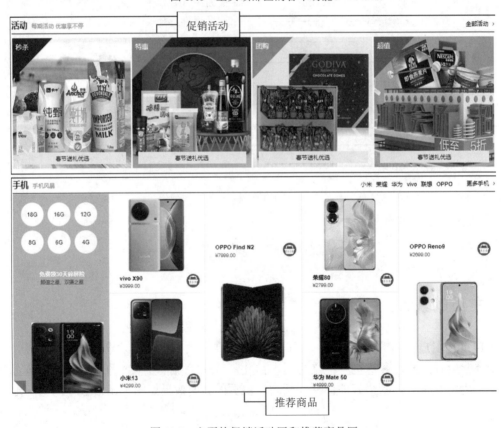

图 19.7　主页的促销活动区和推荐商品区

19.2.2　顶部区和底部区功能

根据由简到繁的原则，首先实现网站顶部区和底部区的功能。顶部区主要由网站的 LOGO 图片、搜索框和导航菜单（登录、注册和商城首页等链接）组成，方便用户跳转到其他页面。底部区由制作公司和导航栏组成，链接到技术支持的官网。功能实现后的界面如图 19.8 所示。

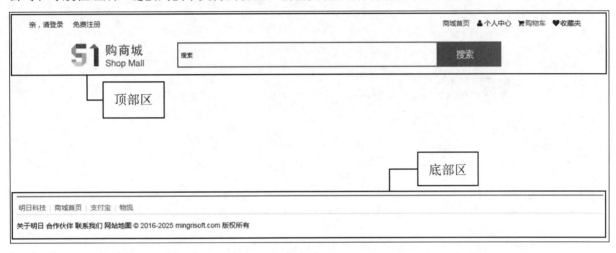

图 19.8　主页的顶部区和底部区

具体实现的步骤如下。

（1）在 components 文件夹下新建 TheTop.vue 文件，实现顶部区的功能。在<template>标签中定义导航菜单、网站的 LOGO 图片和搜索框。在<script>标签中判断用户登录状态，实现不同状态下页面的跳转。关键代码如下：

```
<template>
  <div class="hmtop">
    <!--顶部导航条 -->
    <div class="mr-container header">
      <ul class="message-l">
        <div class="topMessage">
          <div class="menu-hd">
            <a @click="show('login')" target="_top" class="h" style="color: red" v-if="!isLogin">亲，请登录</a>
            <span v-else style="color: green">{{user}}，欢迎您 <a @click="logout" style="color: red">退出登录</a></span>
            <a @click="show('register')" target="_top" style="color: red; margin-left: 20px;">免费注册</a>
          </div>
        </div>
      </ul>
      <ul class="message-r">
        <div class="topMessage home">
          <div class="menu-hd"><a @click="show('home')" target="_top" class="h" style="color:red">商城首页</a></div>
        </div>
        <div class="topMessage my-shangcheng">
          <div class="menu-hd MyShangcheng">
```

315

```
                <a href="#" target="_top"><i class="mr-icon-user mr-icon-fw"></i>个人中心</a>
            </div>
        </div>
        <div class="topMessage mini-cart">
            <div class="menu-hd"><a id="mc-menu-hd" @click="show('shopcart')" target="_top">
                <i class="mr-icon-shopping-cart    mr-icon-fw" ></i><span style="color:red">购物车</span>
                <strong id="J_MiniCartNum" class="h" v-if="isLogin">{{length}}</strong>
            </a>
            </div>
        </div>
        <div class="topMessage favorite">
            <div class="menu-hd">
                <a href="#" target="_top"><i class="mr-icon-heart mr-icon-fw"></i><span>收藏夹</span></a>
            </div>
        </div>
    </ul>
</div>
<!--悬浮搜索框-->
<div class="nav white">
    <div class="logo"><a @click="show('home')"><img src="@/assets/images/logo.png"/></a></div>
    <div class="logoBig">
        <li @click="show('home')"><img src="@/assets/images/logobig.png"/></li>
    </div>
    <div class="search-bar pr">
        <form>
            <input id="searchInput" name="index_none_header_sysc" type="text" placeholder="搜索" autocomplete="off">
            <input id="ai-topsearch" class="submit mr-btn" value="搜索" index="1" type="submit">
        </form>
    </div>
</div>
<div class="clear"></div>
</div>
</template>
<script>
  import {mapState,mapGetters,mapActions} from 'vuex'                //引入辅助函数
  export default {
    name: 'TheTop',
    computed: {
      ...mapState([
        'user',                                    //this.user 映射为 this.$store.state.user
        'isLogin'                                  //this.isLogin 映射为 this.$store.state.isLogin
      ]),
      ...mapGetters([
        'length'                                   //this.length 映射为 this.$store.getters.length
      ])
    },
    methods: {
```

```
show: function (value) {
    if(value == 'shopcart'){
        if(this.user == null){                          //用户未登录
            alert('亲，请登录！');
            this.$router.push({name:'login'});          //跳转到登录页面
            return false;
        }
    }
    this.$router.push({name:value});
},
...mapActions([
        'logoutAction'                                  //this.logoutAction()映射为 this.$store.dispatch('logoutAction')
]),
logout: function () {
    if(confirm('确定退出登录吗？')){
        this.logoutAction();                            //执行退出登录操作
        this.$router.push({name:'home'});               //跳转到主页
    }else{
        return false;
    }
}
}
}
</script>
<style scoped lang="scss">
.logoBig li{
    cursor: pointer;                                    //定义鼠标指针形状
}
a{
    cursor: pointer;                                    //定义鼠标指针形状
}
</style>
```

（2）在 components 文件夹下新建 TheFooter.vue 文件，实现底部区的功能。在<template>标签中，首先通过<p>标签和<a>标签，实现底部的导航栏。然后使用<p>标签，显示"关于明日""合作伙伴"和"联系我们"等与网站制作团队相关的信息。在<script>标签中定义实现页面跳转的方法。代码如下：

```
<template>
  <div class="footer ">
    <div class="footer-hd ">
      <p>
        <a href="http://www.mingrisoft.com/" target="_blank">明日科技</a>
        <b>|</b>
        <a href="javascript:void(0)" @click="show">商城首页</a>
        <b>|</b>
        <a href="javascript:void(0)">支付宝</a>
        <b>|</b>
        <a href="javascript:void(0)">物流</a>
```

```
      </p>
    </div>
    <div class="footer-bd ">
      <p>
        <a href="http://www.mingrisoft.com/Index/ServiceCenter/aboutus.html" target="_blank">关于明日 </a>
        <a href="javascript:void(0)">合作伙伴 </a>
        <a href="javascript:void(0)">联系我们 </a>
        <a href="javascript:void(0)">网站地图 </a>
        <em>© 2016-2025 mingrisoft.com  版权所有</em>
      </p>
    </div>
  </div>
</template>
<script>
  export default {
    methods: {
      show: function () {
        this.$router.push({name:'home'});                //跳转到主页
      }
    }
  }
</script>
```

19.2.3 商品分类导航功能

主页商品分类导航功能将商品分门别类，便于用户检索查找。用户将鼠标移入某一商品分类时，界面会弹出商品的子类别内容，将鼠标移出时，子类别内容消失。因此，商品分类导航功能可以使商品信息更清晰易查、井井有条。实现后的界面效果如图 19.9 所示。

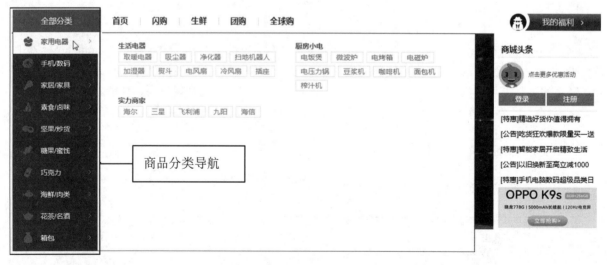

图 19.9 商品分类导航功能的界面效果

具体实现的步骤如下。

（1）在 views/index 文件夹下新建 IndexMenu.vue 文件。在<template>标签中，通过<li>标签显示商品分类信息。在<li>标签中，通过触发 mouseover 事件和 mouseout 事件执行相应的方法。关键代码如下：

```
<template>
  <div>
      <!--侧边导航 -->
      <div id="nav" class="navfull">
        <div class="area clearfix">
          <div class="category-content" id="guide_2">
            <div class="category">
              <ul class="category-list" id="js_climit_li">
                <li class="appliance js_toggle relative" v-for="(v,i) in data" :key=
                    "i" @mouseover="mouseOver(i)" @mouseout="mouseOut(i)">
                  <div class="category-info">
                    <h3 class="category-name b-category-name">
                      <i><img :src="v.url"></i>
                      <a class="ml-22" :title="v.bigtype">{{v.bigtype}}</a>
                    </h3>
                    <em>&gt;</em></div>
                    <div class="menu-item menu-in top" >
                      <div class="area-in">
                        <div class="area-bg">
                          <div class="menu-srot">
                            <div class="sort-side">
                              <dl class="dl-sort" v-for="v in v.smalltype" :key="v">
                                <dt><span >{{v.name}}</span></dt>
                                <dd v-for="v in v.goods" :key="v">
                                  <a href="javascript:void(0)"><span>{{v}}</span></a>
                                </dd>
                              </dl>
                            </div>
                          </div>
                        </div>
                      </div>
                    </div>
                    <b class="arrow"></b>
                </li>
              </ul>
            </div>
          </div>
        </div>
      </div>
  </div>
</template>
```

（2）在<script>标签中，编写鼠标移入和移出事件执行的方法。mouseOver()方法和 mouseOut()方法分别为鼠标移入和移出事件的方法，二者的实现逻辑相似。以 mouseOver()方法为例，当鼠标移入<li>标签节点时，获取事件对象 obj，设置 obj 对象的样式，找到 obj 对象的子节点（子分类信息），将子节点内容显示到页面中。代码如下：

```
<script>
  import data from '@/assets/js/data.js';                        //导入数据
  export default {
    name: 'IndexMenu',
    data: function(){
      return {
        data: data
      }
    },
    methods: {
      mouseOver: function (i){
        var obj=document.getElementsByClassName('appliance')[i];
        obj.className="appliance js_toggle relative hover";       //设置当前事件对象样式
        var menu=obj.childNodes;                                  //寻找该事件的子节点（商品子类别）
        menu[1].style.display='block';                            //设置子节点显示
      },
      mouseOut: function (i){
        var obj=document.getElementsByClassName('appliance')[i];
        obj.className="appliance js_toggle relative";            //设置当前事件对象样式
        var menu=obj.childNodes;                                  //寻找该事件的子节点（商品子类别）
        menu[1].style.display='none';                             //设置子节点隐藏
      },
      show: function (value) {
        this.$router.push({name:value})
      }
    }
  }
</script>
```

19.2.4 轮播图功能

轮播图功能根据固定的时间间隔，动态地显示或隐藏轮播图片，引起用户的关注。轮播图片一般都是系统推荐的最新商品内容。在主页中，图片的轮播应用了过渡效果。界面的效果如图 19.10 所示。

轮播图

轮播顺序

图 19.10　主页轮播图的界面效果

具体实现步骤如下。

（1）在 views/index 文件夹下新建 IndexBanner.vue 文件。在<template>标签中应用 v-for 和
<transition-group>组件实现列表过渡。在<li>标签中应用 v-for 指令定义 4 个数字轮播顺序节点。关键代
码如下：

```
<template>
  <div class="banner">
    <div class="mr-slider mr-slider-default scoll" data-mr-flexslider id="demo-slider-0">
      <div id="box">
        <ul id="imagesUI" class="list">
          <transition-group name="fade" tag="div">
          <li v-for="(v,i) in banners" :key="v" v-show="(i+1)==index?true:false"><img :src="v"></li>
          </transition-group>
        </ul>
        <ul id="btnUI" class="count">
          <li v-for="num in 4" :key="num" @mouseover='change(num)' :class='{current:num==index}'>
            {{num}}
          </li>
        </ul>
      </div>
    </div>
    <div class="clear"></div>
  </div>
</template>
```

（2）在<script>标签中编写实现图片轮播的代码。在 mounted 钩子函数中定义每经过 3 秒实现图片的轮换。在 change()方法中实现当鼠标移入数字按钮时切换到对应的图片。关键代码如下：

```
<script>
  export default {
    name: 'IndexBanner',
    data : function(){
      return {
        banners : [                                      //广告图片数组
          require('@/assets/images/ad1.png'),
          require('@/assets/images/ad2.png'),
          require('@/assets/images/ad3.png'),
          require('@/assets/images/ad4.png')
        ],
        index : 1,                                       //图片的索引
        flag : true,
        timer : '',                                      //定时器 ID
      }
    },
    methods : {
      next : function(){
        //下一张图片，图片索引为 4 时返回第一张
        this.index = this.index + 1 == 5 ? 1 : this.index + 1;
      },
      change : function(num){
        //鼠标移入按钮时切换到对应图片
        if(this.flag){
          this.flag = false;
          //1 秒后可以再次移入按钮以切换图片
          setTimeout(()=>{
            this.flag = true;
          },1000);
          this.index = num;                              //切换为选中的图片
          clearTimeout(this.timer);                      //取消定时器
          //3 秒后实现图片轮换
          this.timer = setInterval(this.next,3000);
        }
      }
    },
    mounted : function(){
      //3 秒后实现图片轮换
      this.timer = setInterval(this.next,3000);
    }
  }
</script>
```

（3）在<style>标签中编写元素的样式，定义实现图片显示与隐藏的过渡效果所使用的类名。代码如下：

```
<style lang="scss" scoped>
```

```css
#box {
    position: relative;                    /*设置相对定位*/
    width: 100%;                           /*设置宽度*/
    height: 455px;                         /*设置高度*/
    background: #fff;                      /*设置背景颜色*/
    border-radius: 5px;                    /*设置圆角边框*/
}
#box .list {
    position: relative;                    /*设置相对定位*/
    height: 455px;                         /*设置高度*/
}
@media only screen and (min-width: 1450px){
    #box .list li {
        width: 50%;                        /*设置宽度*/
        height: 50%;                       /*设置高度*/
        margin: auto;                      /*设置外边距*/
        margin-top: 0;                     /*设置上外边距*/
        position: absolute;                /*设置绝对定位*/
        top: 0;                            /*设置到父元素顶端的距离*/
        left: 0;                           /*设置到父元素左端的距离*/
        bottom: 0;                         /*设置到父元素底端的距离*/
        right: 0;                          /*设置到父元素右端的距离*/
    }
    #box .count {
        position: absolute;                /*设置绝对定位*/
        left: 900px;                       /*设置到父元素左端的距离*/
        bottom: 5px;                       /*设置到父元素底端的距离*/
    }
}
@media    screen and (min-width: 800px) and (max-width: 1450px){
    #box .list li {
        width: 50%;                        /*设置宽度*/
        height: 50%;                       /*设置高度*/
        margin: auto;                      /*设置外边距*/
        margin-top: 0;                     /*设置上外边距*/
        position: absolute;                /*设置绝对定位*/
        top: 0;                            /*设置到父元素顶端的距离*/
        left: -100px;                      /*设置到父元素左端的距离*/
        bottom: 0;                         /*设置到父元素底端的距离*/
        right: 0;                          /*设置到父元素右端的距离*/
    }
    #box .list li img{
        width: 120%;                       /*设置宽度*/
    }
    #box .count {
        position: absolute;                /*设置绝对定位*/
        left: 700px;                       /*设置到父元素左端的距离*/
```

```
        bottom: 5px;                                    /*设置到父元素底端的距离*/
    }
}
@media    screen and (max-width: 400px){
  #box{
      display: none;                                    /*设置元素隐藏*/
  }
}
#box .list li.current {
    opacity: 1;                                         /*设置元素完全不透明*/
}
#box .count li {
    color: #fff;                                        /*设置文字颜色*/
    float: left;                                        /*设置左浮动*/
    width: 20px;                                        /*设置宽度*/
    height: 20px;                                       /*设置高度*/
    line-height: 20px;                                  /*设置行高*/
    text-align: center;                                 /*设置文本居中显示*/
    cursor: pointer;                                    /*设置鼠标光标形状*/
    margin-right: 5px;                                  /*设置右外边距*/
    overflow: hidden;                                   /*设置溢出部分隐藏*/
    background: #6D6B6A;                                 /*设置背景颜色*/
    opacity: 0.7;                                       /*设置不透明度*/
    border-radius: 20px;                                /*设置圆角边框*/
}
#box .count li.current {
    color: #fff;                                        /*设置文字颜色*/
    opacity: 0.7;                                       /*设置不透明度*/
    font-weight: 700;                                   /*设置文字粗细*/
    background: #f60;                                   /*设置背景颜色*/
    transition:all .6s ease;                            /*设置过渡效果*/
}
/*设置过渡属性*/
.fade-enter-active, .fade-leave-active{
    transition: all 1s;
}
.fade-enter, .fade-leave-to{
    opacity: 0;
}
</style>
```

19.2.5　商品推荐功能

　　商品推荐功能是 51 购商城的主要商品促销形式，此功能可以动态显示推荐的商品信息，包括商品的缩略图、价格和打折信息等内容。通过商品推荐功能，还能对众多商品信息进行精挑细选，提高商品的销售率。其中，"手机"商品的界面效果如图 19.11 所示。

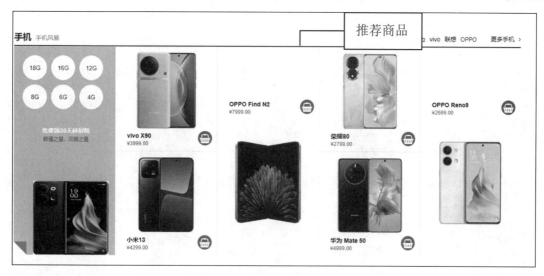

图 19.11　商品推荐功能的界面效果

具体实现步骤如下。

（1）在 views/index 文件夹下新建 IndexPhone.vue 文件。在<template>标签中编写 HTML 的布局代码。应用 v-for 指令循环输出手机的品牌和核数。再通过<div>标签显示具体的商品内容，包括商品图片、名称和价格等。关键代码如下：

```html
<template>
  <!--手机-->
  <div id="f1">
    <div class="mr-container ">
      <div class="shopTitle ">
        <h4>手机</h4>
        <h3>手机风暴</h3>
        <div class="today-brands ">
          <a href="javascript:void(0)" v-for="item in brands" :key="item">{{item}}</a>
        </div>
        <span class="more ">
          <a href="javascript:void(0)">更多手机<i class="mr-icon-angle-right" style="padding-left:10px ;"></i></a>
        </span>
      </div>
    </div>
    <div class="mr-g mr-g-fixed floodFive ">
      <div class="mr-u-sm-5 mr-u-md-3 text-one list">
        <div class="word">
          <a class="outer" href="javascript:void(0)" v-for="item in storage" :key="item">
            <span class="inner"><b class="text">{{item}}</b></span>
          </a>
        </div>
        <a href="javascript:void(0)">
          <img src="@/assets/images/tel.png" width="100px" height="170px"/>
          <div class="outer-con ">
```

```
            <div class="title ">
                免费领 30 天碎屏险
            </div>
            <div class="sub-title ">
                颜值之星，双摄之星
            </div>
        </div>
    </a>
    <div class="triangle-topright"></div>
</div>
<div class="mr-u-sm-7 mr-u-md-5 mr-u-lg-2 text-two">
    <div class="outer-con ">
        <div class="title ">
            vivo X90
        </div>
        <div class="sub-title ">
            ¥3999.00
        </div>
        <i class="mr-icon-shopping-basket mr-icon-md seprate"></i>
    </div>
    <a href="javascript:void(0)" @click="show"><img src="@/assets/images/phone1.jpg"/></a>
</div>
<!-- 省略部分代码 -->
    </div>
    <div class="clear "></div>
  </div>
</template>
```

（2）在<script>标签中定义手机品牌数组和手机核数数组，定义当单击商品图片时执行的方法show()，实现跳转到商品详情页面的功能。关键代码如下：

```
<script>
  export default {
    name: 'IndexPhone',
    data: function(){
      return {
        //手机品牌数组
        brands: ['小米','荣耀','华为','vivo','联想','OPPO'],
        //手机核数数组
        storage: ['18G','16G','12G','8G','6G','4G']
      }
    },
    methods: {
      show: function () {
        this.$router.push({name:'shopinfo'});        //跳转到商品详情页面
      }
    }
  }
</script>
```

注意

> 鼠标移入具体的商品图片时，图片会呈现偏移效果，可以引起用户的注意和兴趣。

19.3　商品详情页面

19.3.1　商品详情页面的设计

商品详情页面是商城主页的子页面。用户单击主页中的某一商品图片后，就进入商品详情页面。商品详情页面对用户而言，是至关重要的功能页面。商品详情页面的界面和功能直接影响用户的购买意愿。为此，51 购商城设计并实现了一系列的功能，包括商品图片放大镜效果、商品概要信息、宝贝详情和评价等功能模块，可以方便用户进行消费决策，增加商品销售量。商品图片和概要信息、商品详情页面的效果分别如图 19.12、图 19.13 所示。

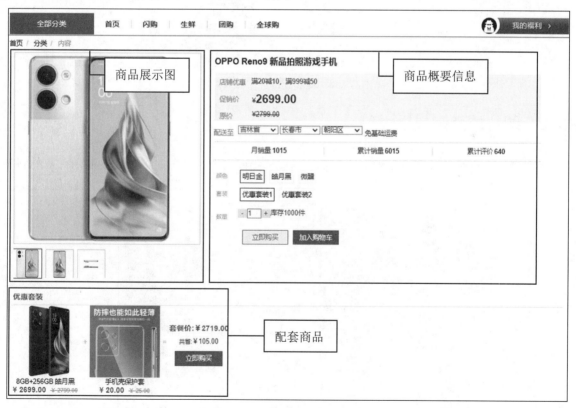

图 19.12　商品图片和概要信息

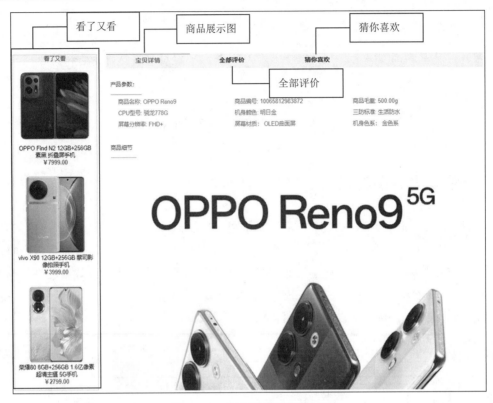

图 19.13　商品详情页面的效果

19.3.2　图片放大镜效果

在商品展示图区域底部有一个缩略图列表，当鼠标指向某个缩略图时，上方会显示对应的商品图片，当鼠标移入图片时，右侧会显示该图片对应区域的放大效果。界面的效果如图 19.14 所示。

图 19.14　图片放大镜效果

具体实现步骤如下。

（1）在 views/shopinfo 文件夹下新建 ShopinfoEnlarge.vue 文件。在<template>标签中分别定义商品

图片、图片放大工具、放大的图片和商品缩略图，通过在商品图片上触发 mouseenter 事件、mouseleave 事件和 mousemove 事件执行相应的方法。关键代码如下：

```html
<template>
  <div class="clearfixLeft" id="clearcontent">
    <div class="box">
      <div class="enlarge" @mouseenter="mouseEnter" @mouseleave="mouseLeave" @mousemove="mouseMove">
        <img :src="bigImgUrl[n]" title="细节展示放大镜特效">
        <span class="tool"></span>
        <div class="bigbox">
          <img :src="bigImgUrl[n]" class="bigimg">
        </div>
      </div>
      <ul class="tb-thumb" id="thumblist">
        <li :class="{selected:n == index}" v-for="(item,index) in smallImgUrl" :key="index" @mouseover="setIndex(index)">
          <div class="tb-pic tb-s40">
            <a href="javascript:void(0)"><img :src="item"></a>
          </div>
        </li>
      </ul>
    </div>
    <div class="clear"></div>
  </div>
</template>
```

（2）在<script>标签中编写鼠标在商品图片上移入、移出和移动时执行的方法。在 mouseEnter()方法中，设置图片放大工具和放大的图片显示；在 mouseLeave()方法中，设置图片放大工具和放大的图片隐藏；在 mouseMove()方法中，通过元素的定位属性设置图片放大工具和放大的图片的位置，实现图片的放大效果。关键代码如下：

```javascript
<script>
  export default {
    data: function(){
      return {
        n: 0,                                          //缩略图索引
        smallImgUrl: [                                 //缩略图数组
          require('@/assets/images/01_small.jpg'),
          require('@/assets/images/02_small.jpg'),
          require('@/assets/images/03_small.jpg')
        ],
        bigImgUrl: [                                   //商品图片数组
          require('@/assets/images/01.jpg'),
          require('@/assets/images/02.jpg'),
          require('@/assets/images/03.jpg')
        ]
      }
    },
```

```
methods: {
  mouseEnter: function () {                                          //鼠标移入图片的效果
    document.querySelector('.tool').style.display='block';
    document.querySelector('.bigbox').style.display='block';
  },
  mouseLeave: function () {                                          //鼠标移出图片的效果
    document.querySelector('.tool').style.display='none';
    document.querySelector('.bigbox').style.display='none';
  },
  mouseMove: function (e) {
    var enlarge=document.querySelector('.enlarge');
    var tool=document.querySelector('.tool');
    var bigimg=document.querySelector('.bigimg');
    var ev=window.event || e;                                       //获取事件对象
    //获取图片放大工具到商品图片左端的距离
    var x=ev.clientX-enlarge.offsetLeft-tool.offsetWidth/2+document.documentElement.scrollLeft;
    //获取图片放大工具到商品图片顶端的距离
    var y=ev.clientY-enlarge.offsetTop-tool.offsetHeight/2+document.documentElement.scrollTop;
    if(x<0) x=0;
    if(y<0) y=0;
    if(x>enlarge.offsetWidth-tool.offsetWidth){
      x=enlarge.offsetWidth-tool.offsetWidth;                       //图片放大工具到商品图片左端的最大距离
    }
    if(y>enlarge.offsetHeight-tool.offsetHeight){
      y=enlarge.offsetHeight-tool.offsetHeight;                     //图片放大工具到商品图片顶端的最大距离
    }
    //设置图片放大工具定位
    tool.style.left = x+'px';
    tool.style.top = y+'px';
    //设置放大的图片定位
    bigimg.style.left = -x * 2+'px';
    bigimg.style.top = -y * 2+'px';
  },
  setIndex: function (index) {
    this.n=index;                                                   //设置缩略图索引
  }
}
}
</script>
```

19.3.3　商品概要功能

　　商品概要功能包含商品的名称、价格和配送地址等信息。用户通过快速浏览商品概要信息，可以了解商品的销量、可配送地址和库存等内容，方便用户快速决策，节省浏览时间。界面的效果如图 19.15 所示。

图 19.15　商品概要信息

具体实现步骤如下。

（1）在 views/shopinfo 文件夹下新建 ShopinfoInfo.vue 文件。在<template>标签中，使用<h1>标签显示商品名称，使用<li>标签显示价格信息。然后通过<select>标签和<option>标签，显示配送地址信息。关键代码如下：

```
<template>
  <div>
    <ol class="mr-breadcrumb mr-breadcrumb-slash">
      <li><a href="javascript:void(0)">首页</a></li>
      <li><a href="javascript:void(0)">分类</a></li>
      <li class="mr-active">内容</li>
    </ol>
    <div class="scoll">
      <section class="slider">
        <div class="flexslider">
          <ul class="slides">
            <li>
              <img src="@/assets/images/01.jpg" title="pic">
            </li>
            <li>
              <img src="@/assets/images/02.jpg">
            </li>
            <li>
              <img src="@/assets/images/03.jpg">
            </li>
          </ul>
        </div>
      </section>
    </div>
```

```
<!--放大镜-->
<div class="item-inform">
    <ShopinfoEnlarge/>
    <div class="clearfixRight">
        <!--规格属性-->
        <!--名称-->
        <div class="tb-detail-hd">
            <h1>
                {{goodsInfo.name}}
            </h1>
        </div>
        <div class="tb-detail-list">
            <!--价格-->
            <div class="tb-detail-price">
                <li class="price iteminfo_price">
                    <dt>促销价</dt>
                    <dd><em>¥</em><b class="sys_item_price">{{goodsInfo.unitPrice.toFixed(2)}}</b></dd>
                </li>
                <li class="price iteminfo_mktprice">
                    <dt>原价</dt>
                    <dd><em>¥</em><b class="sys_item_mktprice">2799.00</b></dd>
                </li>
                <div class="clear"></div>
            </div>
    <!-- 省略部分代码 -->
</template>
```

（2）在<script>标签中引入 mapState 和 mapActions 辅助函数，实现组件中的计算属性、方法和 store 中的 state、action 之间的映射，根据用户是否登录来跳转到相应的页面。关键代码如下：

```
<script>
    import ShopinfoEnlarge from '@/views/shopinfo/ShopinfoEnlarge'
    import {mapState,mapActions} from 'vuex'              //引入 mapState 和 mapActions
    export default {
        components: {
            ShopinfoEnlarge
        },
        data: function(){
            return {
                number: 1,                                //商品数量
                goodsInfo: {                              //商品基本信息
                    img : require("@/assets/images/01.jpg"),
                    name : "OPPO Reno9 新品拍照游戏手机",
                    num : 0,
                    unitPrice : 2699,
                    isSelect : true
                }
            }
```

```
    },
    computed: {
        ...mapState([
                'user'                                          //this.user 映射为 this.$store.state.user
        ])
    },
    watch: {
        number: function (newVal,oldVal) {
            if(isNaN(newVal) || newVal == 0){                   //输入的是非数字或 0
                this.number = oldVal;                           //数量为原来的值
            }
        }
    },
    methods: {
        ...mapActions([
                'getListAction'                                 //this.getListAction()映射为 this.$store.dispatch('getListAction')
        ]),
        show: function () {
            if(this.user == null){
                alert('亲，请登录！');
                this.$router.push({name:'login'});              //跳转到登录页面
            }else{
                this.getListAction({                            //执行方法并传递参数
                    goodsInfo: this.goodsInfo,
                    number: parseInt(this.number)
                });
                this.$router.push({name:'shopcart'});           //跳转到购物车页面
            }
        },
        reduce: function () {
            if(this.number >= 2){
                this.number--;                                  //商品数量减 1
            }
        },
        add: function () {
            this.number++;                                      //商品数量加 1
        }
    }
}
</script>
```

19.3.4　"猜你喜欢"功能

"猜你喜欢"功能为用户推荐最佳相似商品，不仅方便用户立即挑选商品，也增强了商品详情页面内容的丰富性，具有良好的用户体验。界面效果如图 19.16 所示。

图 19.16 "猜你喜欢"的页面效果

具体实现步骤如下。

（1）在 views/shopinfo 文件夹下新建 ShopinfoLike.vue 文件。在\<template\>标签中编写商品列表区域的 HTML 布局代码。首先使用\<li\>标签显示商品基本信息，包括商品缩略图、商品价格和商品名称等内容，然后使用\<li\>标签对商品信息进行分页处理。关键代码如下：

```html
<template>
  <div id="youLike" class="mr-tab-panel">
    <div class="like">
      <ul class="mr-avg-sm-2 mr-avg-md-3 mr-avg-lg-4 boxes">
        <li>
          <div class="i-pic limit">
            <img src="@/assets/images/phone3.jpg">
            <p>华为 Mate 50 直屏旗舰 128GB 曜金黑华为鸿蒙手机</p>
            <p class="price fl">
              <b>¥</b>
              <strong>4999.00</strong>
            </p>
          </div>
        </li>
        <!-- 省略部分代码 -->
      </ul>
    </div>
    <div class="clear"></div>
    <!--分页 -->
    <ul class="mr-pagination mr-pagination-right">
      <li :class="{'mr-disabled':curentPage==1}" @click="jump(curentPage-1)"><a href="javascript:void(0)">&laquo;</a></li>
      <li :class="{'mr-active':curentPage==n}" v-for="n in pages" :key="n" @click="jump(n)">
        <a href="javascript:void(0)">{{n}}</a>
      </li>
      <li :class="{'mr-disabled':curentPage==pages}" @click="jump(curentPage+1)">
        <a href="javascript:void(0)">&raquo;</a>
      </li>
    </ul>
```

```
        <div class="clear"></div>
    </div>
</template>
```

（2）在<script>标签中编写实现商品信息分页的逻辑代码。在 data 选项中定义每页显示的元素个数，通过计算属性获取元素总数和总页数，在 methods 选项中定义 jump()方法，通过页面元素的隐藏和显示实现商品信息分页的效果。关键代码如下：

```
<script>
    export default {
        data: function () {
            return {
                items: [],
                eachNum: 4,                                      //每页显示个数
                curentPage: 1                                    //当前页数
            }
        },
        mounted: function(){
            this.items = document.querySelectorAll('.like li');  //获取所有元素
            for(var i = 0; i < this.items.length; i++){
                if(i < this.eachNum){
                    this.items[i].style.display = 'block';       //显示第一页内容
                }else{
                    this.items[i].style.display = 'none';        //隐藏其他页内容
                }
            }
        },
        computed: {
            count: function () {
                return this.items.length;                        //元素总数
            },
            pages: function () {
                return Math.ceil(this.count/this.eachNum);       //总页数
            }
        },
        methods: {
            jump: function (n) {
                this.curentPage = n;
                if(this.curentPage < 1){
                    this.curentPage = 1;                         //页数最小值
                }
                if(this.curentPage > this.pages){
                    this.curentPage = this.pages;                //页数最大值
                }
                for(var i = 0; i < this.items.length; i++){
                    this.items[i].style.display = 'none';        //隐藏所有元素
                }
                var start = (this.curentPage - 1) * this.eachNum; //每页第一个元素索引
                var end = start + this.eachNum;                  //每页最后一个元素索引
                end = end > this.count ? this.count : end;       //尾页最后一个元素索引
```

```
            for(var j = start; j < end; j++){
                this.items[j].style.display = 'block';              //当前页元素显示
            }
        }
    }
}
</script>
```

19.3.5　选项卡切换效果

在商品详情页面有"宝贝详情""全部评价"和"猜你喜欢"三个选项卡，当单击某个选项卡时，下方会切换为该选项卡对应的内容。界面效果如图 19.17 所示。

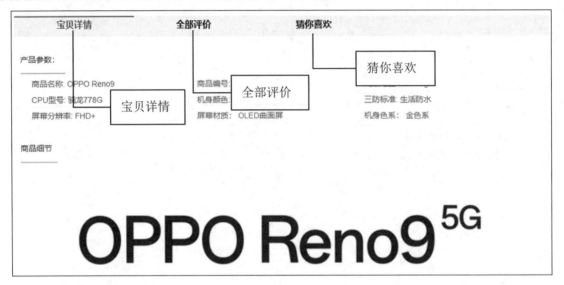

图 19.17　选项卡的切换

具体实现步骤如下。

（1）在 views/shopinfo 文件夹下新建 ShopinfoIntroduce.vue 文件。在<template>标签中首先定义"宝贝详情""全部评价"和"猜你喜欢"三个选项卡，然后使用动态组件，应用<component>元素将 data 数据 current 动态绑定到该元素的 is 属性。代码如下：

```
<template>
  <div class="introduceMain">
    <div class="mr-tabs" data-mr-tabs>
      <ul class="mr-avg-sm-3 mr-tabs-nav mr-nav mr-nav-tabs">
        <li id="infoTitle" :class="{'mr-active':current=='ShopinfoDetails'}">
          <a @click="current='ShopinfoDetails'">
            <span class="index-needs-dt-txt">宝贝详情</span></a>
        </li>
        <li id="commentTitle" :class="{'mr-active':current=='ShopinfoComment'}">
          <a @click="current='ShopinfoComment'">
            <span class="index-needs-dt-txt">全部评价</span></a>
```

```html
      </li>
      <li id="youLikeTitle" :class="{'mr-active':current=='ShopinfoLike'}">
        <a @click="current='ShopinfoLike'">
          <span class="index-needs-dt-txt">猜你喜欢</span></a>
      </li>
    </ul>
    <div class="mr-tabs-bd">
      <component :is="current"></component>
    </div>
  </div>
  <div class="clear"></div>
  <div class="footer ">
    <div class="footer-hd ">
      <p>
        <a href="http://www.mingrisoft.com/" target="_blank">明日科技</a>
        <b>|</b>
        <a href="javascript:void(0)" @click="show">商城首页</a>
        <b>|</b>
        <a href="javascript:void(0)">支付宝</a>
        <b>|</b>
        <a href="javascript:void(0)">物流</a>
      </p>
    </div>
    <div class="footer-bd ">
      <p>
        <a href="http://www.mingrisoft.com/Index/ServiceCenter/aboutus.html" target="_blank">关于明日</a>
        <a href="javascript:void(0)">合作伙伴</a>
        <a href="javascript:void(0)">联系我们</a>
        <a href="javascript:void(0)">网站地图</a>
        <em>&copy; 2016-2025 mingrisoft.com 版权所有</em> </p>
    </div>
  </div>
 </div>
</template>
```

（2）在<script>标签中引入三个选项卡内容对应的组件，并应用 components 选项注册三个组件。关键代码如下：

```html
<script>
  import ShopinfoDetails from '@/views/shopinfo/ShopinfoDetails'      //引入组件
  import ShopinfoComment from '@/views/shopinfo/ShopinfoComment'     //引入组件
  import ShopinfoLike from '@/views/shopinfo/ShopinfoLike'           //引入组件
  export default {
    name: 'ShopinfoIntroduce',
    data: function(){
      return {
        current: 'ShopinfoDetails'                                   //当前显示组件
      }
    },
    components: {
```

```
      ShopinfoDetails,
      ShopinfoComment,
      ShopinfoLike
    },
    methods: {
      show: function () {
        this.$router.push({name:'home'});                    //跳转到主页
      }
    }
  }
</script>
```

19.4　购物车页面

19.4.1　购物车页面的设计

电商网站都具有购物车功能。用户一般先将自己挑选好的商品放到购物车中，然后统一付款，交易结束。在 51 购商城中，用户只有在登录之后才可以进入购物车页面。购物车页面要求包含订单商品的型号、数量和价格等信息，方便用户统一确认购买。购物车的界面效果如图 19.18 所示。

图 19.18　购物车的界面效果

19.4.2　购物车页面的实现

购物车页面分为顶部、主显示区和底部三个部分。这里重点讲解购物车页面中主显示区的实现方法。具体实现步骤如下。

338

（1）在 views/shopcart 文件夹下新建 ShopcartCart.vue 文件。在<template>标签中应用 v-for 指令循环输出购物车中的商品信息，在商品数量一栏中添加 "-" 按钮和 "+" 按钮，当单击按钮时执行相应的方法实现商品数量减 1 或加 1 的操作。在操作中添加 "删除" 超链接，当单击某个超链接时会执行 remove()方法，实现删除指定商品的操作。关键代码如下：

```html
<template>
  <div>
    <div v-if="list.length>0">
      <div class="main">
        <div class="goods" v-for="(item,index) in list" :key="index">
          <span class="check"><input type="checkbox" @click="selectGoods(index)" :checked="item.isSelect"> </span>
          <span class="name"><img :src="item.img">{{item.name}}</span>
          <span class="unitPrice">{{item.unitPrice.toFixed(2)}}</span>
          <span class="num">
            <span @click="reduce(index)" :class="{off:item.num==1}">-</span>
            {{item.num}}
            <span @click="add(index)">+</span>
          </span>
          <span class="unitTotalPrice">{{item.unitPrice * item.num.toFixed(2)}}</span>
          <span class="operation">
            <a @click="remove(index)">删除</a>
          </span>
        </div>
      </div>
      <div class="info">
        <span><input type="checkbox" @click="selectAll" :checked="isSelectAll"> 全选</span>
        <a @click="emptyCar">清空购物车</a>
        <span>已选商品<span class="totalNum">{{totalNum}}</span> 件</span>
        <span>合计:<span class="totalPrice">¥{{totalPrice.toFixed(2)}}</span></span>
        <span @click="show('pay')">去结算</span>
      </div>
    </div>
    <div class="empty" v-else>
      <img src="@/assets/images/shopcar.png">
      购物车内暂时没有商品，<a @click="show('home')">去购物></a>
    </div>
  </div>
</template>
```

（2）在<script>标签中引入 mapState 和 mapActions 辅助函数，实现组件中的计算属性、方法和 store 中的 state、action 之间的映射。通过计算属性统计选择的商品件数和商品总价，在 methods 选项中通过不同的方法实现选择某个商品和全选商品以及跳转到指定页面的操作。关键代码如下：

```html
<script>
import { mapState,mapActions } from 'vuex'          //引入 mapState 和 mapActions
export default{
  data: function () {
```

```
        return {
            isSelectAll : false                              //默认未全选
        }
    },
    mounted: function(){
        this.isSelectAll = true;                             //全选
        for(var i = 0;i < this.list.length; i++){
            //有一个商品未选中即取消全选
            if(this.list[i].isSelect == false){
                this.isSelectAll=false;
            }
        }
    },
    computed : {
        ...mapState([
            'list'                                           //this.list 映射为 this.$store.state.list
        ]),
        totalNum : function(){                               //计算商品件数
            var totalNum = 0;
            this.list.forEach(function(item){
                if(item.isSelect){
                    totalNum+=1;
                }
            });
            return totalNum;
        },
        totalPrice : function(){                             //计算商品总价
            var totalPrice = 0;
            this.list.forEach(function(item){
                if(item.isSelect){
                    totalPrice += item.num*item.unitPrice;
                }
            });
            return totalPrice;
        }
    },
    methods : {
        ...mapActions({
            reduce: 'reduceAction',                          //减少商品个数
            add: 'addAction',                                //增加商品个数
            remove: 'removeGoodsAction',                     //移除商品
            selectGoodsAction: 'selectGoodsAction',          //选择商品
            selectAllAction: 'selectAllAction',              //全选商品
            emptyCarAction: 'emptyCarAction'                 //清空购物车
        }),
        selectGoods : function(index){                       //选择商品
            var goods = this.list[index];
```

```
            goods.isSelect = !goods.isSelect;
            this.isSelectAll = true;
            for(var i = 0;i < this.list.length; i++){
                if(this.list[i].isSelect == false){
                    this.isSelectAll=false;
                }
            }
            this.selectGoodsAction({
                index: index,
                bool: goods.isSelect
            });
        },
        selectAll : function(){                          //全选或全不选
            this.isSelectAll = !this.isSelectAll;
            this.selectAllAction(this.isSelectAll);
        },
        emptyCar: function(){                            //清空购物车
            if(confirm('确定要清空购物车吗？')){
                this.emptyCarAction();
            }
        },
        show: function (value) {
            if(value == 'home'){
                this.$router.push({name:'home'});        //跳转到主页
            }else{
                if(this.totalNum==0){
                    alert('请至少选择一件商品！');
                    return false;
                }
                this.$router.push({name:'pay'});         //跳转到付款页面
            }
        }
    }
  }
</script>
```

19.5　付　款　页　面

19.5.1　付款页面的设计

　　用户在购物车页面单击"去结算"按钮后，就进入付款页面。付款页面包括收货人姓名、手机号、收货地址、物流方式和支付方式等内容。用户需要再次确认上述内容后，单击"提交订单"按钮，完成交易。付款页面的效果如图 19.19 所示。

图 19.19 付款页面效果

19.5.2 付款页面的实现

付款页面包括多个组件。这里重点讲解付款页面中确认订单信息的组件 **PayOrder.vue** 和执行订单提交的组件 PayInfo.vue。确认订单信息的界面效果如图 19.20 所示。

确认订单信息

商品信息	单价	数量	金额	配送方式
OPPO Reno9 新品拍照游戏手机	2699.00	1	2699	快递送货
vivo X90 蔡司影像拍照手机	3999.00	1	3999	快递送货

图 19.20 确认订单信息的界面效果

执行订单提交的界面效果如图 19.21 所示。

图 19.21　执行订单提交的界面效果

PayOrder.vue 组件的具体实现步骤如下。

（1）在 views/pay 文件夹下新建 PayOrder.vue 文件。在<template>标签中应用 v-for 指令循环输出购物车中选中的商品信息，包括商品名称、单价、数量和金额等。关键代码如下：

```
<template>
  <!--订单 -->
  <div>
    <div class="concent">
      <div id="payTable">
        <h3>确认订单信息</h3>
        <div class="cart-table-th">
          <div class="wp">
            <div class="th th-item">
              <div class="td-inner">商品信息</div>
            </div>
            <div class="th th-price">
              <div class="td-inner">单价</div>
            </div>
            <div class="th th-amount">
              <div class="td-inner">数量</div>
            </div>
            <div class="th th-sum">
              <div class="td-inner">金额</div>
            </div>
            <div class="th th-oplist">
              <div class="td-inner">配送方式</div>
            </div>
          </div>
        </div>
        <div class="clear"></div>
        <div class="main">
          <div class="goods" v-for="(item,index) in list" :key="index">
            <span class="name">
              <img :src="item.img">
              {{item.name}}
            </span>
            <span class="unitPrice">{{item.unitPrice.toFixed(2)}}</span>
```

```
        <span class="num">
          {{item.num}}
        </span>
        <span class="unitTotalPrice">{{item.unitPrice * item.num.toFixed(2)}}</span>
        <span class="pay-logis">
          快递送货
        </span>
      </div>
    </div>
  </div>
</div>
<PayMessage :totalPrice="totalPrice"/>
</div>
</template>
```

（2）在<script>标签中引入 mapGetters 辅助函数，实现组件中的计算属性和 store 中的 getter 之间的映射。通过计算属性获取购物车中选中的商品，并且统计单个商品的总价。关键代码如下：

```
<script>
  import {mapGetters} from 'vuex'                  //引入 mapGetters
  import PayMessage from '@/views/pay/PayMessage'  //引入组件
  export default {
    components:{
      PayMessage                                   //注册组件
    },
    computed: {
      ...mapGetters([
        'list'                                     //this.list 映射为 this.$store.getters.list
      ]),
      totalPrice : function(){                      //计算商品总价
        var totalPrice = 0;
        this.list.forEach(function(item){
          if(item.isSelect){
            totalPrice += item.num*item.unitPrice;
          }
        });
        return totalPrice;
      }
    }
  }
</script>
```

PayInfo.vue 组件的具体实现步骤如下。

（1）在 views/pay 文件夹下新建 PayInfo.vue 文件。在<template>标签中定义实付款、收货地址以及收货人信息，并设置单击"提交订单"按钮时执行 show()方法。关键代码如下：

```
<template>
  <!--信息 -->
  <div class="order-go clearfix">
    <div class="pay-confirm clearfix">
```

```
    <div class="box">
      <div tabindex="0" id="holyshit267" class="realPay"><em class="t">实付款：</em>
        <span class="price g_price ">
          <span>¥</span>
          <em class="style-large-bold-red " id="J_ActualFee">{{lastPrice.toFixed(2)}}</em>
        </span>
      </div>
      <div id="holyshit268" class="pay-address">
        <p class="buy-footer-address">
          <span class="buy-line-title buy-line-title-type">寄送至：</span>
          <span class="buy--address-detail">
            <span class="province">吉林</span>省
            <span class="city">长春</span>市
            <span class="dist">朝阳</span>区
            <span class="street">**花园****号</span>
          </span>
        </p>
        <p class="buy-footer-address">
          <span class="buy-line-title">收货人：</span>
          <span class="buy-address-detail">
            <span class="buy-user">Tony </span>
            <span class="buy-phone">1567699****</span>
          </span>
        </p>
      </div>
    </div>
    <div id="holyshit269" class="submitOrder">
      <div class="go-btn-wrap">
        <a id="J_Go" class="btn-go" tabindex="0" title="点击此按钮，提交订单" @click="show">提交订单</a>
      </div>
    </div>
    <div class="clear"></div>
  </div>
 </div>
</template>
```

（2）在<script>标签中引入 mapActions 辅助函数，实现组件中的方法和 store 中的 action 之间的映射。在 methods 选项中定义 show()方法，在方法中执行清空购物车的操作，并通过路由跳转到商城主页。关键代码如下：

```
<script>
 import {mapActions} from 'vuex'                          //引入 mapActions
 export default {
  props:['lastPrice'],                                   //父组件传递的数据
  methods: {
   ...mapActions({
     emptyCar: 'emptyCarAction'                          //this.emptyCar()映射为 this.$store.dispatch('emptyCarAction')
   }),
   show: function () {
     this.emptyCar();                                    //执行清空购物车操作
```

```
            this.$router.push({name:'home'});            //跳转到主页
        }
    }
}
</script>
```

19.6　注册和登录页面

19.6.1　注册和登录页面的设计

注册和登录页面是通用的功能页面。51 购商城在设计注册和登录页面时，使用简单的 JavaScript 方法来验证邮箱和数字的格式。注册和登录的页面效果分别如图 19.22 和图 19.23 所示。

图 19.22　注册页面效果

图 19.23　登录页面效果

19.6.2　注册页面的实现

注册页面分为顶部、主显示区和底部三个部分。在验证用户输入的表单信息时，需要验证邮箱格式是否正确，验证手机格式是否正确，等等。注册界面效果如图 19.24 所示。

图 19.24　注册界面效果

具体实现步骤如下。

（1）在 views/register 文件夹下新建 RegisterHome.vue 文件。在<template>标签中编写注册页面的 HTML 代码。首先定义用户注册的表单信息，并应用 v-model 指令对表单元素进行数据绑定，然后通过<input>标签设置一个"注册"按钮，当单击该按钮时会执行 mr_verify()方法。关键代码如下：

```
<template>
  <div>
    <div class="res-banner">
      <div class="res-main">
        <div class="login-banner-bg"><span></span><img src="@/assets/images/big.jpg"/></div>
        <div class="login-box">
          <div class="mr-tabs" id="doc-my-tabs">
            <h3 class="title">注册</h3>
            <div class="mr-tabs-bd">
              <div class="mr-tab-panel mr-active">
                <form method="post">
                  <div class="user-email">
                    <label for="email"><i class="mr-icon-envelope-o"></i></label>
                    <input type="email" v-model="email" id="email" placeholder="请输入邮箱账号">
                  </div>
                  <div class="user-pass">
                    <label for="password"><i class="mr-icon-lock"></i></label>
                    <input type="password" v-model="password" id="password" placeholder="设置密码">
                  </div>
```

```
                    <div class="user-pass">
                        <label for="passwordRepeat"><i class="mr-icon-lock"></i></label>
                        <input type="password" v-model="passwordRepeat" id="passwordRepeat" placeholder="确认密码">
                    </div>
                    <div class="user-pass">
                        <label for="passwordRepeat">
                            <i class="mr-icon-mobile"></i>
                            <span style="color:red;margin-left:5px">*</span>
                        </label>
                        <input type="text" v-model="tel" id="tel" placeholder="请输入手机号">
                    </div>
                </form>
                <div class="login-links">
                    <label for="reader-me">
                        <input id="reader-me" type="checkbox" v-model="checked"> 选中表示您同意商城《服务协议》
                    </label>
                    <a href="javascript:void(0)" @click="show" class="mr-fr">登录</a>
                </div>
                <div class="mr-cf">
                    <input type="submit" name="" :disabled="!checked" @click="mr_verify" value=
                                "注册" class="mr-btn mr-btn-primary mr-btn-sm mr-fl">
                </div>
            </div>
          </div>
        </div>
      </div>
    </div>
    <RegisterBottom/>
  </div>
</template>
```

（2）在<script>标签中编写验证用户注册信息的代码。在 data 选项中定义注册表单元素绑定的数据，然后在 methods 选项中定义 mr_verify()方法，在方法中分别获取用户输入的邮箱、密码、确认密码和手机号，并验证用户输入是否正确。如果输入正确，则弹出相应的提示信息，并跳转到商城主页。代码如下：

```
<script>
  import RegisterBottom from '@/views/register/RegisterBottom'      //引入组件
  export default {
    name : 'RegisterHome',
    components : {
      RegisterBottom                                                 //注册组件
    },
    data: function(){
      return {
        checked:false,                                               //是否同意注册协议复选框
        email:'',                                                    //邮箱
        password:'',                                                 //密码
```

```
            passwordRepeat:",                              //确认密码
            tel:"                                          //手机号
        }
    },
    methods: {
        mr_verify: function () {
            //获取表单对象
            var email=this.email;
            var password=this.password;
            var passwordRepeat=this.passwordRepeat;
            var tel=this.tel;
            //验证表单元素是否为空
            if(email===" || email===null){
                alert("邮箱不能为空！");
                return;
            }
            if(password===" || password===null){
                alert("密码不能为空！");
                return;
            }
            if(passwordRepeat===" || passwordRepeat===null){
                alert("确认密码不能为空！");
                return;
            }
            if(tel===" || tel===null){
                alert("手机号不能为空！");
                return;
            }
            if(password!==passwordRepeat){
                alert("密码设置前后不一致！");
                return;
            }
            //验证邮件格式
            var apos = email.indexOf("@")
            var dotpos = email.lastIndexOf(".")
            if (apos < 1 || dotpos - apos < 2) {
                alert("邮箱格式错误！");
                return;
            }
            //验证手机号格式
            if(isNaN(tel)){
                alert("手机号请输入数字！");
                return;
            }
            if(tel.length!==11){
                alert("手机号是 11 个数字！");
                return;
            }
            alert('注册成功！');
```

```
        this.$router.push({name:'home'});                            //跳转到主页
    },
    show: function () {
        this.$router.push({name:'login'});                           //跳转到登录页面
    }
  }
}
</script>
```

> **注意**
> JavaScript 验证手机号格式是否正确的原理是：通过 isNaN()方法验证数字格式，通过 length 属性值验证数字长度是否等于 11。

19.6.3　登录页面的实现

登录页面的实现过程与注册页面相似，这里重点讲解主显示区中登录页面的布局和用户登录的验证。登录页面效果如图 19.25 所示。

图 19.25　登录页面效果

具体实现步骤如下。

（1）在 views/login 文件夹下新建 LoginHome.vue 文件。在<template>标签中编写登录页面的 HTML 代码。首先定义用于显示用户名和密码的表单，并应用 v-model 指令对表单元素进行数据绑定，然后通过<input>标签设置一个"登录"按钮，当单击该按钮时会执行 login()方法。关键代码如下：

```
<template>
  <div>
    <div class="login-banner">
      <div class="login-main">
        <div class="login-banner-bg"><span></span><img src="@/assets/images/big.jpg"/></div>
        <div class="login-box">
          <h3 class="title">登录</h3>
```

```
          <div class="clear"></div>
          <div class="login-form">
            <form>
              <div class="user-name">
                <label for="user"><i class="mr-icon-user"></i></label>
                <input type="text" v-model="user" id="user" placeholder="邮箱/手机/用户名">
              </div>
              <div class="user-pass">
                <label for="password"><i class="mr-icon-lock"></i></label>
                <input type="password" v-model="password" id="password" placeholder="请输入密码">
              </div>
            </form>
          </div>
          <div class="login-links">
            <label for="remember-me"><input id="remember-me" type="checkbox">记住密码</label>
            <a href="javascript:void(0)" @click="show" class="mr-fr">注册</a>
            <br/>
          </div>
          <div class="mr-cf">
            <input type="submit" name="" value="登录" @click="login" class="mr-btn mr-btn-primary mr-btn-sm">
          </div>
          <div class="partner">
            <h3>合作账号</h3>
            <div class="mr-btn-group">
              <li><a href="javascript:void(0)"><i class="mr-icon-qq mr-icon-sm"></i><span>QQ 登录</span></a></li>
              <li><a href="javascript:void(0)"><i class="mr-icon-weibo mr-icon-sm"></i><span>微博登录</span> </a></li>
              <li><a href="javascript:void(0)"><i class="mr-icon-weixin mr-icon-sm"></i><span>微信登录</span> </a></li>
            </div>
          </div>
        </div>
      </div>
    </div>
    <LoginBottom/>
  </div>
</template>
```

（2）在<script>标签中编写验证用户登录的代码。首先引入 mapActions 辅助函数，实现组件中的方法和 store 中的 action 之间的映射。在 methods 选项中定义 login()方法，在方法中分别获取用户输入的用户名和密码，并验证用户输入是否正确。如果输入正确，则弹出相应的提示信息，接着执行loginAction()方法对用户名进行存储，并跳转到商城主页。代码如下：

```
<script>
  import {mapActions} from 'vuex'                              //引入 mapActions
  import LoginBottom from '@/views/login/LoginBottom'          //引入组件
  export default {
    name : 'LoginHome',
    components : {
      LoginBottom                                              //注册组件
    },
```

```
    data: function(){
      return {
        user:null,                                    //用户名
        password:null                                 //密码
      }
    },
    methods: {
      ...mapActions([
      'loginAction'//this.loginAction()映射为 this.$store.dispatch('loginAction')
      ]),
      login: function () {
        var user=this.user;                           //获取用户名
        var password=this.password;                   //获取密码
        if(user == null){
          alert('请输入用户名！');
          return false;
        }
        if(password == null){
          alert('请输入密码！');
          return false;
        }
        if(user!=='mr' || password!=='mrsoft' ){
          alert('您输入的账户或密码错误！');
          return false;
        }else{
          alert('登录成功！');
          this.loginAction(user);                     //触发 action 并传递用户名
          this.$router.push({name:'home'});           //跳转到主页
        }
      },
      show: function () {
        this.$router.push({name:'register'});         //跳转到注册页面
      }
    }
  }
</script>
```

📢 **注意**

　　默认的正确用户名为 mr，密码为 mrsoft。若输入错误，则提示"您输入的账户或密码错误！"，否则提示"登录成功！"。